现代铝加工生产技术丛书

主编 周 江 赵世庆

铝合金连续铸轧和连铸连轧技术

侯 波 李永春 李建荣 谢水生 编著

北 京
冶 金 工 业 出 版 社
2022

内 容 简 介

本书是《现代铝加工生产技术丛书》之一，详细介绍了铝合金连续铸轧和连铸连轧生产技术、工艺与设备等。全书共分13章，内容主要分为两部分：第1部分为第1～12章，详细介绍和系统论述了铝合金连续铸轧技术、工艺与设备；第2部分为第13章，详细介绍了铝合金连铸连轧技术、工艺与设备等。在内容组织和结构安排上，力求理论联系实际，切合生产实际需要，突出实用性、先进性和行业特色，为读者提供一本实用的技术著作。

本书是铝加工生产企业工程技术人员必备的技术读物，也可供从事有色金属材料与加工的科研、设计、生产和应用等方面的技术人员与管理人员使用，同时还可作为大专院校有关专业师生的参考书。

图书在版编目(CIP)数据

铝合金连续铸轧和连铸连轧技术/侯波等编著．—北京：冶金工业出版社，2010.10(2022.7重印)
(现代铝加工生产技术丛书)
ISBN 978-7-5024-5349-7

Ⅰ.①铝…　Ⅱ.①侯…　Ⅲ.①铝合金—连续铸造　②铝合金—连续轧制　Ⅳ.①TG292

中国版本图书馆CIP数据核字(2010)第167514号

铝合金连续铸轧和连铸连轧技术

出版发行　冶金工业出版社　　**电　话**　(010)64027926
地　址　北京市东城区嵩祝院北巷39号　　**邮　编**　100009
网　址　www.mip1953.com　　**电子信箱**　service@mip1953.com

责任编辑　张登科　美术编辑　彭子赫　版式设计　葛新霞
责任校对　卿文春　责任印制　禹　蕊
北京虎彩文化传播有限公司印刷
2010年10月第1版，2022年7月第2次印刷
880mm×1230mm　1/32；11印张；323千字；329页
定价36.00元

投稿电话　(010)64027932　投稿信箱　tougao@cnmip.com.cn
营销中心电话　(010)64044283
冶金工业出版社天猫旗舰店　yjgycbs.tmall.com
(本书如有印装质量问题，本社营销中心负责退换)

《现代铝加工生产技术丛书》

编辑委员会

《现代铝加工生产技术丛书》

主要参编单位

东北轻合金有限责任公司

西南铝业（集团）有限责任公司

中国铝业股份有限公司西北铝加工分公司

北京有色金属研究总院

广东凤铝铝业有限公司

广东中山市金胜铝业有限公司

上海瑞尔实业有限公司

《丛书》前言

节约资源、节省能源、改善环境越来越成为人类生活与社会持续发展的必要条件，人们正竭力开辟新途径，寻求新的发展方向和有效的发展模式。轻量化显然是有效的发展途径之一，其中铝合金是轻量化首选的金属材料。因此，进入21世纪以来，世界铝及铝加工业获得了迅猛的发展，铝及铝加工技术也进入了一个崭新的发展时期，同时我国的铝及铝加工产业也掀起了第三次发展高潮。2007年，世界原铝产量达3880万t（其中：废铝产量1700万t），铝消费总量达4275万t，创历史新高；铝加工材年产达3200万t，仍以5%~6%的年增长率递增；我国原铝年产量已达1260万t（其中：废铝产量250万t），连续五年位居世界首位；铝加工材年产量达1176万t，一举超过美国成为世界铝加工材产量最大的国家。与此同时，我国铝加工材的出口量也大幅增加，我国已真正成为世界铝业大国、铝加工业大国。但是，我们应清楚地看到，我国铝加工材在品种、质量以及综合经济技术指标等方面还相对落后，生产装备也不甚先进，与国际先进水平仍有一定差距。

为了促进我国铝及铝加工技术的发展，努力赶超世界先进水平，向铝业强国和铝加工强国迈进，还有很多工作要做：其中一项最重要的工作就是总结我国长期以来在铝加工方面的生产经验和科研成果；普及和推广先进铝加工技术；提出我国进一步发展铝加工的规划与方向。

几年前，中国有色金属学会合金加工学术委员会与冶金工业出版社合作，组织国内20多家主要的铝加工企业、科研院所、大专院校的百余名专家、学者和工程技术人员编写出版了大型工具书——《铝加工技术实用手册》，该书出版后受到广大读者，特别是铝加工企业工程技术人员的好评，对我国铝加工业的发展起到一定的促进作用。但由于铝加工工业及技术涉及面广，内容十分丰富，《铝加工技术实用手册》因篇幅所限，有些具体工艺还不尽深入。因此，有读者反映，能有一套针对性和实用性更强的生产技术类《丛书》与之配套，相辅相成，互相补充，将能更好地满足读者的需要。为此，中国有色金属学会合金加工学术委员会与冶金工业出版社计划在“十一五”期间，组织国内铝加工行业的专家、学者和工程技术人员编写出版《现代铝加工生产技术丛书》（简称《丛书》），以满足读者更广泛的需求。《丛书》要求突出实用性、先进性、新颖性和可读性。

《丛书》第一次编写工作会议于2006年8月20日在北戴河召开。会议由中国有色金属学会合金加工学术委员会主任谢水生主持，参加会议的单位有：西南铝业（集团）有限责任公司、东北轻合金有限责任公司、中国铝业股份有限公司西北铝加工分公司、北京有色金属研究总院、广东凤铝铝业有限公司、华北铝业有限公司的代表。会议成立了《丛书》编写筹备委员会，并讨论了《丛书》编写和出版工作。2006年年底确定了《丛书》的编写分工。

第一次《丛书》编写工作会议以后，各有关单位领导十分重视《丛书》的编写工作，分别召开了本单位的编写工作会议，将编写工作落实到具体的作者，并都拟定了编写大纲和目录。中国有色金属学会的领导也十分重视《丛书》的编写工作，将《丛书》的编写出版工作列入学会的2007~2008年工作计划。

为了进一步促进《丛书》的编写和协调编写工作，编委会于2007年4月12日在北京召开了第二次《丛书》编写工作会议。参加会议的有来自西南铝业（集团）有限责任公司、东北轻合金有限责任公司、中国铝业股份有限公司西北铝加工分公司、北京有色金属研究总院、广东凤铝铝业有限公司、上海瑞尔实业有限公司、广东中山市金胜铝业有限公司、华北铝业有限公司和冶金工业出版社的代表21位同志。会议进一步修订了《丛书》各册的编写大纲和目录，落实和协调了各册的编写工作和进度，交流了编写经验。

为了做好《丛书》的出版工作，2008年5月5日在北京召开了第三次《丛书》编写工作会议。参加会议的单位有：西南铝业（集团）有限责任公司、东北轻合金有限责任公司、中国铝业股份有限公司西北铝加工分公司、北京有色金属研究总院、广东凤铝铝业有限公司、广东中山市金胜铝业有限公司、上海瑞尔实业有限公司和冶金工业出版社，会议代表共18位同志。会议通报了编写情况，协调了编写进度，落实了各分册交稿和出版计划。

《丛书》因各分册由不同单位承担，有的分册是合作编写，编写进度有快有慢。因此，《丛书》的编写和出版工作是统一规划，分步实施，陆续尽快出版。

由于《丛书》组织和编写工作量大，作者多和时间紧，在编写和出版过程中，可能会有不妥之处，恳请广大读者批评指正，并提出宝贵意见。

另外，《丛书》编写和出版持续时间较长，在编写和出版过程中，参编人员有所变化，敬请读者见谅。

《现代铝加工生产技术丛书》编委会

2008年6月

前　言

板带铸轧技术的发展至今已有150多年历史了，早在1846年，英国的贝塞麦（Bessemer）就提出了铸轧的方法。在这以后的近100年里，该项技术一直不为人们所重视，直到20世纪30年代，人们重新对该项技术进行了研究，并首先在有色金属领域取得了成功，此后在黑色金属领域也取得了阶段性进展。板带连续铸轧法和连铸连轧法与传统生产模式相比，具有很多独特的优越性，因此，得到世界各国广泛关注和研究，在我国也得到快速发展。

板带铸轧技术的迅速发展，推动了板带铸轧理论研究不断深入，但目前的理论研究远滞后于生产技术。作者为多年从事铸轧生产的技术人员，并在铸轧理论研究方面做了大量的工作。为了满足广大一线操作人员、工程技术人员、科技工作者提高铸轧理论研究水平和铸轧操作水平的需要，在中国有色金属学会合金加工学术委员会与冶金工业出版社的组织下，作者在总结了多年来在生产第一线从事铝加工的实际经验和科研开发成果的基础上，参考和吸收了大量的最新的文献资料和科研生产成果，编写了本书，以期对我国铝合金连续铸轧和连铸连轧技术的发展有所裨益。

本书共分13章，内容主要分为两部分：第1部分为第1～12章，详细介绍和系统论述了铝合金连续铸轧技术、工艺与设备；第2部分为第13章，详细介绍了铝合金连铸连轧技术、工艺与设备等。具体内容包括：绪论、连续铸轧技术的特性和分类、连续铸轧的工艺流程及主要参数、连续铸轧生产线的主要设备、连续铸轧的主要工装设备、连续铸轧生产过程及控制、连续铸轧关键技术、铸轧带材板形和质量控制技术、铸轧带坯的冶金组织及性能、铸轧坯冷轧后的组织及性能、铸轧缺陷及预防措施、连续铸轧技术的发展趋势、铝合金连铸连轧技术等。

本书在结构上尽量做到简明扼要，在内容上突出实用性和先进性，并在书中列举了生产中容易出现的质量问题和解决方法，力争用理论指导实践，用实践证实理论，目的是为读者提供一本理论与实践相结合的技术读本。

本书是铝加工生产企业工程技术人员必备的技术读物，也可供从事有色金属材料与加工的科研、设计、生产和应用等方面的技术人员与管理人员使用，同时也可作为大专院校有关专业师生的参考书。

本书第1~7章由侯波编写，第8、9章由李永春编写，第10~13章由李建荣、谢水生编写，全书由谢水生和刘静安教授审定。

本书在编写过程中，得到了中国铝业西北铝加工分公司的支持以及同事们的帮助，同时参考了国内外有关专家、学者的一些文献资料、技术论著和一些铝加工企业的图表、数据等技术资料，并得到中国有色金属学会合金加工学术委员会和冶金工业出版社的支持，在此一并表示衷心感谢！

由于作者水平有限，书中不妥之处，敬请广大读者提出宝贵意见。

作 者

2010年8月

目　录

1 绪 论

1.1 国外发展简况

铝合金板带铸轧技术的发展至今已有150多年的历史。早在1846年，英国的贝塞麦（Bessemer）就提出，从两个旋转的轧辊上方浇铸铝液（见图1-1*a*），通过一对内部具有循环冷却作用的铸轧辊辊缝间隙，结晶、凝固、变形后从下边引出铸轧带坯。但限于当时的技术水平和工艺技术条件而未获成功。在这以后的近100年里，该技术一直不为人们所重视，直到1930年，德国的容汉斯等首次报道了立式连续铸轧成功的消息。1951年美国的亨特、道格拉斯两家公司联合，对失败的贝塞麦方法重新进行了研究。在生产方式上，将上注式改为下注式（见图1-1*b*），并改善了两辊的冷却方式，采用了可控制铝液静压力的前箱，终于在1955年顺利地铸轧出宽型薄铝带坯，创立了双辊式铸轧机，亦称为Hunter式铸轧机。由于这种由下向上

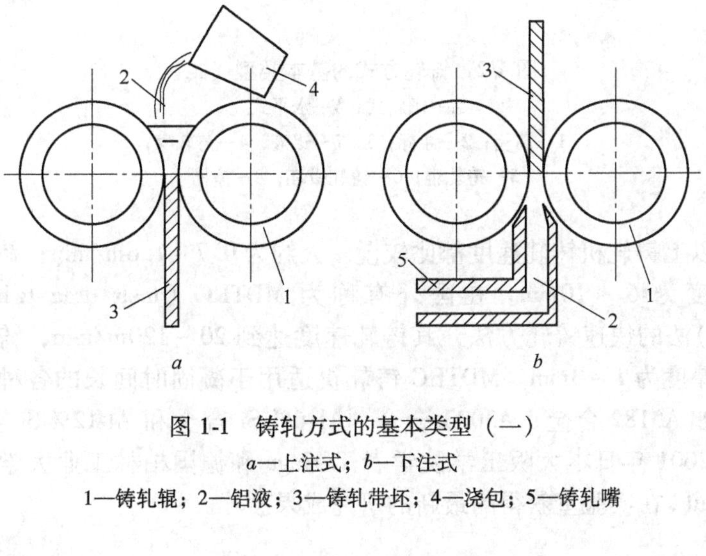

图1-1　铸轧方式的基本类型（一）

a—上注式；*b*—下注式

1—铸轧辊；2—铝液；3—铸轧带坯；4—浇包；5—铸轧嘴

的铸轧法其供料嘴的安装调整十分不便，1962 年亨特公司提出了铸轧辊中心线连线与地平面呈 75°夹角的倾斜式双辊式铸轧机（见图 1-2*a*），继而法国的斯卡尔公司研制出被称为 3C（continuous caster between cylinders）法的双辊水平式铸轧机（见图 1-2*b*），这种铸轧机与上述两种铸轧机的不同之处在于两铸轧辊中心连线与地面垂直，出坯方向为水平方向，所以被称为双辊水平式铸轧机。此外，瑞士的阿苏鲁斯公司也研制出双辊水平式铸轧机，如 Alusuisse Ⅰ型和康卡瑞德式铸轧机。双辊水平式铸轧机和倾斜式铸轧机在操作、调试与检修上都比下注式具有明显的优点，而在产品质量上与下注式相差无几，因此，生产厂家一般都选择倾斜或双辊水平式铸轧机。

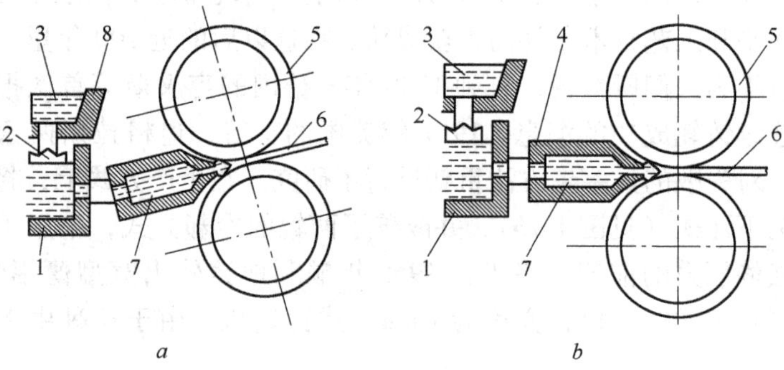

图 1-2　铸轧方式的基本类型（二）

a—倾斜式；*b*—水平式

1—前箱；2—浮标；3，7—铝液；4—铸轧嘴；

5—铸轧辊；6—铸轧带坯；8—流槽

以上铸轧机铸轧速度都比较慢，大约为 0.7 ~ 1.6m/min；铸轧带坯厚度为 6 ~ 10mm。在国外有称为 MDTRC（melt drag twin roll caster）法的快速铸轧方法，其铸轧速度达到 20 ~ 120m/min，铸轧带坯的厚度为 1 ~ 3mm。MDTRC 铸轧机适用于凝固时间长的各种铝合金，如 A5182 合金、A3003 合金、Al-6% Si 合金和 Al-12% Si 合金。这是 2001 年日本大阪工学院学者 T. Haga 和德国柏林工业大学学者 S. Suzuki 在实验室获得的最新的研究成果。

MDTRC 法的快速铸轧方法的基本原理如图 1-3 所示。上辊称为成形铸轧辊，下辊称为凝固铸轧辊。80% 的带材厚度由下辊凝固，上辊凝固那些半固体层，并对其进行压缩变形，上下铸轧辊中心连线与垂线之间呈 5°~20°的倾角。为了克服铸轧力的作用，上辊用弹簧支持。因为铜的导热性比钢好，铸轧铝块不会粘在铸轧辊上，这种方法铸轧力较小，所以 MDTRC 铸轧机辊套采用铜质材料。而在传统的铸轧机中使用合金钢铸轧辊套，原因是铸轧力较大，铜质铸轧辊冷却凝固速度比钢质铸轧辊要快，从而大大提高了铸轧速度。在二辊 MDTRC 铸轧机中，由于铸轧力小，可以不用润滑介质，这样可极大地提高铜质铸轧辊表面和金属铝液之间的热传导性。在传统的二辊板带铸轧机上，为了带材不粘在轧辊上，不得不使用润滑介质，降低了铸轧辊和铝液之间的热传递系数，直接影响了它们的铸轧速度。立板容易也是二辊式 MDTRC 铸轧机的一个优良特点。

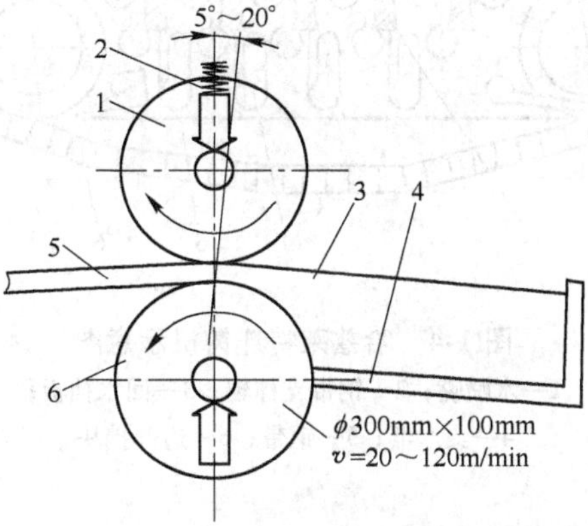

图 1-3　MDTRC 快速铸轧法示意图

1—成形铸轧辊；2—弹簧；3—液态金属；4—铸嘴；
5—铸轧带坯；6—凝固铸轧辊

1948 年，意大利康获路斯公司研制出了普罗铂齐双轮带式连铸机，后面配备有相应的轧机设备。可以直接生产所需的线材或带材。此后，美国的阿道夫 · 库尔斯公司研制出了波特菲尔德-库尔斯轮带式连铸机。美国的铝业实验室有限公司研制成功了 RSC 轮带式连铸机，后面配有相应的轧机。

1956 年，美国哈兹莱特（Hazelett）公司首次研制成功双带式连铸机（见图 1-4），后面紧跟四辊板带轧机的生产线。由此引发了其他国家不同形式双带式（包括履带式）铸轧机的不断出现，但因带坯上表面皮下夹杂物聚集的缺陷影响产品质量而停止试验。进入 20 世纪 80 年代，由于科学技术的发展，有关质量的问题获得了有效的解决，该技术逐渐成熟并应用于生产和使用。

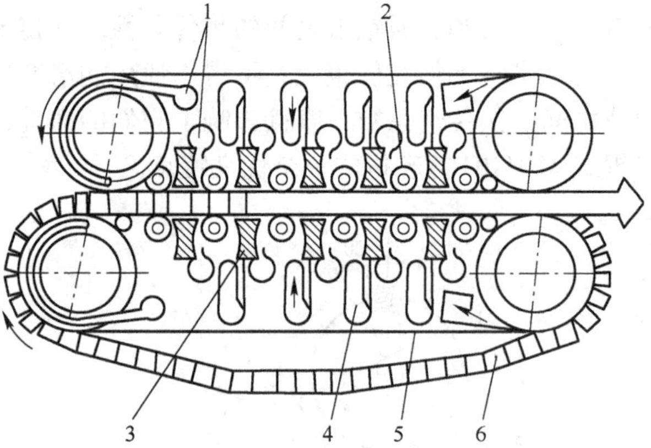

图 1-4　哈兹莱特连铸机示意图

1—水喷嘴；2—钢带支撑辊；3—回水挡板；
4—集水器；5—钢带；6—边部挡块

1.2　国内发展简况

我国从 1964 年后开始研制铝合金双辊式板带铸轧机，到 1964 年 9 月在东北轻合金加工厂生产出 10mm 厚铸轧带坯，1965 年用辊径为 ϕ400mm 的下注式铸轧机生产出来的铸轧带坯宽为 700mm，因故停止试验几年，直到 1975 年冶金工业部才对此项工艺技术进行了鉴定验收。该工艺技术填补了我国铝加工领域的空白，为我国研究和发展铸轧工艺奠定了基础。1978 年在河北涿县进一步开展了铝合金铸轧技术的研究，1979 年研制成功 ϕ650mm 双辊倾斜式铸轧机，1983 年通过国家技术鉴定，并批准投入工业生产。同年生产出一套 ϕ980mm × 1600mm 的超型双辊倾斜式铸轧机，并采用了计算机控制，取得了初步成效，在实现铸轧机的自动化控制上迈出了可喜的一步。目前，中国最早自行设计制造的 ϕ650mm × 1600mm 倾斜式铸轧机有两台，一台在华北铝业有限公司投产，一台在重庆环亚铝带厂，其设备技术参数如下：

铸轧材料	1×××系、3×××系
带坯厚度/mm	6 ~ 10
带坯宽度/mm	1400（max）
带坯内径/mm	500
带坯最大外径/mm	1700
带卷质量/t	7（max）
铸轧速度/m · min^{-1}	0 ~ 1.6
机架倾角/(°)	15

经过近 40 年的努力，铝板带双辊铸轧工艺技术在我国得到迅速推广和普及。我国铸轧机的发展历程可以分为三代：第一代铸轧机，称为标准型铸轧机，辊径为 ϕ650mm，生产能力为 1t/(h · m)左右，表 1-1 和图 1-5 分别示出了典型标准型铸轧机的主要技术参数和设备组成示意图；第二代铸轧机，称为超型铸轧机，辊径为 ϕ980mm 左右，辊径的增加相应地增加了铸轧辊的刚度和凝固区长度，可生产的产品宽度增加，生产能力也有所提高，表 1-2 和图 1-6 分别示出了典型超型铸轧机的主要技术参数和设备组成示意图；第三代铸轧机，称为超薄快速型铸轧机，表 1-3 给出了超薄高速型铸轧机的主要技术参数。2001 年 5 月，涿神公司与中南大学等合作研制开发的第三代铸轧机 ϕ1050mm × 1600mm 水平双驱动超薄快速铸轧机列，在华北铝业有限公司投入试生产，表 1-4 列出了该超薄高速铸轧机的主要技术参数。这种薄带坯的冶金组织不但比常规带坯好，力学性能也更高，而且可减少箔材的冷轧道次，降低产品制造成本，提高产品市场竞争力，其核心技术达到国际先进水平。目前，除了传统的双辊式之外还出现了四辊式铸轧机，生产能力可以进一步得到提高。

表 1-1 标准型铸轧机主要技术参数

使用单位	华北铝业有限公司	太原铝材厂
制造单位	涿神公司（中国）	法国普基（Pechiney）公司
铸轧方式	倾斜式（后倾15°）	水平式
生产合金牌号	1×××系、3×××系	1×××系、3×××系、5×××系
铸轧辊径/mm	ϕ650	ϕ620
铸轧辊面宽度/mm	1600	1810
最大轧制力/MN	4.8	12.5
最大轧制速度/mm · min^{-1}	2500	1600
可生产带坯厚度/mm	6.5~10	6~10
可生产带坯最大宽度/mm	1400	1670
最大卷重/t	6	10

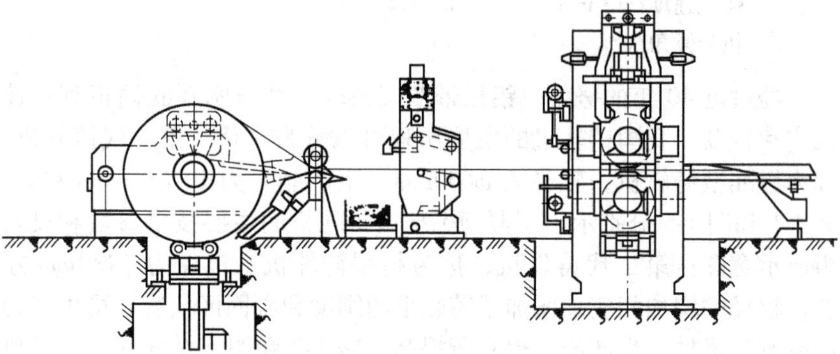

图 1-5 法国普基公司标准型铸轧机组成示意图

表 1-2 超型铸轧机主要技术参数

铸轧方式	水平式	倾斜式（后倾15°）
生产合金牌号	1×××系、3×××系、5×××系	1×××系、3×××系、5×××系
铸轧辊径/mm	ϕ960	ϕ1003
铸轧辊宽度/mm	1800	1828
铸轧辊传动电动机功率/kW，转速/r · min^{-1}	37.5×2	43×2，0~500

续表 1-2

铸 轧 方 式	水平式	倾斜式（后倾 15°）
最大轧制速度/mm · min⁻¹	3000	2268
可生产带坯厚度/mm	5 ~ 12	6 ~ 10
可生产带坯最大宽度/mm	1600	1676
最大卷重/t	12	10
最大预应力/kN	20000	20040
铣边机 传动电机功率/kW	6.5 × 2	
每个铸轧辊： 最大轧制扭矩（额定）/kN · m	400	520
最大卷取张力/kN	160	165
卷取传动电机功率/kW	10	7.5
最大卷内径/mm	500	510
最大卷外径/mm	2000	1900
电机总安装功率/kW	178	140

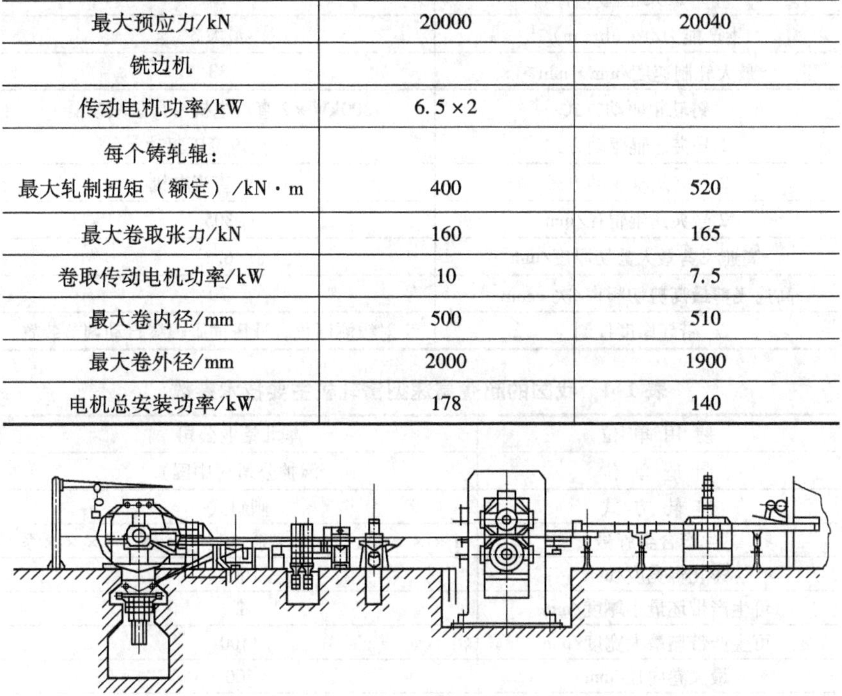

图 1-6 中色科技股份有限公司超型铸轧机组成示意图

表 1-3 超薄高速型铸轧机主要技术参数

使 用 单 位	美国田纳西州 Norandal 工厂
制 造 单 位	意大利 Fata Hunter 公司
铸轧机型号	Speedcaster TM
铸 轧 方 式	倾斜式
生产合金牌号	1×××系、3×××系、5×××系

续表 1-3

铸轧辊径/mm	ϕ1118
最大轧制力/MN	29.4
可生产带坯厚度/mm	1（min. 0.635）
铸轧带坯最大宽度/mm	2184
切边后带坯最大宽度/mm	2134
最大卷重/t	19
生产能力/t·(h·m)$^{-1}$	最大 3
最大轧制速度/mm·min^{-1}	38
铸轧辊驱动方式	300kW×2 直流电机～行星减速器
1 号夹送辊驱动方式	恒扭矩液压驱动
2 号夹送辊驱动方式	60kW 直流电机
2 号夹送辊辊径/mm	305
高速飞剪最大剪切厚度/mm	6.3
高速飞剪最高剪切频率/次·min^{-1}	70
带坯厚度控制	X 射线测厚仪，液压伺服辊缝自动调节装置

表 1-4　我国的超薄高速型铸轧机主要技术参数

使 用 单 位	华北铝业公司
制 造 单 位	涿神公司（中国）
铸 轧 方 式	倾斜式
生产合金牌号	1×××系、3×××系、5×××系、8×××系
铸轧辊宽度/mm	1600
可生产带坯最小厚度/mm	2
可生产带坯最大宽度/mm	1400
最大卷内径/mm	500
最大卷外径/mm	2000
最大卷重/t	10
生产能力/kt·a^{-1}	28
最大轧制速度/mm·min^{-1}	12
铸轧辊转速控制精度/%	5
张力控制精度/%	3
液位控制精度/mm	0.5
铸轧带坯厚度公差/%	<5
铸轧带坯凸度/%	1～1.5
铸轧带坯板形/I	<20

我国拥有全球最多与生产能力最大的双辊式铸轧机，其发展也是相当迅速的。目前全球铝带坯铸轧工业在朝着铸轧速度更快、带坯更宽更薄、产品精度与自动化程度更高的方向发展。

1.3　铝合金连续铸轧设备的分类

有色金属板带连续铸轧设备经过近一个多世纪的发展，其间进行过多次改进，迄今为止，已有十几种形式，按其结构形式大体上可分为以下3类：

（1）双辊式板带铸轧设备。将液态金属注入两个相对旋转的铸轧辊的辊缝内，通过双辊内冷却水将其热量带走，并通过双辊间所形成的楔形铸轧区连续铸轧出薄的带坯或带材。

（2）轮带式连续铸造设备。由铸轮凹槽和旋转外包的钢带形成移动式的铸模，把液态金属注入铸轮凹槽和旋转的钢带之间，通过铸轮内通冷却水带走热量，铸成薄的板带坯，继而进一步轧制可获得较好的带材。

（3）双带（或履带）式连续板带铸造设备。将液态金属注入两个张紧的平行（或履带）形成的移动结晶器铸成薄的带坯，然后轧制成带材。

1.4　连续铸轧和连铸连轧技术的区别及简介

1.4.1　连续铸轧和连铸连轧技术的主要区别

连续铸轧是将连续铸造和轧制变形结合在一个工序中完成，即铸轧过程是在一对轧辊的转动中完成。铝液在冷却凝固的同时，受到一定的压力，产生一定量的塑性变形。铸轧中铸造过程与轧制过程是完全同步的，目前应用的主要是双辊连续铸轧。连续铸轧的产品主要用于食品、建筑、汽车等民用工业。

连铸连轧是在连续铸造机后面紧接着配置热轧机，在连续铸造板（杆）坯还没有冷却到再结晶温度以下，板（杆）坯就在轧机的轧制力作用下发生塑性变形。在连续铸轧中，连续铸造过程与连续轧制过程基本是同步的。而连铸连轧工艺则是金属在结晶器中凝固后，在后续的轧机上进行轧制。

显然，连铸连轧不同于连续铸轧，后者是在旋转的铸轧辊中，铝熔体同时完成凝固及轧制变形两个过程；但两种方法的共同点均是将熔炼、铸造、轧制集中于一条生产线，从而实现了连续性生产，缩短了常规的熔炼—铸造—铣面—加热—热轧的间断式生产流程。

1.4.2 连续铸轧和连铸连轧技术的简介

铝合金连续铸轧和连铸连轧技术都是金属液体连续通过旋转的结晶器制备金属板带坯的一种方法。连续铸轧和连铸连轧技术工艺有多种类型。其主要差别在于结晶方法不同和结晶器的构造不同，因此，辅助工序和设备结构也就不同。

连续铸轧的基本流程为：铝锭→熔炼炉→静置炉→除气→过滤→铸嘴→铸轧机→导向辊→卷取机。其特点是将熔融的铝液铸轧成6～10mm厚，650～1800mm宽的板坯并收卷，然后直接送冷轧机冷轧。这样在铝板带材的生产过程中，省略了铸锭、加热、热轧、开坯等工艺，既缩短了铝板带材生产的工艺流程，减少了生产过程中的金属烧损，节约能源，又能方便地实现铝板带材的连续生产。连续铸轧以工业纯铝和含镁量低的铝镁合金为对象，再经冷轧生产出成品板、带及箔材。

轮带式连续铸造及连轧工艺是20世纪80年代从国外引进的一种先进的生产工艺，目前我国已有许多企业采用轮带式连铸连轧方法生产铝杆坯。国外新型履带式连铸连轧机列已用于工业化生产，近年来我国才开始引进，现在正在进行安装和调试。履带式连续铸造成厚14～25mm、宽1750mm的带坯，经两机架四辊轧机连轧轧到3～6mm厚，卷取成卷后供冷轧厂作坯料，可制造包括硬铝合金在内的各种合金。

2 连续铸轧技术的特性和分类

2.1 连续铸轧法的特性

连续铸轧技术是将液态金属直接生产冷轧薄板坯的捷径，把铸造和热轧开坯等多道工序合并在连续铸轧一道工序完成，使铝板、带、箔生产工艺大大简化，生产周期缩短。同时，还由于双辊连续铸轧具有灵活、投资少、占地面积小、建设速度快、生产成本低等许多优点，因此，它应用于工业生产以来，得到了广泛推广，并在不断改进和完善。目前，铸轧技术已朝轧制速度更高、铸轧带坯厚度更薄的方向发展。为了降低成本，提高效率，近年来新建的一些综合性大型企业，实施电厂、铝冶炼、加工一条龙建设，采用电解铝液直接生产铸轧卷，使生产成本更加降低。连续铸轧的主要优缺点归纳如下。

2.1.1 连续铸轧的优点

其主要优点是：

（1）设备简单、集中，缩短了从铝水—铸块—热轧板带的时间，节省了铸锭、锯切、铣面、加热、开坯、热轧等多道工序，简化了生产工艺，缩短了生产周期，提高了劳动生产率，自动化程度高；

（2）节能降耗，连续铸轧工艺的生产线配置合理，结构紧凑，方便操作，降低了热轧所需的一系列工序的能耗；

（3）切头、切尾等几何废料少，成品率高，生产成本低；

（4）由于连续铸轧带坯厚度较薄，冷却后可直接冷轧，节省了大功率的热轧机和铸锭加热所消耗的电能和热能；

（5）设备投资少，见效快，投资回收期短，占地面积小，建设速度快，适合于中小型铝板带材企业的建设；

（6）连续铸轧坯料可完全替代热轧坯料用于铝及铝合金板、带、箔材的生产；

（7）可以用部分回收废料做原料，生产成本低廉，在价格上颇具竞争力。

2.1.2 连续铸轧的缺点

其主要缺点是：

（1）能够生产的合金品种比热轧少，特别是结晶温度范围大的合金较难生产，只限于纯铝及软合金的生产，应用范围没有连铸连轧和热轧的范围广泛；

（2）铸轧速度低，单台设备产量较低；

（3）产品品种、规格不能频繁改变；

（4）由于不能对铸锭表面进行铣面、修整，对某些化学处理的及表面质量要求高的产品会产生不利影响；

（5）生产某些特殊制品，如深冲的制品，需要有特殊的生产工艺保证。

2.2 连续铸轧法的分类

2.2.1 按板坯厚度分类

可分为以下两类：

（1）常规铸轧，板坯厚度6～10mm，铸轧速度一般小于1.5m/min。

（2）薄板快速铸轧，板坯厚度1～3mm，铸轧速度一般为5～12m/min，最大可达30m/min以上。

2.2.2 按辊径大小分类

可分为以下两类：

（1）标准型常用铸轧辊的辊径有ϕ650mm、ϕ680mm；

（2）超型常用铸轧辊的辊径有ϕ960mm、ϕ980mm、ϕ1000mm、ϕ1050mm、ϕ1200mm。

2.2.3 按轧辊驱动方式分类

可分为以下两类：

（1）联合驱动。用一台电机驱动两个铸轧辊，上、下辊的辊径差要求小于1mm，两辊线速度有差异，结晶凝固前沿中心线不对称。

（2）单独驱动。上、下轧辊分别由两台电机驱动，能较好地保证设定的结晶速度和表面质量。

2.2.4　按轧辊辊缝控制系统分类

可分为以下两类：

（1）预应力式。上、下轧辊轴承箱间放置垫块，预设辊缝，压上缸给定一个压力，使轴承箱与垫块完全压靠，该力大于最大轧制力，机座处于预应力状态。需在线调整辊缝时，要使系统瞬时降压，调整垫块。

（2）非预应力式。在有载或无载的情况下，电动增压器控制压下缸的压下位置，压力大小由轧制力建立，每侧可单独控制。

2.2.5　按轧辊和金属的流向分类

可分为以下三类：

（1）双辊水平下注式。两辊中心连线与地面平行，或金属浇铸流向与地面垂直，简称垂直式铸轧机，其生产方法示意图见图 2-1*a*。

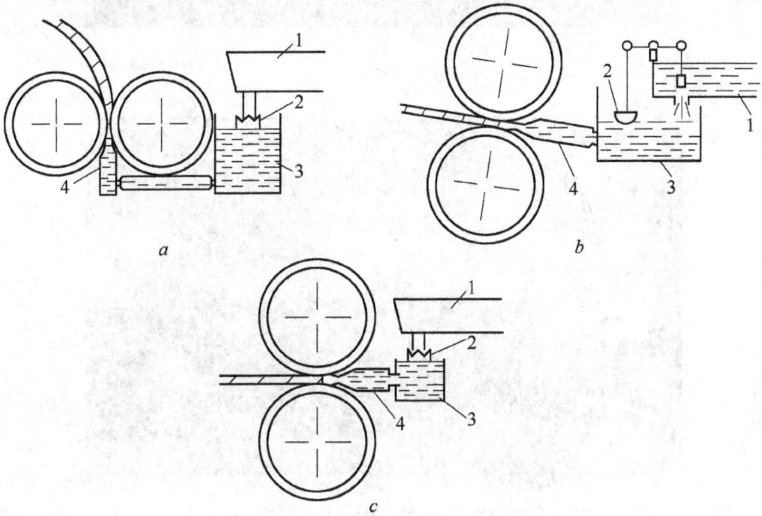

图 2-1　连续铸轧生产方法示意图

a—垂直式；*b*—倾斜式；*c*—水平式

1—流槽；2—浮标；3—前箱；4—供料嘴

（2）双辊垂直平注式。两辊中心连线与地面垂直，或金属浇铸流向与地面水平线平行，简称水平式铸轧机，其生产方法示意图见图2-1*c*。双辊水平式铸轧机见图2-2*a*。

（3）双辊倾斜侧注式。金属浇铸流向与地面水平线呈一定角度，一般为15°角；或两辊中心连线与地面垂直线呈一定角度，简称倾斜式铸轧机，其生产方法示意图见图2-1*b*。双辊倾斜式铸轧机见图2-2*b*。

a

b

图2-2 双辊铸轧机

a—双辊水平式铸轧机；*b*—双辊倾斜式铸轧机

三种形式的铸轧机的特点比较见表 2-1。

表 2-1 三种形式的铸轧机的特点比较

项 目	垂直式（双辊水平上注式）	倾斜式（双辊倾斜侧注式）	水平式（双辊垂直平注式）
供流装置	结构较为复杂	结构较简单	结构简单
轧 辊	两辊中心连线与地面平行	两辊中心连线与竖直方向呈 15°角	两辊中心连线与地面垂直
出板方向	与地面垂直，需弯 90°引出	与地面呈 15°角	与地面平行
立板操作	比较复杂	比较方便	方 便
铸轧区高度/mm	30 ~ 35	标准型：40 ~ 55 超型：55 ~ 65	标准型：55 ~ 65 超型：65 ~ 85
平均加工率/%	15	30	30 ~ 40
铸轧速度/mm · min^{-1}	700 ~ 900	900 ~ 1100	1000 ~ 1300
生产率/t · (h · m)$^{-1}$	0.93	标准型：1.2 超型：1.5	标准型：1.4 超型：1.7
代表机型	1956 年美国亨特式	1961 年美国亨特式	1960 年法国 3C 式

2.3 几种连续铸轧机的主要技术参数

几种连续铸轧机的特性及主要技术参数见表 2-2。

表 2-2 几种连续铸轧机的特性及主要技术参数

设备名称	铸轧机名称	主要技术参数					备 注
		铸轧辊直径/mm	铸轧带宽度/mm	铸轧带厚度/mm	铸轧带速度/m · min^{-1}	铸轧机功率/kW	
垂直上注式	贝西默	—	—	—	—	—	在有色金属铸轧过程中未获成功，但黑色金属铸轧采用这种方式获得成功

续表 2-2

设备名称	铸轧机名称	主要技术参数					备　注
		铸轧辊直径 /mm	铸轧带宽度 /mm	铸轧带厚度 /mm	铸轧带速度 /m·min^{-1}	铸轧机功率 /kW	
垂直下注式	老亨特式	400	1000	6.35～8.13	1.07		在有色金属铸轧过程中首获成功，但因供料嘴安装不方便和引料影响产品质量而被淘汰
	中国下注式	400	700	6～8	1	5.5	
倾斜式	亨特式	650	1676.4	6.35～12.5	1.52	18.4	针对下注式的一种改进，得到了比较广泛的应用
	超级亨特式	900	1676.4	6.35～12.5	1.91	29.4	
	中国中型	650	1400	6.5～12	1.2	22.4	
	中国超型	980	1400	6.5～12	1.5	22.4	
	中国新型	680	1400	6.5～12	1.5	22.4	
	克鲁普	650	1730	6～8	2.0	液压马达	
	戴　维	675	1780	5～8	1.5	液压马达	

表 2-2 列出的是几种双辊式铸轧机的特性和主要技术参数。自从双辊下注式铸轧机获得成功之后，发展了倾斜式铸轧机和水平铸轧机。这些铸轧机各有特点，据有关资料介绍，水平式或倾斜式铸轧机生产铸轧卷时，由于地心引力对铝熔体中杂质元素的作用，以及受轧辊运动方向和运动速度的影响等，铸轧卷坯中心组织与两个表面之间（上、下两个板面之间）的杂质分布、晶粒度和晶体结晶方向等都会有微小的不对称。当板坯由 6mm 轧制到 0.005mm 时，这种不均匀导致坯料两个表面的回复再结晶、硬度和塑性等产生细微的不同，进而演变成难以在后期的加工过程中可矫正的、影响最终产品轧制的内部质量遗传性缺陷。而采用垂直式铸轧机生产铸轧卷，轧出的铸轧卷两个表面之间不存在受外力影响所造成的成分偏差和组织的不对称，能获得水平式和倾斜式铸轧机无法生产出的、具有优质组织、性能固

有、上下表面晶粒度一致的铸轧坯料。图 2-3*a* 是垂直式铸轧机生产的铸轧卷截面组织图。图 2-3*b* 是水平式铸轧机生产的铸轧卷截面组织图。由图可见，垂直式铸轧机比倾斜式和水平式铸轧机的组织更为细小、均匀，更利于轧制厚度不大于 0.006mm 的铝箔。

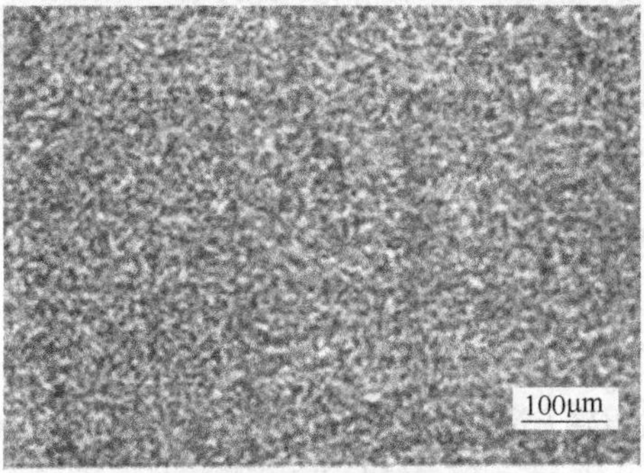

a

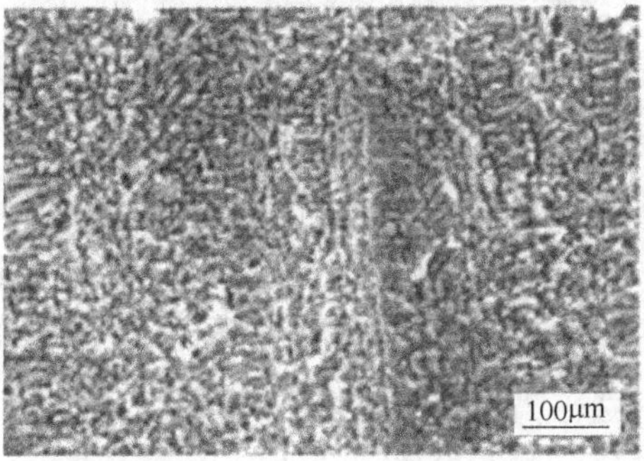

b

图 2-3 两种铸轧坯料的截面组织

a—垂直式铸轧坯料的截面组织；*b*—水平式铸轧坯料的截面组织

但经过多年的对比试验发现，倾斜式连续铸轧机比下注式铸轧机有以下优点：将液态金属导入轧辊的装置结构比较简单；带板的引出方向与地平面呈 15°角，避免了弯 90°再引出的困难；立板操作比较方便；铸轧区高度由 30 ~ 35mm 增至 40 ~ 45mm，使平均加工率由 15% 增加到 30%，提高了板带的质量；铸轧速度由最初的 700 ~ 900mm/min 提高到 900 ~ 1100mm/min，小时产量提高了 32%。同时，超型倾斜式铸轧机进一步增大了冷却速度，提高了结晶速度，增强了轧辊的抗弯性能。因而，可增大铸轧区，增大板宽，提高热加工率，这些都有利于提高生产效率和产品质量。因此，倾斜式铸轧机在国内已得到广泛的应用，垂直式铸轧机在国内逐渐被淘汰。随着铸轧机的发展，水平式连续铸轧机由于具有立板方便等优点，逐渐代替倾斜式铸轧机，而成为铸轧的主要生产方式。目前，绝大多数新建铝加工厂选用水平式连续铸轧机，次之为倾斜式连续铸轧机，垂直式铸轧机已基本被淘汰。

2.4　连续铸轧的基本原理及有关理论

2.4.1　连续铸轧的基本原理

图 2-4 为连续铸轧的基本原理图，以双辊垂直式连续铸轧法为例，铸轧法是根据流体静力学中的巴斯加原理，利用“U”形连通管建立起来的。液体金属的输送方式可以看做是液体在“U”形管内两端液柱相平衡状态下进行的，前箱铝液面的高度决定了铸轧嘴中液穴的高度，当然这个平衡应为动态平衡。图 2-4*b* 为金属凝固示意图，在双辊式连续铸轧过程中，静置炉内铝熔体按照铸轧要求控制其温度，经过精炼处理后铝熔体通过前箱进入浇道系统，铝熔体靠前箱中铝液面高度所产生的静压力，通过供料嘴被注入两个转动相反的铸轧

图 2-4　连续铸轧的基本原理图

a—前箱液面高度示意图；*b*—金属凝固示意图

辊辊缝内（即铸轧区），由于铸轧辊内通入循环冷却水，辊套温度一般低于80℃。铝熔体从供料嘴顶端溢出，与铸轧辊接触后受到剧烈的冷却，获得较大的过冷度，因而使接触铸轧辊的铝熔体在 a-a'点立即冷却形成薄壳，随着铸轧辊的转动，金属的热量不断被轧辊导出，液体金属继续结晶，结晶前沿温度持续下降，结晶界面不断向铝熔体内部推进。当上、下两个结晶层增厚，并在 b-b'截面铝熔体完全凝固，即完成了铸造过程而进入轧制区。在 b-b'截面凝固的金属，经过轧制变形后到轧辊中心 c-c'处，形成铸轧带坯。

2.4.2 连续铸轧的有关理论

随着科学技术的进步，板带成形新技术及新工艺得到了飞速发展，就板带铸轧新技术而言，由于其所具有的独特的优越性，受到了世界各国的广泛关注，在一定的范围内取代了铸锭热轧法。

板带铸轧技术的飞速发展，推动了板带铸轧理论研究的发展。但是，目前的理论研究水平还远滞后于应用技术。另外，因黑色金属板带铸轧和有色金属板带铸轧工艺上的差异，黑色金属板带铸轧理论和有色金属板带铸轧理论还有所区别，不能将黑色金属板带铸轧理论直接应用于有色金属材料的铸轧生产，需要进一步研究和建立有色金属铸轧理论。

板带铸轧过程是材料在经过铸轧区这个窄小的空间，仅数秒时间就完成浇铸、凝固、轧制变形、出坯等一系列复杂的流变和物理化学过程，这使得对铸轧过程基本理论的研究变得十分困难。尽管如此，各国学者都做了多方面的努力和探讨，并取得了一定的进展。

板带铸轧基础理论包括铸轧区铸轧过程的金属结晶凝固规律、变形规律，铸轧区的流变特性，铸轧区温度场、速度场和应力场的分布，铸轧带坯和铸轧辊之间黏着力和摩擦力的分布，铸轧坯在半凝固到凝固状态下的单位压力分布，平均单位压力的确定，铸轧力和铸轧力矩的确定，铸轧区长度的确定等。它涉及到传热学、黏性流体力学、摩擦学和轧制塑性变形理论等多个学科。

3 连续铸轧的工艺流程及主要参数

3.1 连续铸轧的工艺流程

铝带坯连续铸轧工艺的主要流程是：合金的配制、熔炼、扒渣、搅拌、成分分析、保温、浇注、铸轧、引带、卷取等。

3.1.1 合金的配制及熔炼

首先根据合金成分进行配、备料，在熔炼炉中将备好的铝锭、中间合金或金属添加剂熔化后，铝熔体通过扒渣、搅拌，分析成分合格后，将温度控制在 735 ~ 755℃ 导入静置炉，液体在静置炉中进行静置、精炼后，控制静置炉熔体温度为730 ~ 745℃。

3.1.2 浇注及铸轧

精炼后的铝熔体温度控制在 730 ~ 745℃，从流口进入流槽，在流槽中加入 Al-Ti-B 丝晶粒细化剂，再进入净化处理装置。铝熔体从净化处理装置流出后，进入可以控制液面高度的前箱内。通过前箱底侧的横浇道流入由保温材料制成的供料嘴中，液体金属靠静压力由供料嘴直接进入一对相反方向旋转的铸轧辊中间。与两辊表面接触的铝熔体，其热量通过辊套传送给辊内冷却水导出。这时，铸轧辊使液体金属快速结晶。随着铸轧辊的转动，铝熔体的热量不断通过凝固壳被铸轧辊带走，结晶前沿温度持续下降。结晶面不断向熔体内部推进，当上、下两个结晶层增厚并相遇时，即完成铸造过程而进入轧制区，经轧制变形成为铸轧带坯。

3.1.3 铸轧带坯引出及卷取

铸轧带坯离开轧辊，经牵引机送进机列，切掉头部，至卷取机，卷成所需直径的大卷。当板带坯达到给定尺寸时，切断卸卷，再重新开始下一个卷。

由此可见，从铸轧辊的一方不断供应液体金属，从铸轧辊的另一方不断铸轧出板带坯，使进、出铸轧区的金属量始终保持平衡，这样就达到了连续铸轧的稳定过程。

尽管连铸轧机有多种规格型号，但它们的工艺过程都基本相同。典型的双辊垂直式铸轧机工艺流程示意图、双辊倾斜式铸轧机工艺流程示意图、双辊水平式铸轧机工艺流程示意图分别见图3-1、图3-2、图3-3。

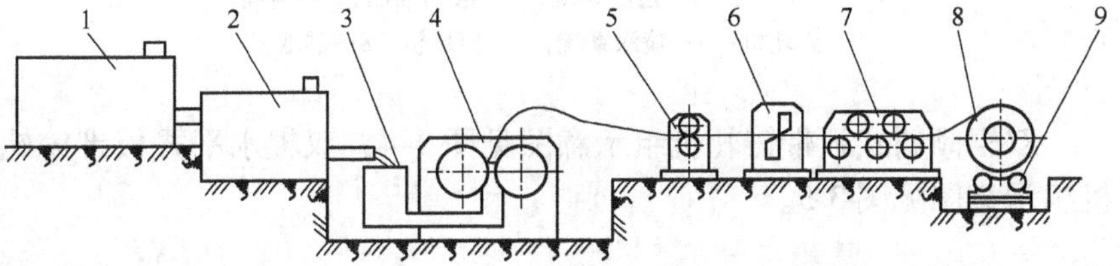

图3-1　双辊垂直式铸轧机工艺流程示意图

1—熔炼炉；2—静置炉；3—前箱；4—铸轧机；5—牵引机；6—剪切机；7—矫直机；8—卷取机；9—运卷小车

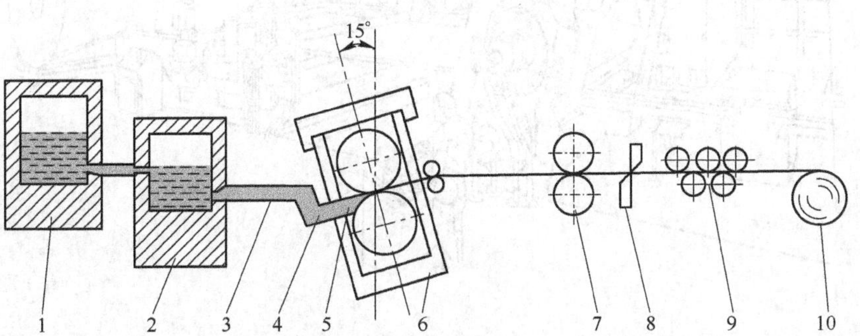

图3-2　双辊倾斜式铸轧机工艺流程示意图

1—熔炼炉；2—静置炉；3—流槽；4—前箱；5—铸嘴；6—铸轧机；7—牵引机；8—剪切机；9—矫直机；10—卷取机

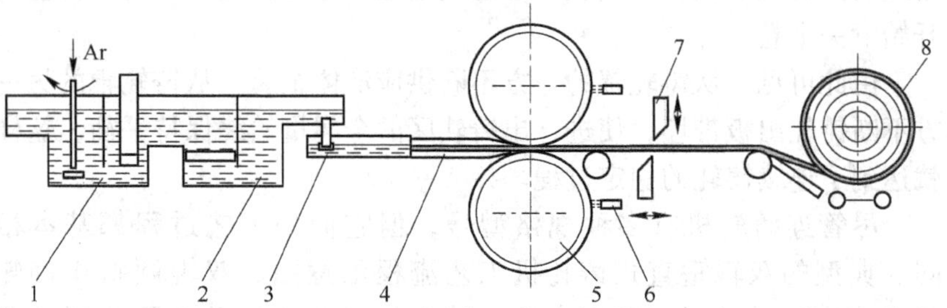

图 3-3　双辊水平式铸轧机工艺流程示意图

1—除气系统；2—过滤系统；3—液面控制；4—铸嘴；
5—铸轧机；6—喷涂系统；7—剪切机；8—卷取机

双辊倾斜式板带铸轧机组示意图见图 3-4，双辊水平式板带铸轧机组示意图见图 3-5。

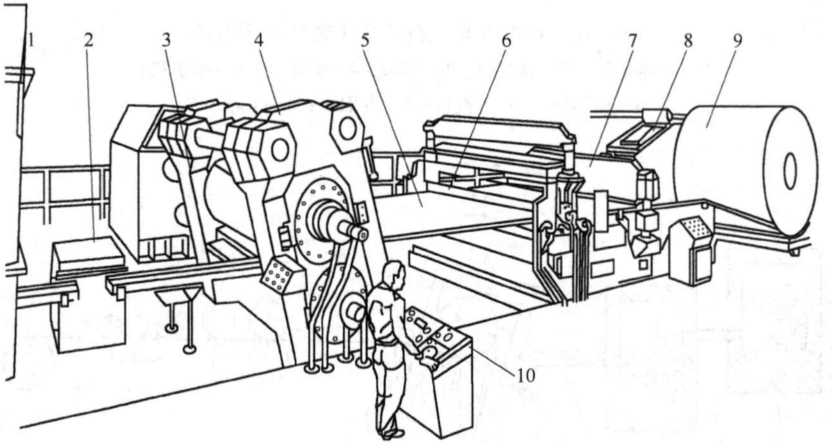

图 3-4　美国 Hunter 公司双辊倾斜式板带铸轧机组示意图

1—静置炉；2—前箱；3—流槽；4—倾斜式铸轧机；
5—铸轧带坯；6—两辊牵引机；7—剪切机；
8—卷取机；9—铸轧带坯；10—操作台

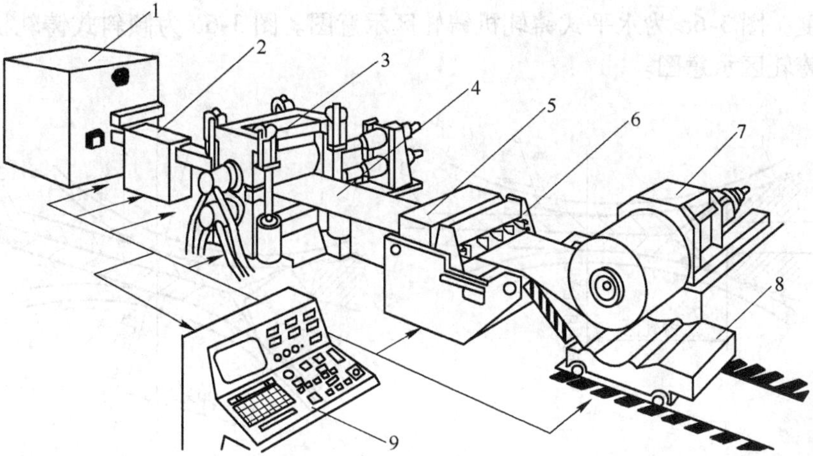

图 3-5 阿苏鲁斯Ⅰ型双辊水平式板带铸轧机组示意图
1—静置炉；2—前箱；3—水平铸轧机；4—铸轧带坯；5—两辊牵引机；
6—剪切机；7—卷取机；8—运卷小车；9—操作台

3.2 连续铸轧的主要工艺参数

由熔体到铸轧成带坯的过程是在供料嘴前端到两轧辊中心连线之间的数十毫米的范围内完成的。为了稳定进行连续铸轧，工艺参数必须合理配合好。

连续铸轧过程中主要工艺参数有铸轧区长度、铸轧速度、铸轧温度、前箱液面高度、嘴辊间隙、冷却水强度及用量、铸轧力、铸轧角等。它们之间存在着密切的内在联系。在辊径一定、带坯厚度一定的正常铸轧条件下，这些主要工艺参数中任何一个参数有所变化，其他的参数也要随着改变，才能确保铸轧的稳定性。

3.2.1 铸轧区长度

铸嘴出口端到两轧辊中心连线的距离被称为铸轧区。铸轧区是两辊之间一个近似梯形的区间，铝液在这几十毫米的区间经 2 ~ 3s 的时间完成凝固和轧制，即在此区间要瞬时完成铸和轧两个过程，而且铸轧带坯的组织就是在这个区间形成的，因此必须严格控制铸轧区长度。图 3-6*a* 为水平式铸轧机铸轧区示意图。图 3-6*b* 为倾斜式铸轧机铸轧区示意图。

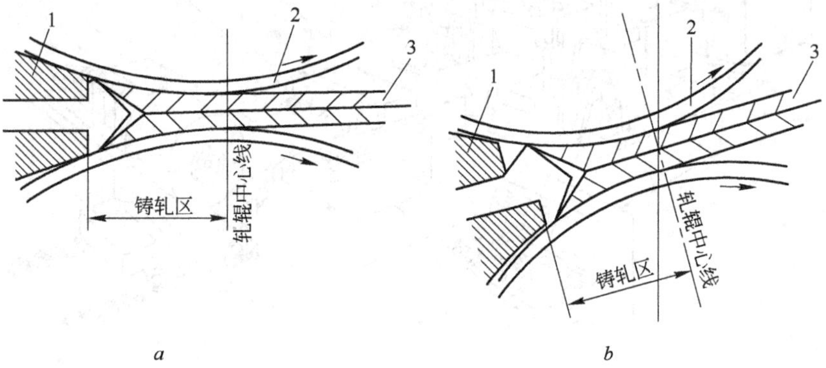

图 3-6　连续铸轧的铸轧区示意图

a—水平式铸轧机铸轧区；*b*—倾斜式铸轧机铸轧区

1—供料嘴；2—铸轧辊辊套；3—带坯

3.2.1.1　铸轧区的分类

A　按铸轧区内金属的状态分类

铸轧区按铸轧区内金属的状态可分为液相区、固液区、固相区。

铸轧时，带坯的结晶是从铸轧辊表面向铸轧坯中心扩展。因铸轧区呈楔形，随着铸轧辊不断旋转，同时热量又垂直于铸轧辊表面不断由冷却水带出，与液相线温度相一致的等温面便逐渐向熔体深处推移，对于具有一定结晶温度范围的合金，这个等温面相当于结晶开始面。而等同于不平衡固相线温度的等温面，则为结晶结束面。包含在结晶开始面和结晶结束面之间的区域，由固相和液相两相组成，称为固液两相区。所以铸轧区可分为三个区，即液相区、固液区、固相区，参见图 3-7。在固液两相区范围内固相的体积分数由液相线向固相线方面逐渐增加，凝固层因此逐渐增厚。因液态金属与两个铸轧辊同时接触，同时结晶且结晶条件相同，形成凝固壳速度和厚度也都相等。在形成凝固壳的同时，由铸轧辊带动向前运动、黏合、变形，形成铸轧带坯。

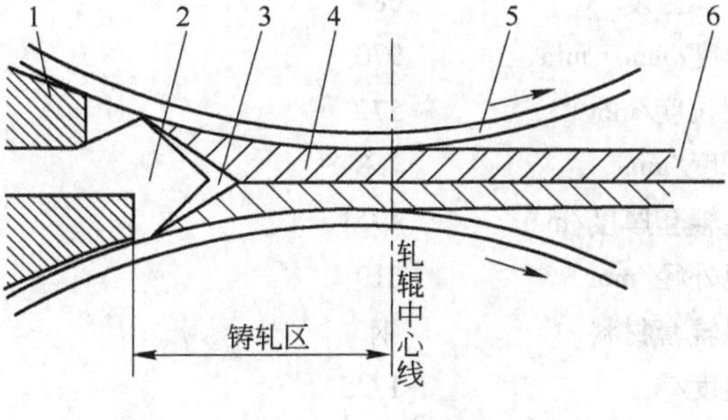

图 3-7　双辊倾斜式铸轧的铸轧区分区示意图

1—供料嘴；2—液相区；3—固液区；4—固相区；
5—铸轧辊辊套；6—带坯

a　液相区

液相区又称液穴区，该区域的金属全是液态。

（1）液穴的形状与深度。为了保证连续铸轧过程的顺利进行，必须将铸轧区的三个区（液相区、固液区和固相区）形状与深度控制在一定范围内，如果液穴长度太小，则液体金属尚未与铸轧辊表面接触就凝固，使铸轧生产中断。反之，如果液穴长度太大，则铸轧机的加工率小，轧制作用不明显，如果液穴的顶端超过 c-c'面以上（见图 2-4），则板坯中心尚未凝固就脱离铸轧辊，会产生热带缺陷，对生产不利。因此，生产中一般要控制液穴的深度。

在下列条件下，实测了液穴形状，其形状见图 3-8。

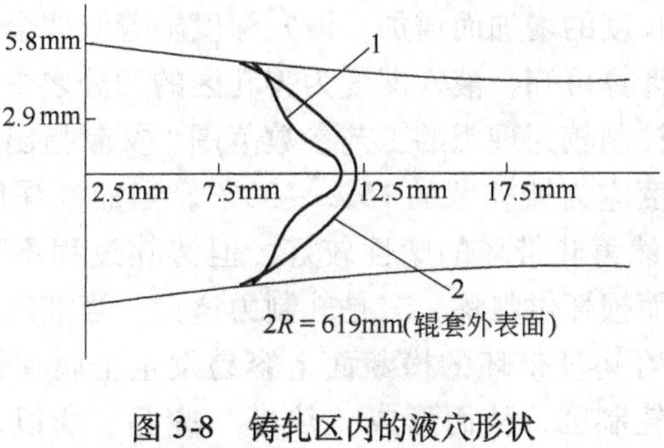

图 3-8　铸轧区内的液穴形状

1—理论形状；2—实测形状

前箱熔体温度/℃	685
铸轧速度/mm · min^{-1}	970
铸轧区长度/mm	57
带坯厚度/mm	7.8
铸轧辊辊套厚度/mm	49.1
铸轧辊外径/mm	619
铸轧辊辊套材料	钢
进水温度/℃	17.5
出水温度/℃	18.5

（2）液穴的深度与各参数之间的关系。双辊式连续铸轧时，铸轧辊金属界面传热、凝固的情况比较复杂，铸轧区液穴深度 Z 随着铸轧工艺参数的变化而变化，其变化规律见图 3-9。该图是以 ϕ650mm 铸轧辊为例，辊面入口温度 40℃，铸轧区长度 45mm，铸轧带坯厚度 8mm，说明液穴深度与各参数之间的关系。

液穴深度与铸轧辊线速度之间的关系见图 3-9*a*；液穴深度与铸轧带坯厚度之间的关系见图 3-9*b*；液穴深度与铸轧区长度之间的关系见图 3-9*c*，以上三图中 *a*、*b*、*c* 分别表示供料嘴出口处铝熔体温度为 660℃、680℃、700℃；液穴深度与金属过热度之间的关系见图 3-9*d*，图中 *a*、*b*、*c* 分别表示铸轧辊面线速度为 800mm/min、1000mm/min、1200mm/min。

由图 3-9 可知，在相同工艺条件下，液穴深度随着铸轧辊面线速度的增加而增加；液穴深度随着铸轧带坯厚度的增加而增加；液穴深度随着铸轧区长度的增加而增加；液穴深度随着液体金属温度的升高而增加。通过计算可知，液穴深度为铸轧区的四分之一左右是产品质量稳定、生产控制较为理想的工艺参数范围。文献指出，正常生产时测得的液穴深度应为铸轧区的 15% ~30%。当液穴深度小于铸轧区的 15% 时，虽然铸轧带坯的塑性较好，但铸轧过程不稳定。一是极易因凝固太快而损坏供料嘴，二是轧制力增大。当液穴深度超过铸轧区的 30% 时，在铸轧带坯的横断面上容易发生金属在铸造区没有完全凝固就进入轧制区，从而形成“热带”废品。所以，在生产现场较为理想的液穴深度应控制在铸轧区的 20% ~25%。

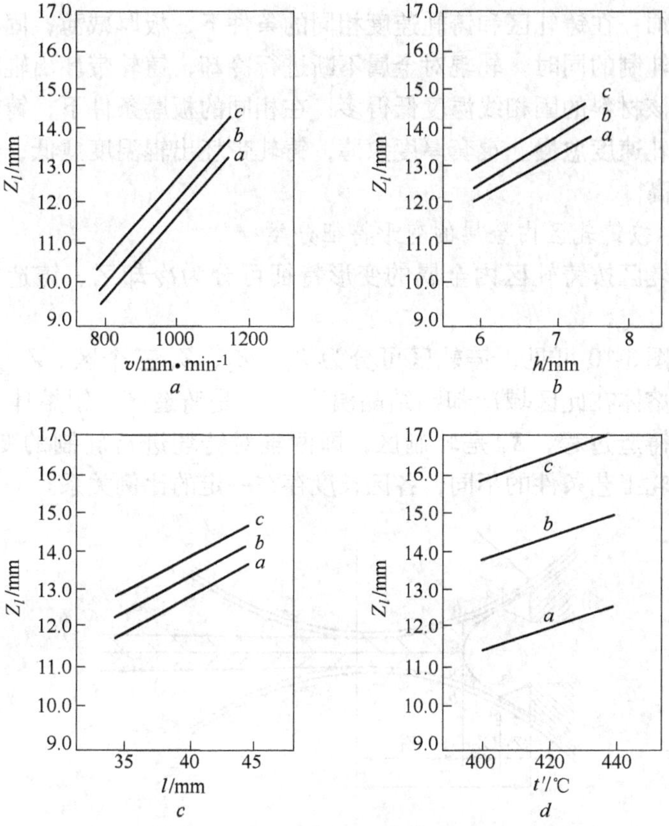

图 3-9 液穴深度与各参数之间的关系

a—与铸轧线速度的关系；*b*—与铸轧带坯厚度的关系；
c—与铸轧区长度的关系；*d*—与熔体过热度的关系

b 固液区

固液区又称糊状区或铸造区，在此区域的金属正处在凝固之中，其长短与合金的结晶区间有关。结晶区间大的合金，其区域稍长，纯铝较短。铸轧时，冷却速度较快，该区域也较短。

c 固相区

固相区又称变形区或热加工区，此区域的金属已完全凝固。固相区的特点是：固相区随着铸轧速度的增加而减小，随铸轧区的增加而相应增加；在铸轧区和铸轧速度相同的条件下，板厚减薄，固相区增加；在轧制的同时，轧辊对金属不断进行冷却，铸轧带坯出辊时的温度要比该材料的固相线温度低得多；在相同的板厚条件下，铸轧区愈大、铸轧速度愈慢、辊套厚度愈薄，铸轧带坯出辊温度愈低，热加工率也愈高。

B　按铸轧区内金属的变形特征分类

铸轧区按铸轧区内金属的变形特征可分为冷却区、铸造区、变形区。

由图 3-10 可见，铸轧区可分为 Z_1、Z_2、Z_3 三个区。Z_1 是冷却区，铝熔体在此区域冷却到结晶温度，Z_2 是铸造区，铝熔体在此区域完成铸造过程，Z_3 是轧制区，即两辊对铸坯进行轧制的变形区。根据铸轧工艺条件的不同，各区长度存在一定的比例关系。

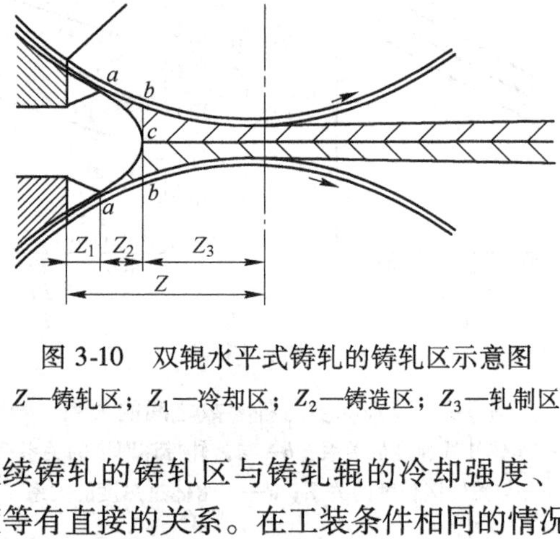

图 3-10　双辊水平式铸轧的铸轧区示意图

Z—铸轧区；Z_1—冷却区；Z_2—铸造区；Z_3—轧制区

双辊式连续铸轧的铸轧区与铸轧辊的冷却强度、铸轧辊的线速度、带坯厚度等有直接的关系。在工装条件相同的情况下，其变化范围较小。在相同的铸轧条件下，铸轧区增加，可以提高铸轧速度。当铸轧区超过一定值时，铸轧速度的变化不大。对每一种合金，都有获得最大速度的铸轧区。

3.2.1.2　铸轧区的计算

A　铸轧区长度的计算公式Ⅰ

按照铸轧区内金属的变形特征分类方法，采用欧美等国计算方法，主要考虑金属氧化膜的表面张力、金属熔体的密度、前箱液面与供料嘴的高度差、出坯速度、铸轧坯的凝固速度和铸轧辊半径等因素，推出铸轧区长度的计算公式。

a 冷却区长度 Z_1 的确定

在计算 Z_1 长度时，假设供料嘴出口端与铸轧辊之间铝熔体因表面张力作用而形成一圆柱氧化膜，可近似地把该氧化膜的曲率半径认为是 Z_1 长度。而氧化膜的存在是熔体表面张力的附加压强，与前箱内熔体静压强相平衡的体现。因此，氧化膜表面张力施加给熔体的压强为：

$$p_{膜} = \frac{\sigma_{bz}}{R_{膜}} \tag{3-1}$$

式中 $p_{膜}$——氧化膜表面张力给熔体的压强，Pa；

$R_{膜}$——液膜的曲率半径，cm；

σ_{bz}——表面张力系数，N/cm。

铸轧区内铝熔体因受到前箱中同水平的熔体的静压强作用，对熔体氧化膜的压强为：

$$p_{静} = H\rho g \tag{3-2}$$

式中 $p_{静}$——前箱熔体静压力造成的压强，Pa；

H——前箱熔体水平面与氧化膜之间的高度差，cm；

ρ——熔体密度，kg/cm^3；

g——重力加速度，m/s^2。

在这两种压强作用下，氧化膜处于平衡状态，也就是说 $p_{膜} = p_{静}$，即

$$\frac{\sigma_{bz}}{R_{膜}} = H\rho g \tag{3-3}$$

若取 $R_{膜} \approx Z_1$，则

$$Z_1 = \frac{\sigma_{bz}}{H\rho g} \tag{3-4}$$

b 铸造区长度 Z_2 的确定

由于铸轧辊直径比铸轧区内的带坯厚度大得多，因此，可视铸轧

区的铸轧辊面为两平行的平面。由图2-4可见，当铝熔体于辊面 a 点处开始凝固，经过 t 秒后，铸轧辊转到 b 点时，两侧凝固层在 c 点相遇。此时，b 点至 c 点的距离 s 为：

$$s = \frac{h + \Delta h}{2} \tag{3-5}$$

式中 h——带坯出口厚度，mm；

Δh——绝对压下量，mm。

设平均凝固速度为 v_{ng}，则

$$v_{ng} = \frac{s}{t} = \frac{1}{2}(h + \Delta h)/t \tag{3-6}$$

式中 t——铸轧坯凝固时间。

铸轧辊从 a 点转到 b 点的距离为 Z_2，如果忽略铸轧辊和带坯之间的相对滑动，其表面线速度即为铸轧速度

$$v_z = \frac{Z_2}{t} \tag{3-7}$$

式中 v_z——铸轧速度，mm/min。

因为铸轧辊从 a 点转到 b 点的时间和铸轧区液态金属与辊面接触开始结晶到两侧凝固层在 c 点相遇的时间相同，所以

$$\frac{h + \Delta h}{2v_{ng}} = \frac{Z_2}{v_z} \tag{3-8}$$

即

$$Z_2 = \frac{v_z(h + \Delta h)}{2v_{ng}} \tag{3-9}$$

式中 v_z——铸轧速度，mm/min；

v_{ng}——平均凝固速度，mm/min。

c 变形区长度 Z_3 的确定

轧制变形区长度 Z_3 可用轧制弧度表达：

$$Z_3 = \sqrt{R\Delta h} \tag{3-10}$$

Z_1、Z_2、Z_3 之和为铸轧区长度 Z，即 $Z = Z_1 + Z_2 + Z_3$。

也就是说，铸轧区长度 Z 为：

$$Z = \frac{\sigma_{bz}}{H\rho g} + \frac{v_z(h + \Delta h)}{2v_{ng}} + \sqrt{R\Delta h} \tag{3-11}$$

B 铸轧区长度的计算公式Ⅱ

根据文献［7］，利用铸轧区的几何特性，建立其计算公式，即

$$L = \frac{E - \Delta x}{2} \tag{3-12}$$

$$E = \sqrt{\frac{D^2 B_1^2}{\Delta x^2 + B_1^2} - B_1^2} \tag{3-13}$$

$$B_1 = a - D - h \tag{3-14}$$

式中 D——铸轧辊直径，mm；

Δx——上铸嘴相对下铸嘴缩回的绝对值，mm；

a——下铸嘴前沿垂线与上铸轧辊交点的纵坐标和上铸嘴前沿垂线与上铸轧辊交点的纵坐标之和，mm；

h——铸轧带坯厚度，mm。

式（3-12）就是铸轧区长度计算式，它与辊径及供料嘴下嘴的前伸量有关。

通过在双辊水平式实验铸轧机和工业生产条件下的双辊水平式铸轧机上进行试验测取了相关参数，并将实测数据与公式Ⅱ计算值（理论值）进行了比较，比较结果见表3-1。

表 3-1 铸轧区总长度理论值与实测值的比较

序 号	原始数据				公式Ⅱ计算值	实测值	误差/%
	a/mm	D/mm	h/mm	Δx/mm	L_1/mm	L/mm	
1	3.9	130	4.23	2.5	15.95	17	6.0
2	3.4	130	4.18	2.5	15.13	16	5.4
3	13.5	640	7.41	5	41.47	42	1.3
4	13.6	640	7.40	5	41.31	43	4.1

比较结果表明，理论值与实测值非常接近，说明理论计算式是可信的、正确的，因此可以用于工程计算与控制。

合理选择铸轧区长度是非常重要的，它对带坯质量起着决定性的作用。铸轧区长度偏小时，势必减慢铸轧速度，并使带坯加工率降低，各工艺参数调整范围也小。增大铸轧区长度，既可提高铸轧速度，又可提高加工率，使带坯组织致密些，性能也有所提高，工艺参数控制范围也大一些。通常，在其他条件允许时，铸轧区长度尽量大，但却受设备能力等其他条件的严格制约。铸轧区的长度又受轧制力和轧辊直径的限制。在铸轧辊辊径一定时，铸轧区不能太长，只是在一定范围内波动。

若加大铸轧区，可提高铸轧速度，其关系测试如图 3-11 所示，图中为铸轧带坯中心处温度变化与铸轧区长度的关系。该图结果是测定的工业纯铝，带坯厚度 7.0mm，辊套厚度 37.7mm，铸轧速度 835mm/min，前箱熔体温度 685℃。由图可见，铸轧区长度的变化对轧制区长度有影响，而对铸造区长度几乎没有影响。铸轧区长度增加约 6mm，铸轧速度可提高 2.1mm/min。

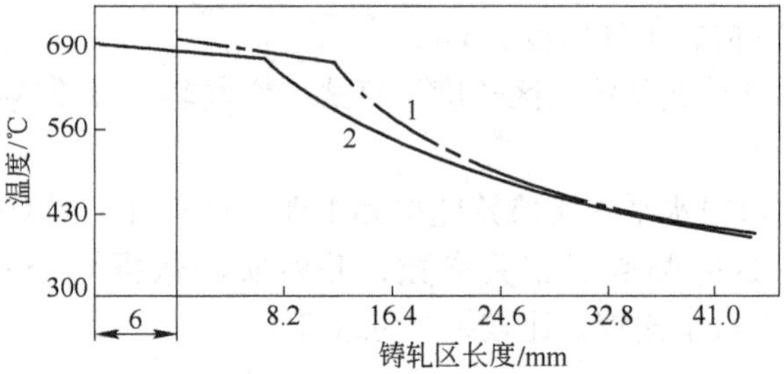

图 3-11　带坯中心温度与铸轧区长度的关系示意图

1—铸轧区长度 41mm；2—铸轧区长度 47mm

3.2.1.3　决定铸轧区长度的因素

铸轧区的长度取决于铸轧辊直径和铸轧机的类型、冷却条件、加工变形率等的影响大小。

A　铸轧辊直径对铸轧区的影响

在供料嘴出口端宽度一定时，铸轧辊直径越大，铸轧区长度也越大。铸轧区长度的表达式为：

$$Z = R\sin\beta \quad \text{（只适用于倾斜式和水平式铸轧机）} \tag{3-15}$$

式中 β——铸轧角；

R——铸轧辊半径。

B 铸轧机形式对铸轧区的影响

对于垂直上注式铸轧机，熔体从下往上进入铸轧区内，在立板时，依靠轧辊转动将熔体带出辊缝。如果铸轧区太长，相应地前箱熔体水平偏低、静压强偏小，开始时流入铸轧区内的熔体，由于其本身重力的作用，将会凝固在供料嘴内，无法正常出板。所以，垂直上注式的铸轧区不能太长。同时受铸轧区长度限制，轧辊直径也不能太大。

对于倾斜式和水平式铸轧，熔体开始进入铸轧区内时，是从下面或水平方向注入，不受熔体重力影响，通过两辊的转动都可将熔体带出辊缝，辊径大小不受限制，铸轧区也就随辊径的变化而变化。一般而言，ϕ650mm 铸轧机的铸轧区最大长度为 50mm，ϕ980mm 铸轧机的铸轧区最大长度为 70mm。

C 冷却条件对铸轧区的影响

铸轧区长度不仅取决于轧辊直径大小，还与冷却条件有关。由于辊内的冷却水流量只能达到一定值，影响辊套的热交换量。通常，铸轧区越长，传递的热量也越多。因铸轧区长度受到冷却条件的限制，铸轧区长度不能太短。

D 加工变形率对铸轧区的影响

加工变形率对铸轧区长度也有一定的影响。因为铸轧区越长，咬入弧就越大，加工变形率也越大。铸轧法属于无锭轧制，当加工变形率大到一定值时，被轧制的固态金属表面开始与轧辊贴合，不产生相对运动，而中心部分却受到向后的挤压力。由于这种挤压力作用，使在两侧辊面开始凝固的硬壳还未相遇时，就受到挤压力的作用而发生变形。当这种挤压力的作用很大时，就会产生相对滑动，使液穴变小。这种滑动发生在凝固的硬壳内部时，将造成铸轧带坯分层缺陷；而发生在硬壳表面时，将使铸轧带坯出现裂纹。因此，加工变形率受到限制，也限制了辊径一定时的铸轧区长度。

3.2.2　铸轧速度

铸轧带坯在变形区内的速度与热轧轧件的速度相似，因此，在中性面上，带坯的速度与铸轧辊的速度相同，在中性面的前后区段内，铸轧辊与带坯之间存在着相对滑动。对于铸轧过程而言，由于带坯在冷却区和铸造区内为液态，因而不存在轧制外区对轧制区的影响。铸轧速度是指轧辊外径的圆周线速度。在实际生产中，为了方便起见，一般测定铸轧带坯速度以了解铸轧辊线速度的大小。带坯的速度与铸轧辊表面线速度相比大于前滑量，铸轧时带坯前滑量约为5% ~8%。

在铸轧过程中，改变某一个工艺参数时，其他工艺参数必须随之改变，才能保持连续铸轧的稳定性。其中以铸轧速度与各工艺参数之间的关系最为密切，而且在实际生产操作中，铸轧速度的调整最为方便也最直接。因此，铸轧速度尤显重要。

铸轧速度与液穴有密切关系，当铸轧速度增加到某一临界值时，结晶前沿朝着铸轧辊出口平面移动，液穴加深，直至金属来不及凝固，液态金属从辊缝流出，影响正常轧制。因此，铸轧速度存在一个极限速度，即在临界液穴稳定轧制的最大速度。

为了保证铸轧过程的连续性，铸轧速度应与铝熔体在铸轧区内的凝固速度有一定的比例关系。铸轧速度远大于铝熔体凝固速度时，易使铸轧带坯冷却不足，甚至在板坯中心尚未完全凝固的条件下就离开铸轧辊，破坏了铸轧过程。若铸轧速度低于熔体的凝固速度，使铝熔体在铸轧区内停留时间过长，造成过度冷却，以至于铝液在供料嘴内凝固。因此，铸轧速度必须与液体金属的凝固速度相配合。每一种合金规格，都有其获得最大速度的铸轧区。在生产中通常采用较低的铸轧温度，能获得较高的铸轧速度。

3.2.3　铸轧温度

在稳定条件下，铸轧温度一定时，前箱温度也就一定了。由于前箱内的熔体温度容易测量，加之在正常铸轧时前箱熔体温度与流入铸轧区液穴中的熔体温度相差很小，所以铸轧生产前箱内熔体的温度也称为铸轧温度。在铸轧过程中，经常用热电偶监测前箱熔体温度以监控铸轧温度，使铸轧区熔体温度保持稳定和铸轧过程中凝固速度恒定。生产中铸轧温度应保持稳定。

铸轧温度的选定，必须充分考虑熔体从静置炉流出经流槽和净化装置进入前箱，再经横浇道（分配器）和供料嘴到达铸轧区整个流程中的热量损失。尤其是在设计新的铸轧生产线时，要考虑静置炉出口到前箱的长度及温降，并保证金属在流入前箱过程中温度散失较小。另外，还要考虑到流槽系统的保温性能、气候、车间的环境温度等。

众所周知，当炉内熔体温度过高或局部过热时，不仅增大能源消耗，而且会使晶粒粗大。实践证明，一旦炉内熔体温度过高或局部过热，即使将其温度降到正常温度，也不能消除温度过高对粗大晶粒的影响。因此，控制熔炼炉和静置炉内的熔体温度也就是控制了前箱温度，它对稳定铸轧工艺和提高铸轧带坯质量是至关重要的。熔炼炉、静置炉的熔体温度控制见表 3-2。

表 3-2 熔炼炉、静置炉的熔体温度

合 金	熔炼炉熔体温度/℃	静置炉熔体温度/℃
1×××系	700 ~ 750	735 ~ 750
8×××系	700 ~ 750	740 ~ 750
3×××系	720 ~ 760	745 ~ 755

铸轧温度过高也是增大含气量和裂纹的主要原因，铸轧温度过高，使带坯不好成形或使带坯质量下降；铸轧温度过低，熔体将在铸嘴腔内凝固。实践证明，在满足铸轧工艺要求的前提下，铸轧温度稍低些好，通常以 685 ~ 710℃ 为宜。铸轧温度低，不仅可使铸轧带坯晶粒细化，而且还能获得较高的铸轧速度，从而提高生产率。

3.2.4 前箱液面高度

从铸轧原理可知，整个浇注系统是一个“U”形连通器，前箱内液面金属的高度决定着供料嘴出口处金属压力的大小，液面高度控制不好，铸轧过程就不能正常进行。铸轧区中，凝固瞬间的熔体供给和保持所需的压力，都是通过前箱熔体液面高度的静压强来控制。原则上，在保证熔体表面氧化膜不被破坏的条件下，前箱液面高度越高越好。因为此时液穴中的熔体对结晶面的压强大，不仅能保证熔体凝固的连续性，而且能获得致密的组织。

如果前箱液面高度较低，静压强较小时，则表现为熔体在结晶前沿供给不足，在带坯横截面中心处易出现孔洞或带坯表面上出现裂纹或热带。若前箱液面很低，熔体就不会涌入铸轧区，而停留在供料嘴腔内，时间稍长，可能发生凝固，使铸轧带坯连续性被破坏，出现板面孔洞。若液面过高，则熔体静压强过大，易使铸轧带坯表面起棱，或带坯表面上压有被冲破的氧化膜，造成氧化膜折叠缺陷，降低带坯表面的质量。如前箱熔体液面太高而供料嘴间隙又过大，则易冲破氧化膜，熔体进入嘴辊间隙，使铸轧无法进行。前箱液面高度的调整，主要是调整前箱静压力和液膜表面张力的关系，在维持 $p_{膜}=p_{静}$ 的平衡条件下进行调整。

3.2.4.1　前箱液面高度的控制

图 3-12 为前箱液面高度示意图，在双辊下注式连续铸轧中，前箱液面高度 H 受两个因素控制：前箱高度不应低于 $y+h_1$，否则液体金属不能供应到液穴顶端；前箱内液柱的静液压强（h_2 段液所产生的静压强）应小于氧化膜表面张力对被包拢铝液体的附加压强。由上述可知前箱液面高度应在低于 $y+h$、高于 $y+h_1$ 的范围内选定。

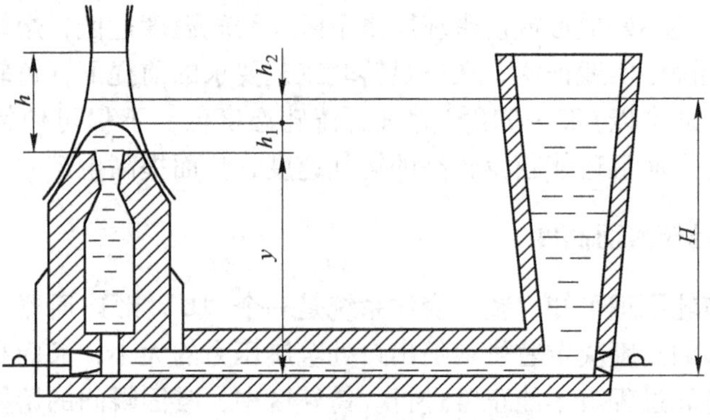

图 3-12　前箱液面高度示意图

图中，H 为前箱高度；y 为供料嘴到横浇道高度；h_1 为液穴高度；h 为铸轧区长度；h_1+h_2 为前箱液面高出铸嘴的高度。

3.2.4.2 前箱液面高度的计算

A 前箱液面高度的计算公式Ⅰ

铸轧时，氧化膜表面张力附加压强 $p_{膜}$ 和金属熔体静压强 $p_{静}$ 之间可能有三种情况。

a $p_{膜}=p_{静}$

当正常铸轧，前箱液面高度的压强 $p_{压}$ 与氧化膜附加压强 $p_{静}$ 之间处于平衡状态时，由式（3-3）可以得出

$$H=\frac{\sigma_{bz}}{R_{膜}\rho g} \tag{3-16}$$

此时，氧化膜表面张力附加压强与金属静压强相平衡，氧化膜不会破裂，铸轧可连续进行，铸轧带坯表面正常。

b $p_{膜}>p_{静}$

当时 $p_{膜}>p_{静}$ 时，表明熔体液面水平低，氧化膜受到的静压强较小，不易破坏，带坯表面质量保持良好。但当前箱液面高度低于某一限度时，由于熔体供应不足，带坯内易产生空洞、热带缺陷。

c $p_{膜}<p_{静}$

当 $p_{膜}<p_{静}$ 时，金属静压强大于氧化膜表面张力附加压强，熔体液面偏高，金属静压强增加，氧化膜极易破坏，轻则带坯表面出现氧化物折叠，严重时铸轧无法继续进行。

B 前箱高度的计算公式Ⅱ

设前箱液面高度对下侧嘴辊间隙处的铝熔体产生的压力为 Δp（见图 3-13），则：

$$\Delta p=\rho g(H''+H') \tag{3-17}$$

$$H'=Z\sin15^\circ+(R-\sqrt{R^2-Z^2}+\delta/2)\cos15^\circ \tag{3-18}$$

式中 ρ——铝熔体密度；

H''——前箱液面至辊缝中心的高度；

H'——铸轧机倾斜 15°产生的附加高度；

R——铸轧辊半径；

Z——铸轧区长度；

δ——铸轧带坯厚度。

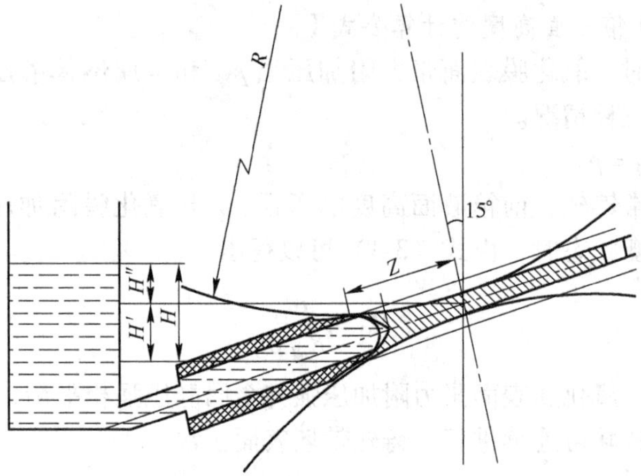

图 3-13　倾斜式铸轧前箱液面高度示意图

间隙处铝熔体表面膜的表面张力所产生的最大附加压力 $\Delta p'$ 为：

$$\Delta p' = 2\sigma/d_c \tag{3-19}$$

式中　σ——铝熔体表面膜张力；

d_c——嘴辊间隙。

要保证铝液不从嘴辊间隙泄漏，应有：

$$\Delta p' \geqslant \Delta p$$

即

$$H'' \leqslant \frac{2\sigma}{d_c \rho g} - H' \tag{3-20}$$

在 ϕ640mm × 1600mm 铸轧机上，R = 320mm，δ = 75mm，ρ = 2300kg/m^3，σ = 0.86N/m。其计算结果列于表 3-3。

表 3-3　前箱液面高度计算值

d_c/mm	1.2	1.0	0.8	0.6	0.4	1.2	1.0	0.8	0.6	0.4
Z/mm	45					50				
H'/mm	18.34					20.35				
H''/mm	13.41	19.79	29.32	45.21	76.99	11.41	17.77	27.30	43.19	74.96

根据前箱高度的计算公式，可以初步判断，在一定的铸轧区和辊缝间隙下，前箱高度是否合适。例如：生产中嘴辊间隙调整一般为0.4mm，铸轧纯铝时，辊缝比调整时张大0.5mm左右，即轧制时嘴辊间隙约为0.65mm左右，为可靠起见，取0.8mm。由式（3-17）、式（3-18）和式（3-20）可算得，当$Z=45$mm时，铸轧区允许最大前箱液面高度达76mm，现将前箱液面高度控制在11~12mm，远小于76mm，不会漏铝。但当铸轧区增大至57mm时，由于轧制力增加，辊缝由7.4mm增大到10.08mm，增加的2.68mm主要是由液压缸下降形成的，这使下侧嘴辊间隙增大2.68mm，按理论计算其最大允许前箱液面高度为5.13mm，小于生产采用的11mm，故肯定会漏铝。

当然前箱液面高度要随着分配器和铸嘴内氧化物的数量、通道的增减而调整，但调整只能在一定范围内进行，并随着铸轧区的增加，辊缝增大，调整范围减小。

C 前箱液面高度H的测定

在实际生产中，前箱液面高度H很难测得，一般在铸轧机上找一基准线，再通过基准线与氧化膜之间的距离来确定H的值。如对双辊水平式铸轧机，以两辊中心水平连线为基准，前箱液面高度比此线高的用$+H$表示，低于此线的用$-H$表示。在双辊水平或倾斜式铸轧机中，通常以两辊缝中心水平线作为基准，液面到此线的距离为前箱液面高度。因此，在实际生产中，所说的前箱液面高度都是相对于两辊间铸轧中心线而言的。对于两辊倾斜式铸轧机，前箱液面控制在比铸轧中心线高10~20mm。

3.2.4.3 前箱液面高度对氧化膜半径的影响

由式（3-16）可知，静压头高度H与熔体氧化膜曲率半径$R_{膜}$成反比。

当前箱液面处于平衡状态时，前箱内液柱的静液压强与氧化膜对铝液体的附加压强相当，前箱高度与嘴辊间氧化膜半径配合最佳，铸轧过程保持一种动态平衡，铸轧可以继续进行。

当前箱液面低时，嘴辊间氧化膜半径增大，氧化膜被拉长，氧化膜本身受压力较小，不易被破坏，此时，板面质量较佳。但铝液面低到一定程度，则板面由于所供金属不足而易产生空洞缺陷。

当前箱液面高时，熔体的静压头高，也就是静压强越大，熔体氧化膜半径小且氧化膜较薄，当熔体氧化膜半径小于某一值时，氧化膜被破坏，轻者板面出现氧化折叠，严重时造成铸轧中断。

3.2.5 供料嘴与铸轧辊间隙

板带连续铸轧过程中，液态金属借助前箱液面高度的静压力，通过供料嘴源源不断地将液态金属输送到辊缝中去，当金属熔体从供料嘴涌出与铸轧辊表面接触时，开始结晶。供料嘴与铸轧辊之间的间隙，被称为嘴辊间隙。

铝熔体在嘴辊间隙处形成很薄的氧化膜，氧化膜呈弧形，由于液面呈弯曲形状，液面的表面张力给液穴的液体金属以一定的分力，保证金属不会从嘴辊间隙中泄漏。同样，液穴中的金属熔体给氧化膜一个反作用力，这个力是前箱液面的静压力通过液体传递而作用于液面的。在氧化膜的表面张力和前箱液体金属之间静压力相互作用下，铸轧过程达到平衡。

生产过程中，当前箱液体金属的静压力一定时，由于铸轧辊的不断转动会改变氧化膜的曲率半径，因而会使整个铸轧过程处于动平衡状态，当氧化膜的表面张力对熔体的附加压强与前箱静压力产生的压强处于平衡状态时，氧化膜的曲率半径最小。随着铸轧辊的转动，氧化膜被拉长，嘴辊间隙间的曲率半径逐渐增大，由式（3-3）可知，随着氧化膜曲率半径的增大，氧化膜给熔体的压强变小。当前箱铝液静压力的压强超过表面张力的附加压强时，氧化膜被破坏，重新恢复到氧化膜曲率半径为最小的状态。这时，新的铝液体与被冷却的铸轧辊接触，开始生成新的晶核，随着铸轧辊结晶器的连续转动，液面氧化膜曲率半径不断循环，由最小状态又逐渐增大到破坏过程，表面张力的附加压强和静压力的压强之间发生平衡与不平衡连续周期性的变化，新的液体金属持续不断地与铸轧辊接触生成新的晶核，这就是液体金属连续结晶的过程。

从生产实践可知，氧化膜曲率半径最小也不能小于铸轧嘴辊间隙。如果比嘴辊间隙小，则静压头压强的增加比氧化膜表面张力附加压强增加得快，失去平衡后，氧化膜被破坏，熔体流入铸轧辊与铸轧嘴之间的间隙内，破坏了铸轧的连续性。所以，氧化膜的曲率半径 $R_{膜}$ 要比铸轧辊与铸轧嘴之间的间隙大。

生产中，嘴辊间隙过大，对于前箱液面高度会有一定的限制作用。图 3-14 是嘴辊间隙大小对氧化膜曲率半径的影响示意图。由图可见，嘴辊间隙增大，氧化膜的曲率半径变大。由式（3-3）可见，氧化膜的曲率半径变大，嘴辊间隙处的氧化膜对熔体的附加压强变小，所以前箱液面高度就要降低。故在铸轧生产中组装铸轧嘴时，就要充分考虑到嘴辊间隙，以保证液态金属不从嘴辊缝隙渗漏。

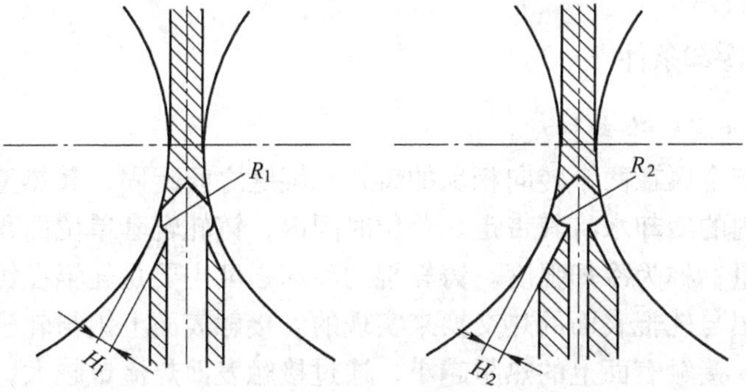

图 3-14 嘴辊间隙大小对氧化膜曲率半径的影响示意图
R_1，R_2—氧化膜半径；H_1，H_2—嘴辊间隙

嘴辊间隙的大小对于铸轧带坯的产品质量的影响是非常大的，在调整嘴辊间隙的过程中，要考虑到铸嘴本身的热膨胀、充满铝液时的膨胀、氧化膜曲率半径及熔体表面张力等因素，即 $H_{熔}=p_{膜}\cdot R_{膜}$，这样可根据板厚、板宽、合金种类来确定辊缝和嘴辊间隙。当嘴辊间隙过小时，铸轧辊和嘴子距离过近，易于在嘴子上结渣，使铝渣处在轧辊表面沿圆周方向上形成细小的、凹凸不平的粘铝带，带坯表面产生一条相对应、沿长度方向凹凸不平的线，这就是纵向条纹；嘴子间隙过大时，使得氧化膜破裂，残余氧化物黏着在轧辊上被带入嘴辊间隙，这样氧化膜夹到嘴辊间隙之间，使此处铸嘴产生局部微压缩，引起熔体分配不均匀及粘渣，这样就使带坯表面的凝固速度发生周期变化，枝晶间距也产生了周期变化，纵向条纹伴随而生。所以合理调整

铸嘴间隙对产品质量起着至关重要的作用。

从生产实践中得知，铸轧辊与铸轧嘴之间的间隙一般为 0.1 ~ 0.8mm，但由于振动等原因，最大间隙可达 1mm。嘴辊间隙、曲率半径 R 与静压头 H 的对应值如表 3-4 所示。

表 3-4 嘴辊间隙、氧化膜曲率半径 R 与静压头 H 的关系

嘴辊间隙/mm	0.3	0.4	0.5	0.6	0.7	0.8	0.9	1.0
R/mm	0.4	0.5	0.6	0.7	0.8	0.9	1.0	1.1
H/mm	49	39	32	28	24	21	19	17

3.2.6 冷却条件

3.2.6.1 冷却强度

液态金属在两个转向相反的铸轧辊辊缝之间凝固，其热量主要靠铸轧辊内的冷却水将其带走。单位时间内，铸轧辊套单位面积上所导出的热量，称为冷却强度。铸轧辊的冷却强度主要是轧辊在铸轧区内液、固铝与轧辊表面的热交换来实现的。接触表面上铝与轧辊表面温差越大，接触表面上的热阻越小，通过接触表面热流量越大，冷却强度也就越大。热阻与接触表面的状况（氧化物、石墨喷涂层厚度等）及轧辊表面对铝施加的压力等因素有关。

提高冷却强度，可以提高铸轧速度，但冷却强度的提高要受到其他条件的制约。例如：首先，要看辊套材料的耐热强度和导热性能；其次，要看辊芯循环冷却水槽结构的合理性，能否使辊套表面冷却更加均匀；最后，要看辊套的厚度是否适度，在满足上述三个条件的情况下，提高冷却强度，即在辊套和辊芯之间使用较大的流量，提高铝与轧辊的表面的温差以提高冷却强度。因此双辊式铸轧冷却强度和影响因素决定于辊套的材质和导热性能、铸轧辊芯结构、辊套厚度、冷却水温度、压力和流量等。

辊套的材料和厚度决定了辊套的导热能力。当辊套与铸轧金属接触时，被铸轧的铝合金含热量及凝固时所释放的热量传给辊套，辊套很快变热，热量又被轧辊内循环冷却水吸收而带出。其带出的热量多，则表示冷却强度大。在铸轧过程中，冷却强度增大，有利于凝固结晶和铸轧速度提高。

但是，在冷却强度达到一定值后，再增加冷却强度实际上已经起不到增大冷却能力的效果。冷却强度也不能太低，因为铸轧液态区的带坯温度梯度和辊套的温度梯度都比较大，冷却不足会强化铸轧带坯组织的方向性，增加产品内部的偏析，加剧辊套的热应力，缩短辊套的使用寿命。

3.2.6.2 铸轧辊冷却水用量

在金属结晶过程中，液态金属和铸轧辊之间始终进行着强烈的换热过程。冷却水将大量的热量带走，冷却水既可以采用循环方式，也可以使用新水。在使用循环水时，可用冷却系统的专用水泵将水打入铸轧辊，保持水压不变，以确保铸轧过程顺利进行。铸轧辊的用水量可以通过下面公式加以确定：

（1）单位时间冷却水从铸轧辊中所带走的热量为：

$$\Phi = [c_y(T_y - T_r) + c_g(T_r - T_p) + e_l]\eta \times 10^6 \times 10^{-3} \tag{3-21}$$

式中 η——铸轧机生产能力，t/h；

T_y——供料嘴中流出铝液的温度，℃；

T_r——铝的熔点，℃；

T_p——固态铝带坯的温度，℃；

c_y——铝液的质量热容，kJ/(kg · ℃)；

c_g——固态铝的质量热容，kJ/(kg · ℃)；

e_l——铝的熔化潜热，kJ/kg。

下面以生产能力为1.2t/h铸轧坯为例，计算双辊铸轧机在铸轧期间需带走的热量：

$$\begin{aligned}\Phi &= [c_y(T_y - T_r) + c_g(T_r - T_p) + e_l]\eta \times 10^6 \times 10^{-3}\\ &= [1.29 \times (700 - 658) + 1.01 \times (658 - 450) + 389.4] \times \\ &\quad 1.2 \times 10^6 \times 10^{-3}\\ &= 784392\text{kJ/h}\end{aligned}$$

（2）单位时间排出热量 Φ 所需的冷却水总用量为：

$$Q_{xs} = \frac{\Phi}{(T_{sc} - T_{sr})c_s} \tag{3-22}$$

式中 T_{sr}——冷却水进入铸轧辊时的温度，℃；

T_{sc}——冷却水由铸轧辊排出时的温度，℃；

c_s——冷却水质量热容，kJ/(kg · ℃)。

把上面具体的数据代入式（3-22），得

$$Q_{xs} = \frac{\Phi}{(T_{sc} - T_{sr})c_s} = \frac{784392}{(28 - 15) \times 4.1868} = 14411.45\text{kg/h}$$

冷却水的实际消耗量比计算值略大些，这是因为冷却系统有一定的泄漏，易造成水压的波动，为了保证系统有足够的冷却能力，实际的冷却水消耗量比计算值要大。

3.2.6.3 冷却水温度

冷却系统除要注意减少泄漏外，还应控制合适的进出口的水温。实际应用中进出口水温差太大会使铸轧辊冷却条件变坏，造成铸轧带坯横向温度不均匀，易形成局部晶粒粗大，直接影响铸轧带坯的产品质量，严重时还会造成废品。同时也不希望入口水温太高或太低，入口水温太高，会使铸轧辊辊套热交换能力降低；入口冷却水温度低，又会使铸轧辊辊套表面太冷，易出现结露，导致铸轧带坯吸收气体，铸轧带坯表面产生气孔缺陷，造成废品。

目前，国内厂家的水冷系统，水温一般为 5 ~ 25℃，水压力为 0.4 ~ 0.5MPa，冷却水流量约为 110t/h，进出口温差为 3 ~ 5℃。

3.2.7 轧制力

3.2.7.1 铸轧过程轧制力的计算公式

关于连续铸轧成形过程，变形区内的金属变形规律和应力分布，铸轧力和铸轧力矩的计算一直是研究重点。俄罗斯学者库兹涅夫认为，在考虑宽展存在时，铸轧区变形金属的单位压力计算可以采用文献［10］中的公式计算，即铸坯对轧辊的总压力为：

$$P = pF = pBL \tag{3-23}$$

$$p = Kn_{\sigma}n_{b}n_{s} \tag{3-24}$$

式中 p——单位压力，MPa；

B——铸坯宽度，mm；

L——接触弧长度，$L=\sqrt{R\Delta h}$，mm；

R——铸轧辊半径，mm；

n_{σ}——应力状态系数，考虑外摩擦和张力时对单位压力的影响；

n_{b}——宽展影响系数，考虑铸轧坯宽展时对单位压力的影响，一般取1～1.15；

n_{s}——外端影响系数，考虑轧制区外端对单位压力的影响，当$L/h_1>1$时，$n_s=1$；

K——铸坯的真实变形抗力，K值为：

$$K = n_{v}n_{h}\sigma_{b} \tag{3-25}$$

n_{v}——变形速度影响系数，考虑铸轧坯在不同的变形速度下对真实应力的影响；

n_{h}——加工硬化影响系数，考虑金属因变形而产生的加工硬化对真实应力的影响；

σ_{b}——铸轧坯的屈服强度。

n_{σ}的计算公式如下：

$$n_{\sigma} = 1 + \frac{\delta}{\varepsilon}(1 - \sqrt{1-\varepsilon})^2 \tag{3-26}$$

$$\varepsilon = \frac{\Delta h}{h}$$

$$\Delta h = h_0 - h_1$$

$$\delta = \frac{2\mu}{\phi}$$

式中 h_0，h_1——带坯轧前、后的厚度；

μ——铸坯与轧辊间的摩擦系数；

ϕ——咬入角。

n_{h}的计算公式如下：

$$n_{\mathrm{h}}=\frac{\sigma_{\mathrm{s}_0}+\sigma_{\mathrm{s}_1}}{2\sigma_{\mathrm{s}_0}}$$

式中　σ_{s_0}——铸坯进入轧制区时的温度下，材料的屈服强度；

σ_{s_1}——铸坯离开轧制区时的温度下，材料的屈服强度。

按上述理论，根据某单位提供的资料对生产 1235 合金 ϕ7.50mm × 1280mm 铸轧坯轧制力进行计算，计算前，其试验参数为：轧辊直径 640mm，铸轧速度 900mm/min，铸轧区长度 45mm，进水温度 19℃，出水温度 20 ~21℃，电接点压力表指示压力 20.28MPa，带板刚离辊的温度 330℃左右。又据资料介绍，要实现稳定铸轧，轧制区 $Z_3=0.7\sim0.85Z$，根据该单位的实际情况，设 $Z_3=0.8Z$，进入铸轧区板坯断面平均温度为 550℃。

铸轧与一般的热轧有着不同的特性，铸轧是在金属很热、辊面粗糙、冷却强度很大、温降非常剧烈（达 110℃/s 以上）、有些铸轧机是在没有采取润滑措施的条件下进行变形的。这就意味着进入轧制区的金属的屈服强度很小，但硬化系数很大。基于这种情况，参考国外有关资料，选择了以下工艺参数：$\mu=0.47$，$\sigma_{\mathrm{s}_0}=7.0\mathrm{MPa}$，330℃时的 $\sigma_{\mathrm{s}_1}=23.0\mathrm{MPa}$，$\sigma_{\mathrm{s}}$ 取 15MPa，接触弧长度 $L\approx Z_3=45\times0.8=36\mathrm{mm}$。即：

$$\Delta h=\frac{L^2}{R}=4.05\mathrm{mm}$$

$$\varepsilon=\frac{4.05}{7.50+4.05}=35\%$$

$$\phi=\sqrt{\frac{\Delta h}{R}}=0.113$$

$$\delta=\frac{2\mu}{\phi}=8.32$$

$$n_\sigma=1+\frac{\delta}{\varepsilon}(1-\sqrt{1-\varepsilon})^2$$

$$=1+\frac{8.32}{0.35}\times(1-\sqrt{1-0.35})^2=1.89$$

$$n_h = \frac{\sigma_{s_0} + \sigma_{s_1}}{2\sigma_{s_0}} = \frac{7.0 + 23.0}{2 \times 7.0} = 2.14$$

取 $$n_b = 1.05$$

$\bar{u} = \dfrac{v_L}{h_0}\sqrt{\Delta h/R} = \dfrac{15}{11.55} \times \sqrt{4.05/320} = 0.15$，查图得 $n_v = 1.7$

则总压力为：

$$P = 1.89 \times 2.14 \times 1.05 \times 1.7 \times 15.0 \times 1280 \times 36 = 4.99\text{MN}$$

据资料介绍，$Z_3 = 0.7 \sim 0.8Z$。

若按电接点表压力计算：

$$\begin{aligned} P_{表} &= p_{接} \times \pi \times r_{缸}^2 \times 2 \\ &= 20.28 \times 3.14 \times 200^2 \times 2 \\ &= 5.09\text{MN} \end{aligned}$$

P 与 $P_{表}$ 比较，相对误差为 $\dfrac{P_{表} - P}{P_{表}} = 2.0\%$，所得结果，误差较小，基本上是吻合的。

式（3-23）实质上是一个经验公式，每个系数都建立在大量的实验数据的基础上。必须指出，铸轧时变形区内刚刚结晶凝固的金属即被轧制时，由于铸轧坯在冷凝区和结晶区内的金属处于液态和半凝固状态，因而不存在轧制外端对变形区的影响的问题。另外，从铸轧带坯的塑性来看，进入轧制变形区的铸轧坯表面与中心的温度梯度很大。根据有关文献报道，开始进入铸轧变形区的铸轧坯，其表里温差为220℃，在出口处表里温差为23℃，可见直接把温差如此大的黏塑性体设定为刚塑性体是不够合理的。其公式只能作为一种理论计算。

3.2.7.2 铸轧过程铸轧力矩的计算

目前所采用的铸轧力矩计算方法仍沿用有关热轧板的计算公式，即：

$$M_z = 2\bar{P}b\Psi l_3 \tag{3-27}$$

式中 $\bar{P}$——平均单位压力；

b——铸轧带坯宽度；
Ψ——力臂系；
l_3——铸轧变形区长度。

3.2.8　铸轧角

3.2.8.1　铸轧角的计算

铸轧角是两轧辊中心连线和供料嘴顶端到铸轧辊中心连线所形成的角，常用β表示，铸轧角所对应的辊的圆弧即为铸轧区，铸轧角和铸轧区示意图见图3-15，倾斜式和水平式铸轧机的铸轧区长度表达式为：

$$Z = R\sin\beta \tag{3-28}$$

式中　β——铸轧角；
R——铸轧辊半径。

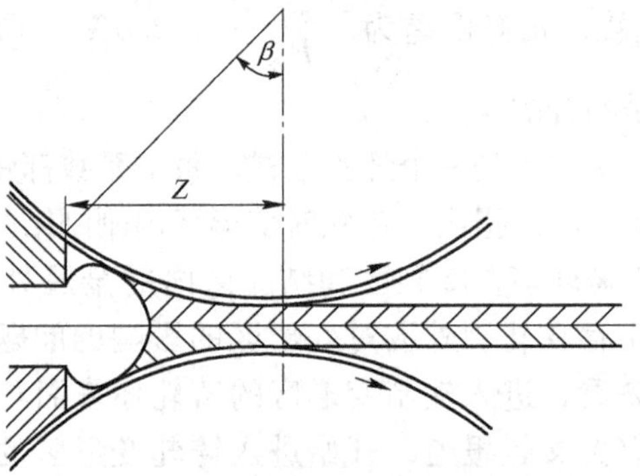

图3-15　铸轧角和铸轧区示意图

铸轧角的最小限度应保证材料有一定的压下率。一般取β为7°～10°。如已知铸轧辊半径为325mm，带坯厚度为7.5mm，带坯的压下率ε为30%，可求出刚完全凝固的铸坯厚度H。

$$\varepsilon = \frac{H - 7.5}{H} = 30\%$$

$$H = 17.5\text{mm}$$

在实际生产中，液穴深度通常取铸轧区长度的1/3~1/4，如图3-16所示，按比例画出铸轧辊圆弧，并使两铸轧辊间隙为7.5mm。按比例向下量出厚度为10.7mm处。作一水平线AA_1，即为完全凝固终了线。取轧制区长度的1/3值为长度，向下求出一点，通过此点作一平行于AA_1的直线BB_1。BB_1线与圆弧交于m点，连接Om。O为铸轧辊中心，Om与OO_1线的交角即为β角，也就是所求的铸轧角为6°~9°。

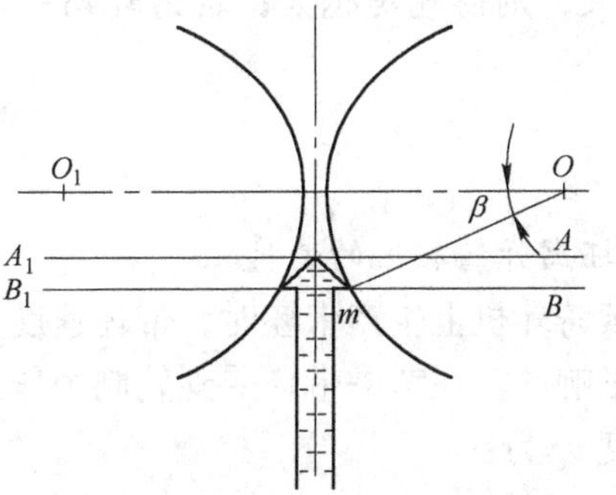

图3-16 求铸轧角示意图

3.2.8.2 影响铸轧角的因素

在设定的铸轧角条件下，辊径大，可加长铸轧区，对热交换和铸轧卷的质量有利。由图3-17可见，辊径、铸轧角与变形量之间存在

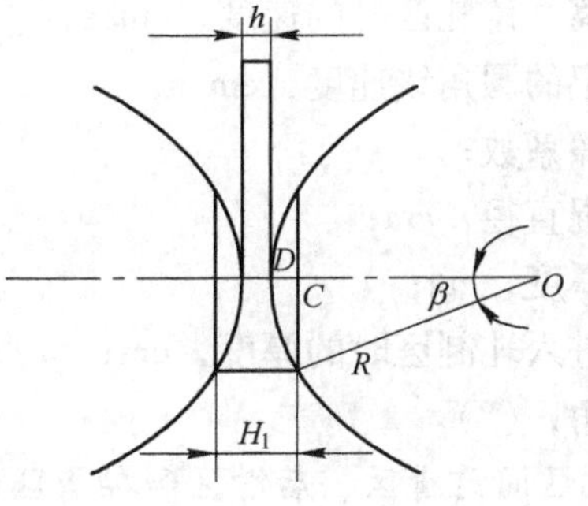

图3-17 辊径、铸轧角与变形量之间的关系示意图

如下的关系：

$$\frac{\Delta h}{2} = CD = OD - OC$$

即

$$\frac{\Delta h}{2} = R - R\cos\beta$$

$$D = 2R = \frac{\Delta h}{1 - \cos\beta} \tag{3-29}$$

由上式可知，Δh 一定时，铸轧辊直径越大，则铸轧角越小；当 D 一定时，Δh 越大，则铸轧角越大；若铸轧角一定时，D 越大，则 Δh 越大。

3.2.9 带坯速度

3.2.9.1 带坯离开铸轧区的速度

在双辊式连续铸轧机上生产带坯时，带坯速度变化对铸轧区内的金属的变形是有影响的。在考虑带坯受到轧制力作用的条件下，带坯离开铸轧区的速度 v_z 为：

$$v_z = v_b\cos\gamma\left[\frac{1 + \sqrt{1 + (\Delta^2 - 1)\left(\frac{h_0}{h}\right)^{\Delta}}}{\Delta + 1}\right]^{\frac{1}{\Delta}} \tag{3-30}$$

$$\Delta = \mu\sqrt{\frac{2D}{h_0 - h}}$$

式中 v_z——带坯离开铸轧区时的速度，cm/s；

v_b——铸轧辊的圆角线速度，cm/s；

μ——外摩擦系数；

D——铸轧辊直径，cm；

h——带坯厚度，cm；

h_0——带坯进入轧制区时的厚度，cm；

γ——咬入角，(°)。

3.2.9.2 铸轧区间前滑区、后滑区和黏着区的确定

用双辊式连铸机生产带坯时，在铸轧区中是否存在前滑区、后滑

区和黏着区，可用判别准则 A 来确定。A 的表达式为：

$$A = \frac{\delta}{\sqrt{\frac{\delta^2 - 1}{(1-\varepsilon)^{\delta}} + 1}} \tag{3-31}$$

式中 $\varepsilon = h_0 - h/h_0$；

$\delta = 2\mu/\gamma$；

μ——带坯与铸轧辊之间的摩擦系数；

γ——咬入角；

h_0，h——带坯轧制前与轧制后的厚度，cm。

当 $\mu \leqslant A$ 时，铸轧区内存在前滑区或后滑区；

当 $\mu > A$ 时，铸轧区内同时存在前滑区、后滑区和黏着区；

当 $\mu = 1/2$ 时，铸轧区内只有黏着区。

现以上面的数据为例，来判断一下铸轧区的状态。

设带坯在铸轧区内的平均温度为500℃，此时工业纯铝的摩擦系数为0.23，则

$$\delta = 2\mu/\gamma = 2 \times 0.23/0.14 = 3.3$$

$$A = \frac{\delta}{\sqrt{\frac{\delta^2 - 1}{(1-\varepsilon)^{\delta}} + 1}} = \frac{3.3}{\sqrt{\frac{3.3^2 - 1}{(1-0.5)^{3.3}} + 1}} = 0.183$$

这时 $A < \mu$，可知铸轧区内存在着前滑区、后滑区和粘着区。

在带坯即将离开铸轧区出口端附近时，其表面温度降至360℃，此时的摩擦系数 $\mu = 0.1$，则

$$\delta = 2\mu/\gamma = 2 \times 0.1/0.14 = 1.4$$

$$A = \frac{\delta}{\sqrt{\frac{\delta^2 - 1}{(1-\varepsilon)^{\delta}} + 1}} = \frac{1.4}{\sqrt{\frac{1.4^2 - 1}{(1-0.5)^{1.4}} + 1}} = 0.14$$

此时的 $A > \mu$，可知在靠近出口端时，只存在前滑区。

在 ϕ650mm×1600mm 铸轧机上铸轧工业纯铝带坯时，铸轧区出口部分的带坯有一定的前滑量。我们测得的前滑量示于表3-5。

表 3-5　铸轧带坯前滑量

铸轧区长度 /mm	铸轧速度 /mm · min^{-1}	辊径 /mm	带坯厚 /mm	绝对压下量 /mm	前滑量 /%	中性角 /(°)
43	1027	644.22	7.74	2.40	6.58	2.48
41	970	644.22	7.74	2.23	6.23	2.41

3.2.10　主要工艺参数之间的关系

在铸轧生产过程中，若某一工艺参数变动，则必须改变其他工艺参数，这样才能保证连续铸轧的稳定性。但它们遵循一个基本规律，即调整各工艺参数之间的关系时，应使凝固区与变形区的高度有一定比例关系，以保持绝对压下量 Δh 恒定。以下对连续铸轧的主要工艺参数之间的关系进行分析。

3.2.10.1　工艺参数与铸轧速度的关系

铸轧速度最直观，易测，易调，与各工艺参数之间的关系最为密切。影响铸轧速度的因素有很多，如合金成分、前箱熔体温度、辊套表面及冷却强度、辊套厚度与带坯厚度、铸轧区长度等。

A　合金成分对铸轧速度的影响

随着合金结晶区间垂直高度的增加，铸轧速度相应减少。由于纯铝与其他合金的凝固区间不同，纯铝的共晶量极少，可认为它们是在恒温下（659℃）凝固。因此纯铝的铸轧速度比较快。对铝合金来说，凝固区间大，完全凝固所需的时间就长，因此，铸轧速度相应小些，铝锰合金接近纯铝的铸轧速度，铝镁合金的铸轧速度随着镁含量的增加而减小。当镁含量大于3%时，凝固区间在40℃以上，铸轧速度将继续下降。

对于辊径 ϕ650mm 的铸轧机来说，铸轧镁含量高的合金就不太稳定。如果要扩大可铸轧的合金范围，则只有加大铸轧辊直径，创造更快的冷却条件。合金铸轧速度与其凝固区间的实验数据列于表 3-6。

表 3-6 结晶温度间隔对铸轧速度的影响

合金牌号	板厚/mm	液固两相温度间隔/℃	铸轧速度/mm · min^{-1}
纯铝、3A21	8.2	—	875
5052	8.1	20	650~700
5A03	8.42	35	620
2A12	7.75	133	600

B 前箱熔体温度与铸轧速度的关系

前箱熔体温度与铸轧速度的关系较为明显，前箱熔体温度高时，铸轧速度应低些，以保证铝液充分凝固。反之，前箱熔体温度较低时，应以较高的铸轧速度相配合，以防止铝液过度冷却。满足稳定铸轧条件时，前箱熔体温度每提高 10℃，铸轧速度相应降低约 0.12m/min。

由于较低的铸轧温度有利于晶粒细化，较高的铸轧速度有利于提高产量，所以，合理的制度应该是低温高速轧制。图 3-18 表明，凡在两条斜线范围内所取的铸轧温度和对应的铸轧速度进行生产是可行的。

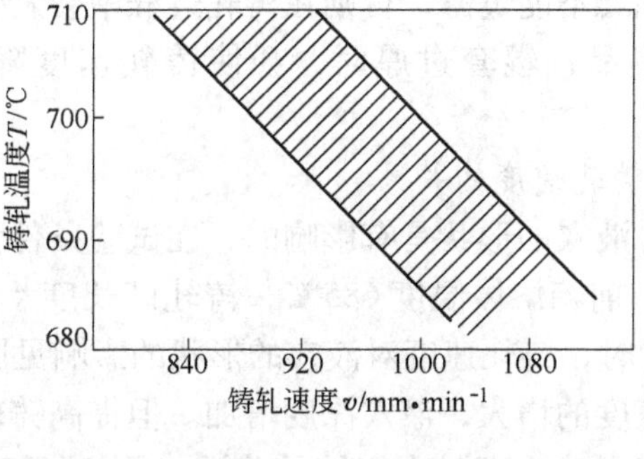

图 3-18 前箱温度和铸轧速度的关系

C 冷却强度与铸轧速度的关系

铸轧过程中的“结晶器”就是被水冷却的旋转着的轧辊。所以，冷却强度大小直接影响辊套表面温度，也直接影响铸轧辊旋转速度，即铸轧速度。冷却强度越大，铸轧速度也越大。

所以在满足连续铸轧的条件下，冷却强度是影响铸轧速度的重要因素。浇铸温度为690℃时，改变冷却强度对铸轧速度的影响见表3-7。计算结果表明，只要冷却水温差提高1℃，冷却强度就可增大一倍，铸轧速度就可以明显提高。可见，设法提高铸轧辊与冷却水的换热效率，是提高铸轧机生产能力的重要措施。

表3-7　冷却强度与铸轧速度的关系

浇铸温度/℃	冷却强度/kg·h^{-1}	铸轧速度/mm·s^{-1}
690	5.9×10^5	16.6
	$2\times5.9\times10^5$	33
	$3\times5.9\times10^5$	65

D　辊套厚度与铸轧速度的关系

在生产过程中，铸轧辊使用一段时间后，辊套表面会布满细小裂纹，一般称为“龟裂”。出现龟裂时，需要对辊套进行车削，每次约车掉5mm。因此，辊套厚度随着使用时间的延长而变薄。当辊套厚度变薄时，铸轧速度可以相应提高。因为在铸轧辊即将进入铸轧区时，薄辊套的表面温度比厚辊套的低一些，热交换大一些，可以使铸轧速度提高。辊套不能过薄，否则在铸轧过程中会发生变形，带坯板形不良，造成废品；辊套过厚时，会使铸轧速度降低，影响生产效率。

E　液穴与铸轧速度的关系

铸轧速度对液穴的形状是有影响的，在试验条件为工业纯铝，带坯厚度7.0mm，前箱熔体温度685℃，铸轧区长度41mm，铸轧辊辊套厚度31.7mm时，铸轧速度对液穴的形状的影响见图3-19。

随着铸轧速度的增大，液穴深度增加。但提高铸轧速度，对开始凝固点几乎没有影响，而对中心结晶前沿（固-液界面）却有很大影响。在铸轧速度较小时，铸轧速度的改变对液穴形状的影响要比铸轧速度大时的影响小。

由图可见，当铸轧速度过低时，液穴深度过小，这时变形抗力增加，加大了铸轧机的负荷，而且铝熔体也容易在供料嘴外凝固，使铸轧过程中断。若铸轧速度过高，凝固点偏向出口侧，铝熔体凝固不充

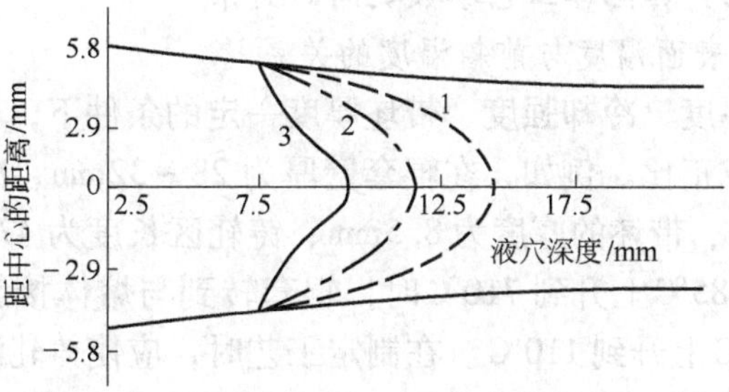

图 3-19 不同铸轧速度下液穴的形状

1—铸轧速度 1200m/min；2—铸轧速度 840m/min；

3—铸轧速度 600m/min

分，将造成热带、分层、内裂，甚至轧漏。

F 铸轧区长度与铸轧速度的关系

在相同铸轧条件下，当铸轧区长度增加时，凝固区也增加，铸轧速度加快，但当铸轧区超过一定值时，铸轧速度变化不大；反之，铸轧区减小，铸轧速度也相应减慢。

铸轧速度相同时，铸轧区长度增加，其加工率、轧制力和轧制力矩增大。

G 板坯厚度与铸轧速度的关系

在特定的装备和工艺条件下，铸轧速度与板坯厚度的乘积为一常数，即

$$K = v \times h_1 \tag{3-32}$$

式中 K——生产率常数；

v——铸轧速度，mm/min；

h_1——板厚，mm。

在一定的辊套厚度范围内，用同样的辊套材料及一定的冷却强度进行连续铸轧，铸轧速度和板厚的乘积值在一定的范围内，辊套材料的导热系数越大，其值越大。即带坯薄，铸轧速度可大些，铸轧厚的带坯时，速度可相应低些。双辊倾斜式铸轧机的最佳铸轧条件是带坯厚度 7～8mm，相应的铸轧速度为 850～1200mm/min。

3.2.10.2　其他各工艺参数之间的关系

A　辊套表面温度与前箱温度的关系

在辊套厚度、冷却强度、带坯厚度一定的条件下，辊套表面温度与前箱温度成正比。例如，在辊套壁厚为28~32mm、冷却水消耗量为1080L/min、带坯的厚度为8.5mm、铸轧区长度为47mm时，前箱熔体温度由685℃上升到710℃时，辊套转到与熔体接触之前的表面温度也从85℃上升到110℃。在制定工艺时，应使铸轧温度低些以控制铸轧辊辊套表面温度不会过高。辊套表面温度过高会造成粘辊，使生产过程中断。但是前箱温度与辊套表面温差应随着辊套材质、厚度及冷却强度而变化。

B　铸轧区对轧制力的影响

据某单位资料介绍，在铸轧辊直径 ϕ640mm、液压缸直径 ϕ400mm、铸轧速度900mm/min、铸轧区长度45mm、进水温度19℃、出水温度20~21℃时，生产7.5mm×1280mm纯铝的铸轧带坯，电接点压力表指示压力20.28MPa，若按电接点表压力计算轧制力：

$$
\begin{aligned}
P_{\text{轧}} &= p_{\text{接}} \times \pi \times r_{\text{缸}}^2 \times 2 \\
&= 20.28 \times 3.14 \times 200^2 \times 2 \\
&= 5.09\text{MN}
\end{aligned}
$$

将铸轧区增加8mm，即由45mm增加到53mm。在调整后的条件下，最大电接点表压力达到26MPa，则轧制力 $P_{\text{轧}} = p_{\text{接}} \times \pi \times r_{\text{缸}}^2 \times 2 = 26 \times 3.14 \times 200^2 \times 2 = 6.53\text{MN}$。

由此可见，随着铸轧区增加，轧制力明显增加。铸轧区增加9.4%，则轧制力增加12.4%。实践也证明，增大铸轧区，若保持板坯厚度不变，轧制力明显增大。

C　铸轧温度和铸轧速度对轧制力的影响

铸轧温度对轧制力的影响应从两个方面进行讨论：一是稳定铸轧系数和其他相关条件不变，温度降低，材料的屈服应力相对增大，其结果是使轧制力增大，但式（3-22）中的加工硬化影响系数 n_h 减小，综合作用的结果，使轧制力的变化很小；二是温度降低后，液穴深度减小，轧制区伸长，接触面积增加，从而使轧制力明显增加。由此可见，温度的变化主要是引起轧制区变化，从而影响轧制力变化。所以铸轧温度降低，轧制力明显增大。

铸轧速度对轧制力的影响，归根结底也是影响板坯温度和轧辊温度变化，从而影响液穴深度，即轧制区长度的改变使轧制力发生变化。当铸轧速度快时，液穴变长，轧制区变短，接触面积减小，使轧制力减小。

速度快，温度高，液穴深，轧制区短，轧制力就降低；反之，轧制力就增加。

D 轧辊直径与铸轧辊磨削凸度的关系

随着轧辊的使用，要对轧辊进行磨削。铸轧辊的辊径不同，铸轧辊的挠曲程度也不同。因此，可根据辊径的不同，确定不同的轧辊凸度。相应的铸轧辊凸度可以抵消轧辊弯曲、压扁变形，这是调整板坯横向厚差的主要因素。一般轧辊凸度的制定原则是，随着轧辊直径的减小，轧辊的挠曲程度增大，所以轧辊的凸度应该是增大的。

E 铸轧区对板坯厚度的影响

铸轧中，当铸轧区增大时，一方面可导致轧制区面积增大，另一方面使轧制区的平均单位压力增大，两者均使铸轧力增大，轧制力增大后，铸轧带坯的厚度会减薄。

4 连续铸轧生产线的主要设备

连续铸轧生产线设备及装置包括熔炼系统、浇铸系统、铸轧系统、牵引卷取系统、液压系统和循环冷却水系统六大部分。

4.1 熔炼系统

目前，国内外熔炼设备的发展一直趋向于大型、节能、高效和自动化。大型开式炉和倾动式静置炉在国外得到了广泛应用。采用的先进技术有：熔铝炉装料完全实现机械化；熔炼炉燃烧系统采用中、高速烧嘴，加快炉内燃气和炉料的对流传热；燃烧尾气通过热交换器将助燃空气加热到一定温度，提高熔炼炉的热效率。目前，燃烧系统开始使用快速切换蓄热式燃烧技术，即“第二代再生燃烧技术”，它采用力学性能可靠、切换迅速的四通换向阀和压力损失小、比表面积大、易维护的蜂窝形蓄热体。以上先进技术在国内铝加工业也得到推陈出新，在确保材料化学质量稳定和合金成分均匀化方面所推广的新技术主要有：电磁搅拌技术、炉底透气砖精炼技术、炉外精炼技术等。在提高铸轧组织的纯净性方面，主要强化了对铸轧过程中的排气工艺研究，最大限度地减少了气孔、夹渣；在改进铸轧内部组织状况方面，主要采取对结晶中铝的结晶过程实行外场干预，包括磁场、超声波场等干预。

4.1.1 熔炼炉的分类

熔炼炉按铝及铝合金熔炼炉所用燃料种类的不同，可分为燃料加热式和电阻加热式两种。燃料加热式可以采用煤气、油气（重油或柴油）、天然气、焦炭等。电阻加热式可由电阻组件通电发出热量或让线圈通交流电产生交变磁场，以感应电流加热磁场中的金属炉料。应用较为广泛的熔炼炉有燃油反射炉、燃气反射炉、电阻反射炉及感应炉等。

按铝及铝合金熔炼系统的炉子加热方式还可分为直接加热和间接加热方式。

燃料燃烧时产生的热量或电阻元件产生的热量直接传给炉料的加热方式，称为直接加热方式。其优点是热效率高，炉子结构简单。但是燃烧产物中含有的有害杂质对炉料的质量会产生不利的影响；炉料或覆盖剂挥发出的有害气体会腐蚀电阻元件，降低其使用寿命。燃料燃烧过程中，燃烧产物中过剩氧含量高，会造成加热过程金属烧损大，随着燃料与空气比例控制精度的提高，燃烧产物中过剩的氧含量可以控制在很低的水平，可大大减少加热过程中的金属烧损。

间接加热方式有两类，一类是燃烧产物或通电的电阻元件不直接加热炉料，而是先加热辐射管等传热中介物，然后热量再以辐射和对流的方式传给炉料；另一类是让线圈通交流电产生交变磁场，以感应电流加热磁场中的炉料，感应线圈等加热元件与炉料之间被炉衬材料隔开。间接加热方式的优点是燃烧产物或电加热元件与炉料之间被隔开，相互之间不产生有害的影响，有利于保持和提高炉料的质量，减少金属的烧损。感应加热具有搅拌的作用，可以加速金属熔化过程，缩短熔化时间，减少金属烧损。但缺点是热量不能直接传递给炉料，与直接加热方式相比，热效率低，炉子结构复杂。

按炉内气氛可分为有保护气体式和无保护气体式。炉内气氛为空气或是燃料自身燃烧气氛，多用于炉料表面在高温时能生成致密保护层，防止高温时被剧烈氧化的产品。还可以把炉膛抽为真空，向炉内通入氮、氩等保护气体，可以防止炉料在高温时剧烈氧化。

按熔炼系统炉子的用途可分为熔炼炉和静置炉（或是混合炉）。在正常情况下，首先将配好的金属炉料装入熔炉熔化，调整好成分后，将铝液转入静置炉内，进行脱气、除渣、精炼，调整温度后进行铸轧。

静置炉一般采用电阻加热方式、炉型采用矩形，单独配置，炉顶为分段式，便于更换加热器。静置炉的容量一般为7～20t，电热静置炉的功率为100～300kW，耗电量为100～150kW·h。静置炉中的铝液深度为500～800mm，铝液越深，它的氧化就越少，耗电量也就越少。电热静置炉炉体主要由金属结构、熔池、镁砂炉衬、黏土砖炉顶等组成。在炉顶装有电热电阻片或电热硅碳棒。为了便于清除炉渣、清理炉壁和搅拌金属，在不同的位置开设炉门。为了保持出料的清洁，出料口通常比炉底高出100mm。表4-1给出了常用熔炼炉的主要技术特性。

表4-1 铝熔炼炉的主要技术特性

炉 型	容量/t	生产率/$t \cdot h^{-1}$	烧损/%	耗电量/$kW \cdot h \cdot t^{-1}$	燃料消耗/$kg \cdot t^{-1}$
石油炉	10~30	2.5~3	1~2	40~50	100~120
煤气炉	10~30	1.5~3	1~1.5	40~50	130~150
电阻炉	4~10	0.5~1.2	0.5~0.6	650~700	—
感应炉	6~7	1.5~2.0	0.2~0.3	450~500	—
感应炉	16	2.0~2.5	0.4~0.5	400~450	—

4.1.2 电加热式反射炉

电加热式反射炉利用炉膛顶部布置的电阻加热体通电产生的辐射热加热炉料。电加热式反射炉可为熔炼炉，也可为静置炉，并分为固定式或倾动式。电阻反射炉炉型和加料方式多为矩形炉侧加料方式。电阻加热体的加热方式可分为电阻带直接加热和保护套管辐射加热。当炉子加热功率增加时，电阻加热体要相应加长，炉膛面积也相应增加。电阻式反射炉不适合于大容量、大功率的炉型，电阻炉的吨位不是很大，炉子容量为4~30t，主要是考虑到加料、扒渣和搅拌的方便及提高能源的利用率。国内主要是用于保温炉。图4-1所示为电阻式保温炉的结构简图。

4.1.3 火焰反射式炉

4.1.3.1 火焰反射式炉的特点

火焰反射式炉按形式可分为固定式和倾动式两种。固定式炉结构简单，但熔炼炉和静置（保温）炉的放流口要在不同的水平面上，以产生液位差放出铝液。由于放流口靠近熔池底部，使熔体底部的渣子易随铝液流出，造成铸轧卷的夹渣、通条等缺陷。这样既不利于保证产品质量和生产操作，又增加了厂房高度。倾动式炉将炉子倾斜放

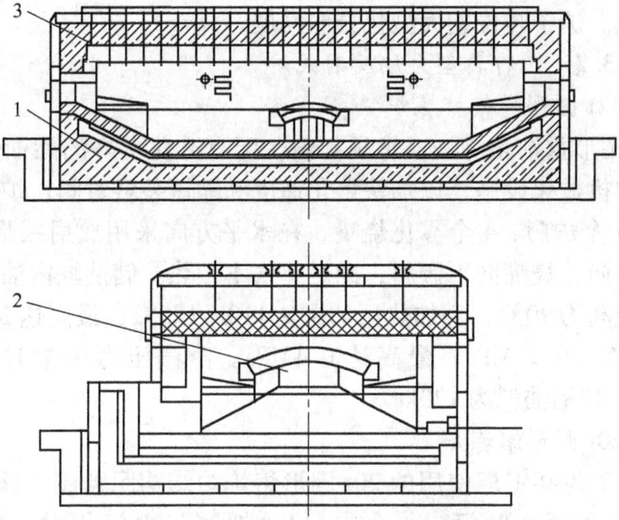

图 4-1 22t 电阻式保温炉结构简图
1—炉体；2—扒渣炉门；3—电阻加热带

出铝液，保证铝液在熔池上部固定高度流出，减少了沉底熔渣对铸轧卷质量的影响。但熔体表面的氧化膜易破坏，表面浮渣易随熔体流入铸轧卷，增加在线处理的难度。倾动式熔炼炉和静置（保温）炉操作平台可在同一水平面上，易于实现自动供流，是今后发展的方向。

火焰反射式炉按炉子形状及加料方式分类，燃料加热式炉可分为圆形顶加料炉和矩形侧加料炉。圆形熔炼炉的主要特点是：炉盖采用上提平移式，可从上部直接装入大型成卷的废料；既可连续工作，也可断续工作；一台圆形熔炼炉可同时供给两条相同的铸轧生产线连续生产；综合热效率可达 50% 左右；可以使用重油、轻柴油、煤气、天然气等燃料，对于缺电的地区很适用；在周长一定的情况下，圆形炉比矩形炉或方形炉受热面积大，结构稳定性好，易于创造有利的热对流和辐射，且适应机械化装料；有效容量大，目前最大的圆形熔炼炉已发展到 80t。

燃料加热式炉普遍采用烟气余热利用装置助燃空气，可以提高能源利用率，降低能耗。常用的有蓄热式、引射式和烟气/助燃空气对流预热式。炉子吨位朝大型化方向发展。

4.1.3.2　几种典型火焰反射式炉

A　32t 圆形燃气熔炼炉

32t 圆形重油熔炼炉，炉顶加料，配有雾化良好的燃油烧嘴和炉顶装料的机械化设施，以加快熔化速度和缩短装料时间。炉膛直径为5m，有3个炉门、4个雾化烧嘴，在水平方向采用放射线形式布置。在竖直方向，烧嘴向下倾斜，助燃空气不预热。储油缸内油温为75～85℃，最高为90℃，经加热后油温达110～125℃，最高达130℃。油压为0.15～0.25MPa，最高达0.4MPa。蒸汽压力正常时为0.2～0.3MPa。吨铝油耗为120kg。

B　20t 圆形熔炼炉

图4-2为某工厂使用的20t圆形熔炼炉结构示意图。该炉设有3个操作门（两个侧门、一个中门），烟道与中门相对，炉内径为ϕ4500mm，熔池深度为730mm。熔炼炉设有三个烧嘴，两个主烧嘴，一个副烧嘴。主烧嘴与中心线有一定的安装倾角，这样高温气体的流动方向基本与射流来的低温气体流入烟道的方向相反。副烧嘴安装在中门的一侧，起控制主烧嘴射流方向的作用，同时可以保护中门拱砌

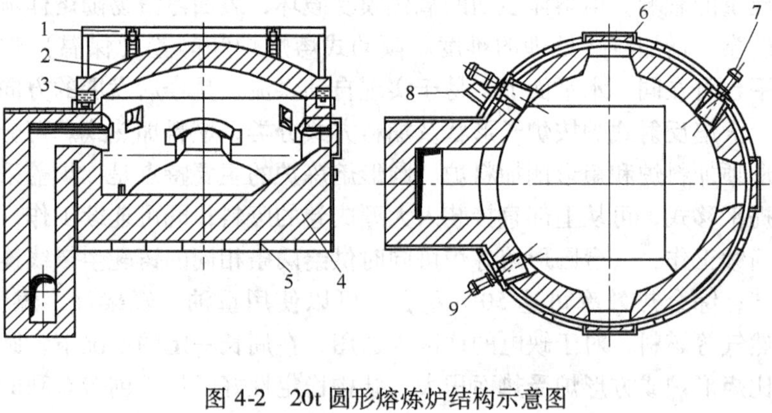

图4-2　20t 圆形熔炼炉结构示意图

1—凹铁（与移盖机吊爪配合的部件）；2—球冠状炉顶；3—水冷炉顶钢结构；4—熔池砌底；5—熔池砌体钢结构；6—操作炉门；7—副烧嘴；8—金属液流槽；9—主烧嘴

体，也是提高熔炼炉供热能力的辅助装置。

C 25t 倾动式熔炼炉

25t 倾动式熔铝炉由圆形炉本体、可开启的球缺形炉盖、启盖机、炉底倾动机构、蓄热式燃烧系统、烧嘴供风和引射风系统组成，倾动式圆形炉示意图如图 4-3 所示。

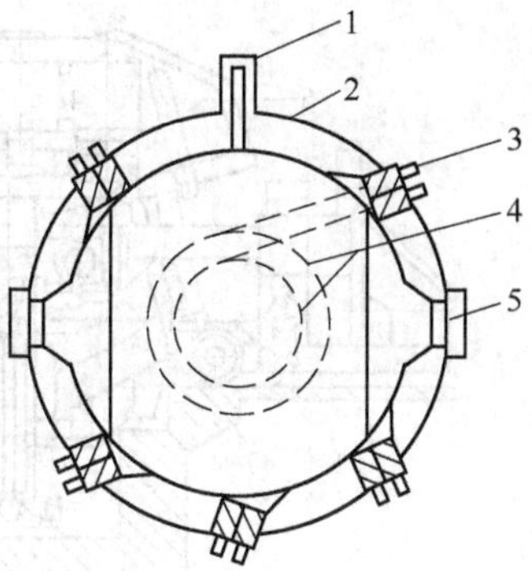

图 4-3 25t 倾动式圆形炉示意图

1—转注流槽；2—熔炼炉本体；3—蓄热式烧嘴；4—烧嘴切圆；5—操作炉门

圆形炉采用钢结构框架、全耐火纤维喷涂的炉盖结构。炉盖底圆直径 6233mm，弦高 760mm，耐火纤维的总厚度为 300mm，其中普铝层厚度为 120mm，高铝层厚度为 180mm。烧嘴内衬为耐火材料，腐蚀介质对烧嘴和排烟器的使用寿命无不良影响。该圆形炉的烧嘴按炉子中心圆的切线方向向下倾斜 10°角安装，使火焰直冲熔池，炉膛内形适于气流循环。它的蓄热式烧嘴是成对配置的高速烧嘴，采用 5 套型号为 RCB 的蓄热烧嘴，单只烧嘴的供热能力为 2.508GJ/h，火焰喷速快且周期换向，有利于炉气循环，RCB 蓄热烧嘴安装有自动点火和火焰监测装置，当主燃烧器被点燃后，点火烧嘴可以自动关闭。顶开盖可实现快速装料，每炉装料时间为 15 ~ 20min，降低了劳动强度。倾动式缩短了转注操作时间，减少了熔体温度损失。

D 110t 熔铝炉

110t 熔铝炉结构简图见图 4-4，其制造单位为德国 GKI 公司，炉子为矩形侧加料形式，液压倾动炉体，熔体先倒入 10t 坩埚内，然后送往保温炉。燃料为天然气，熔池面积为 62m^2，熔池深度为 1m，采用 ABB 公司的电磁搅拌器，采用 Bloom 公司的 3 对低 NO_x 蓄热式烧嘴。熔化效率为 28t/h。

E 15 ~ 50t 圆形火焰熔铝炉

苏州新长光工业炉有限公司制造的 15 ~ 50t 圆形火焰熔铝炉（带蓄热式烧嘴）的主要技术参数如表 4-2 所示。

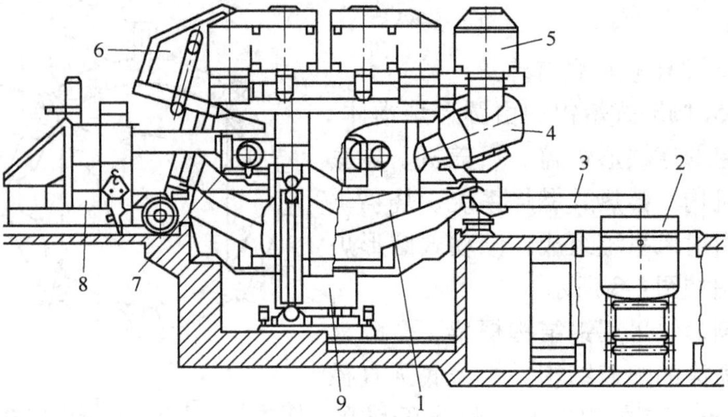

图 4-4　110t 熔铝炉结构简图

1—熔池；2—坩埚；3—流槽；4—烧嘴；5—蓄热体；
6—排烟罩；7—加料斗；8—加料车；9—电磁搅拌器

表 4-2　15～50t 圆形火焰熔铝炉

吨位/t	15	30	40	50
炉子形式	固定式圆形顶开盖火焰炉			
炉膛工作温度/℃	1150～1200			
铝液温度/℃	720～(760±5)			
熔化期熔化能力/$t \cdot h^{-1}$	4～4.5	5.5～6	7～8	8～10
燃料种类	轻柴油或柴油			
燃料最大耗量/$kg \cdot h^{-1}$	280	350	500	600
蓄热式烧嘴个数/个	2		4	
热控方式	PLC 自动控制			

4.1.4　蓄热室式预热装置结构、原理及特点

4.1.4.1　蓄热室式预热装置结构与原理

蓄热烧嘴一般包括相同的两个燃烧器本体、两个体积紧凑的蓄热室、一套换向阀门系统和相配套的控制系统。两个蓄热室分别处于蓄热（流过烟气）或预热（流过空气）工作状态，通过换向装置使烟

气和空气交替流过每个蓄热室。其基本原理如图4-5所示，烧嘴A工作时，烧嘴B起排烟及蓄热作用，经过一段时间后进行自动切换，烧嘴B工作，烧嘴A起排烟及蓄热作用，如此循环切换。在工作过程中，约1100℃的高温烟气先通过蓄热室，以辐射和对流传热的方式在相当短的时间内迅速将热量传给蓄热室内的蓄热体，烟气释热后温度降至200℃以下甚至更低排放；然后，通过切换，冷空气由相反方向进入烧嘴蓄热体，以对流换热为主的方式将热量迅速传给冷空气，蓄热体被冷却，空气被预热到高温，预热后的热空气通过烧嘴出口外环进入炉膛后，由于高速喷射，形成一低压区，抽引周围低速或静止的燃烧产物形成一股贫氧高温气流，气体燃烧经喷嘴出口中心喷入炉内后与此高温低氧气流扩散混合，产生与传统燃烧完全不同的高温低氧燃烧。通过这种方式可以连续地产生高温空气，实现所谓“极限余热回收”和助燃空气的高温预热。

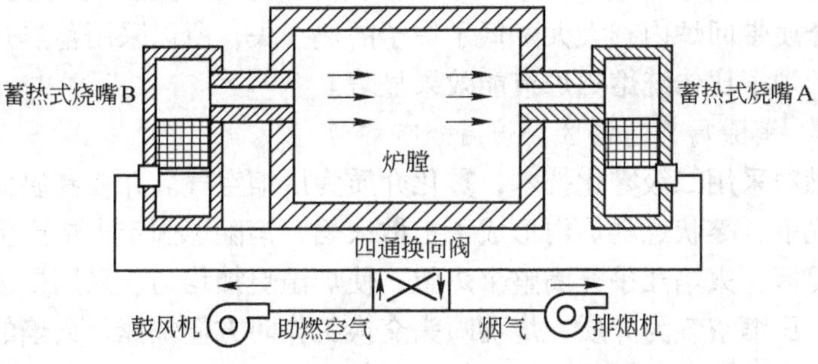

图4-5 蓄热式燃烧技术原理示意图

蓄热式熔铝炉配有两个高速燃油枪，在实际工作中喷油量在200～260L/h，熔化率在4t/h。它由液化气柜、小油枪、主油枪等部分组成，每个烧嘴与蓄热床直接相连，配以切换阀门及中间管网，两个烧嘴交替工作或排烟，高温烟气在蓄热床中进行充分热交换后低温排出，可最大限度地将燃烧热能留在炉内，从而达到高效节能的目的。考虑到熔铝炉燃烧安全运行问题，在炉门关闭没到位、炉盖没盖好、炉气电偶没进到位的情况下，系统具有控制大火不会燃烧的功能。

蓄热式熔铝炉将燃烧系统和余热回收系统有机地结合在一起，使助燃空气温度预热到烟气温度的80%～90%，即1000℃左右，排烟温度降到200℃以下，余热回收率可达70%，从而降低燃料消耗，大幅度提高炉子的热效率。由于较高的热效率，使熔体可以快速熔炼，有效地减少了金属氧化烧损和吸气造渣，保证了熔体的质量。

由于蓄热式熔铝炉烟气成分较脏的缘故，一般采用三氧化二铝球作为蓄热载体，以便于快速更换。如不受油料影响，氧化球可一两个月更换一次。

蓄热烧嘴在简化炉体结构的同时还可缩小炉体尺寸。新一代蓄热烧嘴因采用了烟气强循环再生燃烧技术和高温空气燃烧技术，NO_x 的排放量仅为传统燃烧技术的10%，烟气排放量可减少30%。

4.1.4.2 蓄热式熔铝炉的特点

A 节能效果显著，比传统熔铝炉节能30%

由于蓄热床“极限回收”了烟气中大部分的余热，并由参与燃烧的介质带回炉内，大大降低了炉子的热损失，所以采用蓄热式燃烧系统的炉子比传统熔铝炉节能效果显著。

B 消除局部高温区，炉温分布均匀

燃料采用二级雾化技术，雾化介质为压缩空气。并在高温低氧浓度工况下，雾状燃料炉内形成了扩散火焰，消除了固定火焰产生的局部高温区，火焰几乎充满整个炉膛，使炉温更加均匀。采用二级雾化技术，压缩空气为介质，烧嘴喷头交换工作时方便快捷，火焰的位置及炉气流动方向频繁改变，可加强炉气对流，减少炉内死角，也使炉温更加均匀。

C 提高加热质量

均匀的炉温能使炉料熔化更加均匀，降低了局部高温以及富氧环境对铝熔体的氧化烧损及蒸汽挥发损失。

D 自动化程度高，控温准确

由于采用PLC控制系统，铝液温度控制采用串级控制技术，控温精度达±5℃，可同时兼顾熔化及保温需要；采用炉压连续控制技术，使炉压按设定值自动有效控制；采用了独特的渐进点火方式。

E 减少室温效应

燃料节能 30%，相应的二氧化碳排放量也减少 30%。由于局部高温区的消除，有效地降低了 NO_x 的生成量。

4.1.5 电磁搅拌技术

在传统的铝加工企业，铝液在熔化或混合过程中，均采用人工搅拌，使添加的元素尽量均匀。由于熔体上下温差很大，合金元素不能很好地扩散均匀，且熔化不完全的微颗粒进入铸卷，造成组织缺陷，还会增大氧化烧损。另外，人工搅拌劳动强度大、时间长，炉内热损大，铁耙工具腐蚀污染熔体。

电磁搅拌技术是瑞典人在 1930 年提出的，并于 1947 年研制成功了第一台 15t 电弧用电磁搅拌装置。目前该技术在有色冶金领域得到了广泛应用。它是对熔铝炉和静置炉中铝液进行搅拌的有效技术，铝熔池的有效搅拌能够加快熔炼速度，改善传热和传质过程，提高铸造质量，缩短熔炼时间，减少炉渣形成，大幅降低操作成本。电磁搅拌示意图见图 4-6。

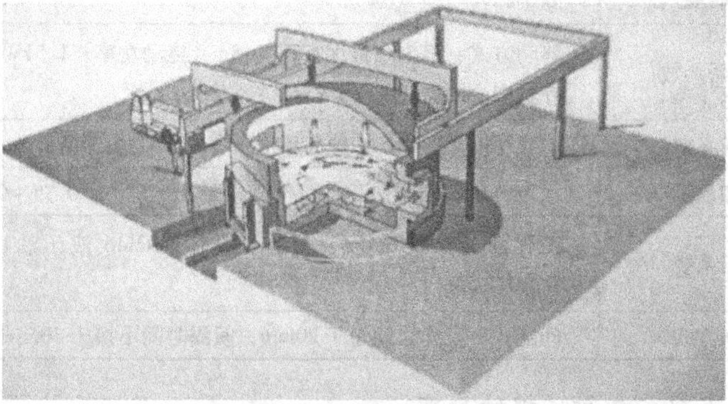

图 4-6 电磁搅拌示意图

4.1.5.1 电磁搅拌系统

电磁搅拌系统（AL-EMS）包括一个或多个线圈、一个变频器、一个变压器、一个水冷站和控制系统。电磁搅拌线圈为水冷式，安装于炉子底部或是侧部，线圈与炉体之间没有直接的物理接触。可采用通常的炉衬厚度，为了保证磁场进入熔池，必须在线圈前方的炉壳上安装奥氏体不锈钢窗。线圈采用低频行波磁场，磁场穿透炉壳和炉衬对熔池实现搅拌。电磁搅拌系统可安装于新建炉子上，也可安装于改建的炉子上（采用侧装式）。

搅拌器可以采用本身的控制系统或连接于炉子控制系统进行操作，在多个炉子安装的情况下，可以采用共用的电源和冷却水系统以节省空间和降低成本。搅拌器的设计能够保证1min内对熔池实现一次整体循环搅拌，从而保证金属的快速熔化。搅拌线圈针对10～170t的炉子有不同的型号，最终的设备选型通常取决于炉子的形状和大小。典型的DJ20-HS电磁搅拌器主要技术性能见表4-3。

表4-3 典型的电磁搅拌器主要技术性能

项　目	数　值
变频电源输入	电压：380V　电流：300A　相数：3 频率：50Hz　变压器功率：200kV · A　功率因数：0.4
变频电源输出（感应器输入）	电压：200～240V　电流：450A　相数：2 频率：0.5～3.5Hz
感应器参数	移动方式：横向　最大行程：18m　拖动功率：1.5kW 导轨中心距：1800mm　总重：5500kg
炉底参数	炉底厚度≤500mm　炉底环境温度≤70℃
冷却系统	水箱容量：6m³　水泵流量：5.9m³/h　压力：0.35～0.5MPa
液压系统	工作压力：1216MPa　工作介质：L-HM46液压油　油箱容量：50L
工作方式	间断式，工作时间短于20min，间隔时间不短于30min

4.1.5.2 电磁搅拌的原理

变频电源把三相共频交流电转变为两相低频交流电，送入感应器，使之产生低频行波磁场。该磁场穿过熔炉的保温材料，作用于铝熔体，在铝液中产生感应电流。在感应器行波磁场作用下，载流的铝熔液产生电磁力，推动铝熔液朝一定方向流动。由此可见，电磁搅拌是非接触搅拌，不会污染铝溶液。由于感应器置于铝熔炉底部，熔体底部的铝液获得的搅拌力较大，顶部的搅拌力较小，合理设置搅拌强度，既可获得充分均匀的搅拌效果，又不破坏熔体表面的氧化膜，可减少烧损和熔体吸气，获得高质量的熔体。改变通入感应器电流的相位及幅值，即可以改变铝熔液流动的方向及速度，从而实现对铝熔液的正搅、反搅、强搅、弱搅等不同的搅拌方式。

4.1.5.3 电磁搅拌的特点

电磁搅拌有以下特点：

（1）铝液在电磁搅拌力的作用下，铝液表面的热量快速向下传导，减少了铝液表面过热，使其上下温差小，化学成分均匀。

（2）电磁搅拌降低了劳动强度。人工搅拌是在炉门开启时工作，炉温使操作人员处于高温下，工作环境恶劣。电磁搅拌铝液与炉子加热过程可以同时进行，不需打开炉门，提高了炉子的生产效率。避免了炉内热量散失和开启炉门时铝液表面与空气反应造成的金属损失。电磁搅拌还可以把熔池表面的浮渣聚集到炉门附近，便于扒渣。工人不用长时间高温作业，降低了劳动强度。

（3）电磁搅拌节约能源消耗。人工搅拌打开炉门时，炉膛热量散失，炉膛温度就会下降，操作规程规定从升温熔炼到导炉，开启炉门多达6~8次，而电磁搅拌不用打开炉门就可以进行搅拌操作，减少了热量的损耗，提高了燃料的利用效率，缩短了加热及熔化时间，同时减少了氧化渣的生成，大大提高了熔炉效率，节约了能源消耗。一般情况下，电磁搅拌可缩短的熔炼时间约为无电磁搅拌的10%以上，可减少5%~10%的燃料消耗，可提高10%~15%的生产效率。

4.1.6 熔炼炉和静置炉的布置方式

传统的连续铸轧法采用电阻反射炉进行熔炼，将熔体导入静置炉后进行精炼和静置，由于考虑到熔化效率的问题，一般所选熔炼炉的吨位小于静置炉，采用两台熔炼炉供给一台静置炉。目前由于蓄热式熔铝炉的热效率较高，本着蓄热式熔铝炉吨位和静置炉吨位相近的原则，一台熔铝炉供一台静置炉，要求熔炼炉的熔化能力大于静置炉，以保证液体的充分供给。

熔炼炉和静置炉可以顺序布置，也可以分开布置。当采用分开布置时，熔炼炉通常采用煤气或感应加热炉，而静置炉采用电阻炉；当顺序布置时，熔炼炉和静置炉几乎建成一个整体，可以有效地防止铝液体氧化，熔炼炉一般采用煤气或汽化炉，静置炉采用电阻炉。当熔炼炉和静置炉采用分开布置时，金属既可以在熔炼炉中精炼，也可以在静置炉中精炼，但是，这时静置炉最好采用煤气或重油保温。如果静置炉采用电加热方式，就不能用熔剂来精炼，因为分解出来的氧化物对镍铬电阻丝会产生不良作用。

在铸轧机列中，每一条铸轧生产线最好单独配置一台静置炉。因为如果两条铸轧机列同时使用一台静置炉，在修理静置炉时，两条铸轧生产线都要停工。另外，这样会使生产品种的灵活性大为降低。由于静置太长，也很难保证两个出料口附近铝液温度相同，并且炉渣和熔池的清理也较困难，在生产箔材时，建议熔炼炉和静置炉分开设置，每一条铸轧生产线最好单独配置一台静置炉，这样可以保证良好的熔体质量和较准确的熔体温度。

4.1.7　熔铸技术的发展趋势

铸轧带坯的质量直接决定铝板、带、箔材的最终质量。应采用先进的技术手段来提高铝及铝合金铸轧带坯的冶金质量，研发大型、高效、节能、环保型熔铸炉，电磁搅拌系统、熔体净化装置和新型铸造设备。其主要的发展方向是：

（1）优化铝及铝合金的化学成分、主要元素配比和微量元素含量，减少铝锭的杂质含量。

（2）强化和优化铝熔体在线净化处理技术，尽量减少熔体中气体和夹杂物的含量。

（3）强化和优化细化处理及变质处理技术，不断改进和完善 Al-Ti-B 和 Al-Ti-C 等细化工艺。

（4）采用先进的熔铝炉型和高效喷（燃烧）嘴，不断提高熔炼技术和热效率。

（5）采用先进的铸造方法，如电磁铸造、油气混合润滑铸造技术等，以提高生产效率和产品质量，节能降耗，降低成本。

4.2 浇铸系统

板带铸轧生产线中的浇铸系统的主要作用是将液态铝液从静置炉输送到供料嘴，清除铝液中的氧化物和气体，使供料嘴中的金属压力保持不变，保证铝液能顺利地由静置炉持续供给铸轧系统。

浇铸系统由流槽、前箱和液面控制装置、供料嘴、铝钛硼丝送进装置、炉外精炼除气装置等部分组成。由于供料嘴装配位置的好坏直接影响其使用寿命和铸轧卷坯的质量，为了保证供料嘴和铸轧辊之间的公差，必须设有供料嘴调整装置。

图 4-7 为下注式铸轧机使用的浇铸系统结构示意图。前箱装在小车上。前箱上方有浮标，用于控制熔体水平高度。这种浇铸系统结构复杂。制造、装配、调整和操作都相当的困难。

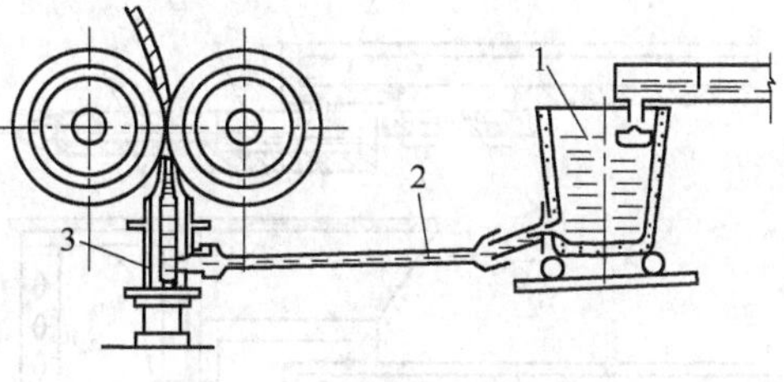

图 4-7 下注式铸轧机使用的浇铸系统结构示意图

1—前箱；2—横浇道；3—供料嘴

图 4-8 为倾斜式板带铸轧机使用的浇铸系统结构示意图，将前箱

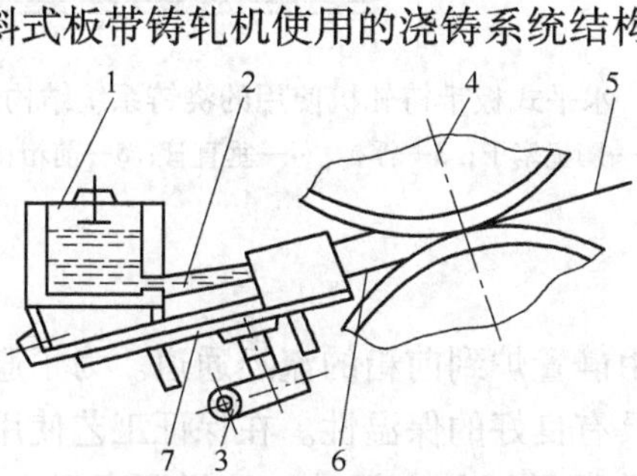

图 4-8 倾斜式板带铸轧机使用的浇铸系统结构示意图

1—前箱；2—横浇道；3—浇铸系统调整机构；4—铸轧辊；

5—铸轧带坯；6—供料嘴；7—底板

1、横浇道2和供料嘴6安装在底板7上，合并成为一个整体，便于使用浇铸系统调整机构3对供料嘴进行精确定位。

图4-9是水平式板带铸轧机使用的浇铸系统结构示意图。它主要由流槽、陶瓷塞子、浮标、垂直管、前箱和供料嘴组成，流槽外部由钢板焊接而成，内衬用硅酸铝黏土制作，铝液由此通过用硅酸铝黏土制作的可以更换的垂直管流入前箱，垂直管的下端有一块用硅酸铝黏土制作的浮标，它浮在铝液面上，用以控制前箱金属液面的高度。另外，为了向铝液体中吹入氮气，在流槽的底部装有两个可以多孔透气的陶瓷塞子，氮气可以经过这两个陶瓷塞子吹入铝液。在吹炼时，要根据氮气消耗量的不同，选取不同结构的陶瓷塞子，并相应采用不同的安装方法。

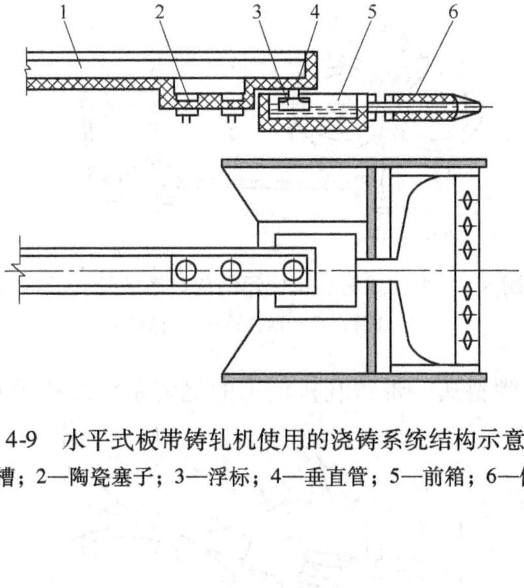

图4-9　水平式板带铸轧机使用的浇铸系统结构示意图
1—流槽；2—陶瓷塞子；3—浮标；4—垂直管；5—前箱；6—供料嘴

4.2.1　流槽

流槽是铝液由静置炉到前箱的流经通道。为了避免铝液热量的散发，要求流槽应具有良好的保温性。在保证工艺使用长度时，流槽长度应尽可能短，并且最好是密闭的，这样既可避免熔体温度下降过多，又可避免熔体二次污染。为了便于维修，流槽通常做成活动式，外壳用钢板焊接，内衬用硅酸铝黏土加石棉绒做成。为了保持铝液的温度，可在流槽上面采用保温耐火材料加盖，也可在流槽上面装设电阻丝或硅碳棒加热装置。有些工厂还用煤气火焰喷头加热以保证流槽温度。

由于流槽与前箱的相对位置不同，铝液的供流方式也不同，两种典型的铝液供流方式见图 4-10。

垂直式铝液供流方式见图 4-10*a*，这种铝液供料方式由上而下，流槽和前箱处于不同的水平面。这种方式易于控制前箱液面，且液面控制装置较为简单，但由于铝液从流槽流入前箱的过程中存在落差，由流槽到前箱液面下降，易造成铝液二次吸气造渣。

侧注式铝液供流方式见图 4-10*b*，流槽和前箱处于相同的水平面。这种供料方式避免了铝液的落差，由于流槽中心线与前箱中心线一样高，而静置炉炉口中心线低于轧机中心线，在铝液表面形成的氧化膜起到了保护层的作用，铝液在氧化膜覆盖下以潜流的方式供流，大大减少了铝液在流动过程中的吸气造渣及落差造渣现象。但这种方式液面控制装置较为复杂。

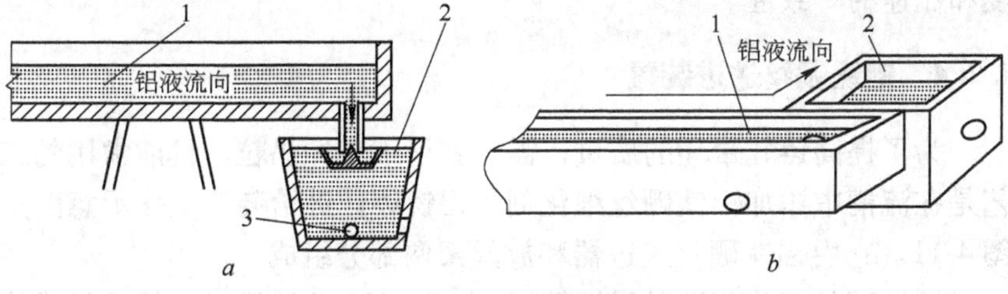

图 4-10 铝液供流方式示意图

a—垂直式；*b*—侧注式

1—流槽；2—前箱；3—放流口

4.2.2 前箱和金属液面控制装置

前箱实际上就是中间包，它由两个连通的容器组成，外壳用钢板焊接而成，内衬采用硅酸铝黏土或石棉绒等耐火材料。在铸轧过程中，贮存液体并保持一定的液面高度，以不断向铸轧区内供给铝熔体。它的基本作用是控制由供料嘴流入铸轧辊辊缝的铝熔体压强，也就是说，前箱中的熔体要保持一相对稳定的高度。根据金属品种、带坯厚度以及浇注温度和铸轧速度的不同，前箱液面应控制在不同高度。

目前，前箱液面控制多采用两级控制，即铝液面由流口液面控制装置和前箱液面控制装置控制，从而有效地保证了前箱液面高度控制精度（±1mm）。一个垂直导向的浮标采用手动调至精确位置，浮标的高度位置以脉冲形式检测，检测结果送到流口液位控制系统，控制流口的钎子运动可由电动执行器来完成，以达到控制流口液位的目的。前箱上设有前箱液位控制装置及液面报警装置。可实现前箱自动液面控制及实际液位自动显示和过液位报警。

4.2.3　供料嘴

供料嘴是连续铸轧生产的关键部分，其形式不尽相同，但都是在液体金属入口处设置椭圆形、三角形或其他形状的挡板，使液体金属分向两侧流入，基本原则是使液体金属均匀流出嘴口，以保证金属温度和流速的一致性。

4.2.4　铝钛硼丝送进装置

为了提高铸轧带坯的质量，需要获得细小的晶粒。目前常用的工艺是在流槽中添加铝钛硼丝细化剂。铝钛硼丝进给装置工作示意图见图4-11。它由铝钛硼丝送进器和放丝架两部分组成。

铝钛硼丝细化剂通过采用挤压成$\phi 8 \sim 12$mm的线材，然后盘成线卷使用。铝钛硼丝送进装置由交流变频电机驱动，通过摆线式行星减速机传动带有刻槽的递送辊，递送辊的上方有压紧装置，可以有效地咬紧细化丝，顺利地将其送入流槽。因为合金的牌号不同、板宽不同，要求铝钛硼丝的递送速度也不同。

铝钛硼丝送进装置调速电位器装在操作台上，生产工人可以根据需要非常方便地调整细化剂的送入速度。当铝钛硼丝发生打滑时，可通过安装在送进器通道上的检测开关检测，并在主操作台报警提示。

铝钛硼丝进给装置以一定的速度，连续不断地将铝钛硼丝加入流槽内的铝液中，使之在铝液流动中把晶核均匀散布在其中。这种方法

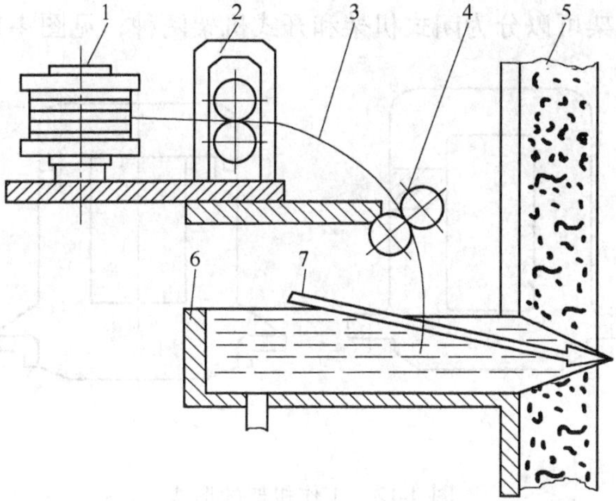

图 4-11 铝钛硼丝进给装置示意图

1—放丝架；2—钛丝进给器；3—合金丝；4—中间导向辊；
5—静置炉；6—流槽；7—堵头

不但可以节约细化剂的用量，而且可使铸轧带坯获得细化晶粒，具有优良的深冲性能。而传统的细化工艺是在熔炼炉内进行的。

4.3 铸轧系统

4.3.1 铸轧系统的主要组成

铸轧系统主要由轧机本体、铸轧机列传动装置、料嘴调整机构、辊缝调整装置、润滑装置、导出辊、换辊装置、夹送辊装置等部分组成。

4.3.1.1 轧机本体

轧机本体是铸轧机列中的核心设备，它由铸轧机牌坊、压上或压下装置、铸轧辊及旋转接头、轴承座、轴承、升降导板等装置组成。

A 铸轧机牌坊

铸轧机牌坊也称工作机架，是铸轧机座的骨架，它承受着经轴承座传来的全部铸轧力和预置应力，因此要求它具备足够的强度和刚度。从结构上看，还要求工作机架能便于装卸铸轧机座上的各种零件，以及实现快速换辊的可能性。

工作机架可以分为闭式机架和开式机架两种，见图 4-12。

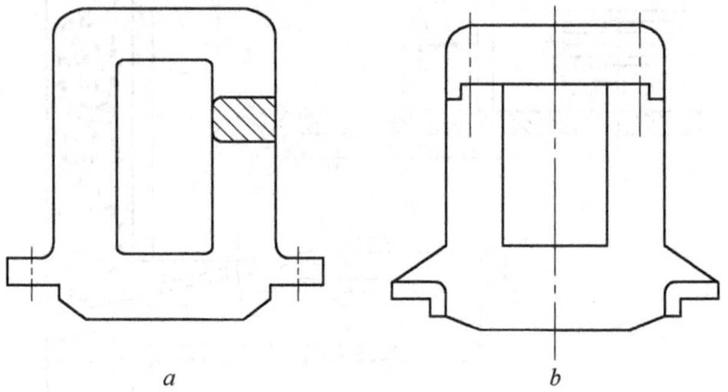

图 4-12　工作机架的形式

a—闭式机架；*b*—开式机架

闭式机架是一个将上、下横梁与立柱连成一体的封闭式整体机架，它又可以分为铸钢机架和焊接机架。铸钢机架通常用 ZG310～570 或 ZG340～640 材料，焊接机架用 45 号优质碳素钢焊接。它们的共同特点是受力情况好，强度和刚度大，但换辊不方便。铸钢机架强度和刚度优于焊接机架，而焊接机架的加工成本和加工周期优于铸钢机架。

开式机架由 U 形机架本体和上盖两部分组成。它的强度和刚度虽不及闭式机架，但它换辊方便，被广泛地应用于倾斜式铸轧机上。开式机架种类较多，但用在铸轧机上的主要是螺栓连接这一种，螺栓的下部用扁楔或圆柱销固定在立柱上，其上部穿过机架上盖，用螺母紧固。机架上盖和 U 形机架本体用带有一个配合的止口来定位。

B　压上或压下装置

目前，双辊式板带铸轧机采用预应力机架。由于应力的预置，铸轧前工作机架就处于受力状态，所以要保证铸轧时工作机架弹性变形小，刚度大。常用的预紧力施加的方法有两种，一种是在工作机架上横梁和上轴承座之间加设压下油缸，以施加预紧力；另一种是在工作机架下横梁和下轴承座之间加设压上油缸施加预紧力。压上油缸用于确保产生超过轧制力的夹紧力，以保持恒定辊缝，并提供机架预应力。这时的实际轧制力为安装在两侧压上油缸管路上的压力传感器的压力和安装在楔块式辊缝调节系统上的两侧压磁式传感器压力和的差值。

C 铸轧辊的旋转接头

为了给旋转的铸轧辊供排水，需要一个专门的特殊装置来满足这个功能。旋转接头（见图 4-13）可以为旋转的铸轧辊供、排水，其基本原理是：冷却水通过进水管 1、进水接头 4 进入到铸轧辊 9 的中心孔，并通过许多的径向孔送至辊芯和辊套之间，完成冷却任务后，经过与进水径向孔相错一定角度的回水径向孔返回到辊芯的至中心孔有一定距离的回水轴向孔 10，然后流入集水罩 5 内，经出水管到冷却池。密封圈 3 和 6 可以有效地保证铸轧辊在转动中供、排水而不泄漏。为了更好地提高密封圈的使用寿命，进水接头 4 和铸轧辊 9 辊头与密封圈接触的外圆，要保证较高的加工精度。

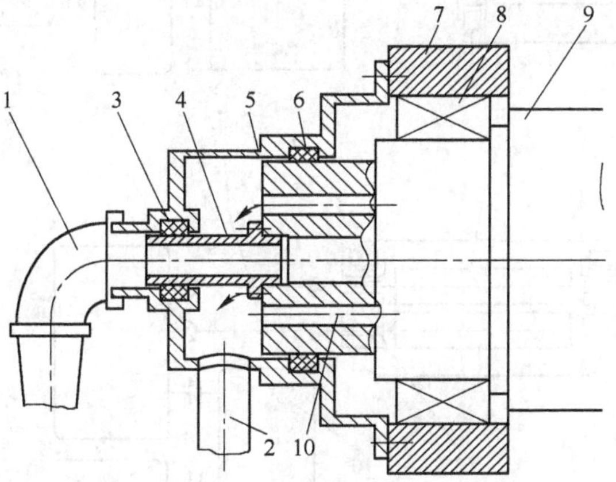

图 4-13 旋转接头结构

1—进水管；2—出水管；3，6—密封圈；4—进水接头；5—集水罩；7—轴承座；8—轴承；9—铸轧辊；10—回水轴向孔

4.3.1.2 铸轧机列传动装置

板带铸轧机列传动装置主要包括万向接轴、接轴平衡机构、接轴

支持架、齿轮分配箱、减速机、电动机或油马达等部件。目前，铸轧机采用联合驱动和单独驱动两种方式。

A　联合驱动方式

直串布置是联合驱动方式的一种形式，见图 4-14*a*。其传动系统由直流电动机 7 通过行星减速箱 6 将转速降至较低的速度，再经过减速分配箱 5 一级减速，并将放大后的力矩分配给两个铸轧辊。这种传动方式的主要特点是电流电压双闭环，两个铸轧辊联合传动，同步性好，安装调试方便，速比大；其不足之处是当上、下铸轧辊辊径发生偏差时，无法单独进行调整，占地面积较大。联合传动方式的另一种形式是往复布置，见图 4-14*b*。其传动系统由直流电动机 7 通过三级

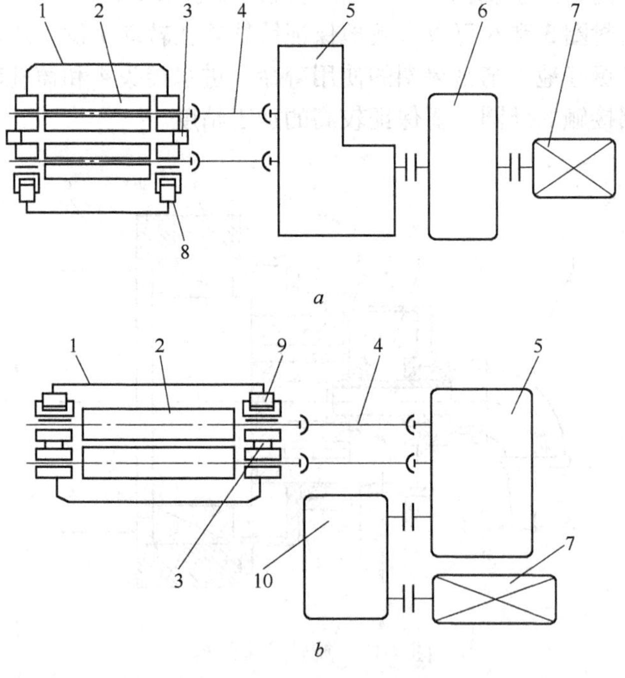

图 4-14　板带铸轧机列的联合驱动简图

a—直串布置；*b*—往复布置

1—工作机架；2—铸轧辊；3—调整斜块；4—万向接轴；5—减速分配箱；6—行星减速箱；7—直流电动机；8—压上油缸；9—压下油缸；10—减速箱

减速箱 10，再经过减速分配箱 5 一级减速，并将力矩分配给两个铸轧辊。这种传动方式的特点是两个铸轧辊联合传动，同步性好，速比较第一种小，排列较紧凑，占地面积较小。其不足之处是当上、下铸轧辊辊径发生偏差时，无法单独调整。

B 单独驱动方式

图 4-15*a* 所示为铸轧机列的一种单独驱动方式。与联合驱动式相比，它省去了减速分配箱，简化了传动结构，占地面积有所减少，尤其是可以在铸轧辊辊径不同的情况下，保持上、下铸轧辊线速度相同，但需要增加上、下铸轧辊间的同步控制。图 4-15*b* 为铸轧机的另一种单独传动方式。这种传动方式用油马达 8 带动行星减速箱 6，并直接分别驱动上、下铸轧辊，上、下传动系统既可单动，又可联动。每个油马达既可以输出最大力矩，又可以相互间按比例输出力矩。总

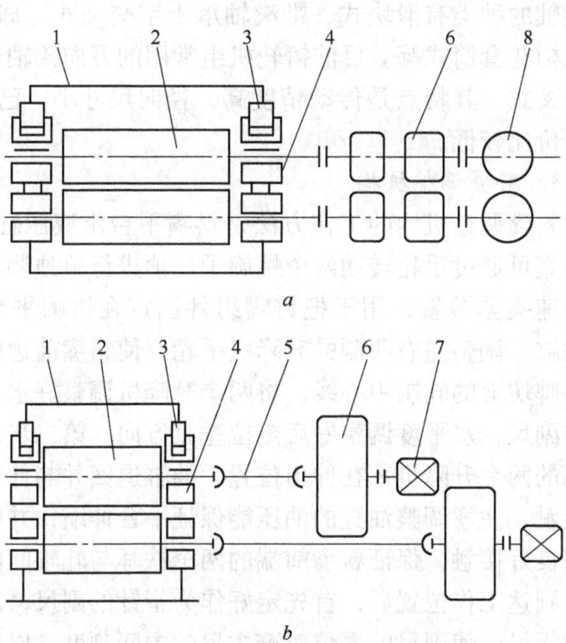

图 4-15 板带铸轧机列的单独驱动简图

1—工作机架；2—铸轧辊；3—压下油缸；4—调整斜块；
5—万向接轴；6—行星减速箱；7—电动机；8—油马达

轴向尺寸大约仅是联合传动长度的三分之二，有效地减少了占地面积。由于取消了带齿形接轴和万向接轴等复杂的机-电系统，传动结构大为简化。同时，由于铸轧辊传动系统可以一同上下调整，所以，有效地减少了换辊时间。其不足之处也是增加了上、下辊间的同步控制系统。

C 万向接轴

由于铸轧带坯的产品厚度需要在一定范围内调整，铸轧辊中心距需要变化。另外，铸轧辊在使用过程中由于辊面产生的裂纹需要修磨，辊径也会发生变化，并引起铸轧辊中心距的改变。因此，在铸轧传动系统中，从减速分配箱或减速箱传递的扭矩，连接到铸轧辊时要用万向接轴才能满足铸轧辊中心到减速分配箱中心之间有一定的倾角要求。

万向接轴的种类有滑块式、带滚轴承十字交叉式、球笼同步式、弧形齿式和梅花套筒式等。目前铸轧机组常用的万向接轴形式为带滚轴承十字交叉式。其特点是传动精度高，径向尺寸小，已经标准化、系列化，造价比较低。

4.3.1.3 料嘴调整机构

典型的料嘴调整机构的工作方法是料嘴平台由液压缸驱动进出。其水平和垂直可通过手轮转动两个螺旋千斤顶进行单独调整。铸嘴平台设有一快速夹紧装置，用于把铸嘴组件固定在铸嘴平台上。第一步：伸出油缸，调整左右两侧的升降机手轮，使料嘴前边的铁耳中心线大致对准牌坊上的轧制中心线，将两个升降机调整好水平；固定好作为指针的副尺，水平度调整好后定位垂直方向。第二步：使控制水平方向距离的两个升降机都在伸出位置，油缸退回并与伸缩平台左右两个挡板接触，注意调整油缸的油压能保证平台伸缩，并能保证升降机与挡板间良好接触，保证料嘴前端的两个铁耳与轧辊间的相对位置一致；平台到达工作位置后，首先定好作为指针的副尺，之后定位水平方向的钢板尺，使副尺的零位对准主尺的中间刻度，以后就以它为基准，两边同时调整，并读数一样，就能保证左右同时进出。

4.3.1.4 辊缝调整装置

辊缝调整装置是一手动调节的楔铁系统。该系统用于建立轧辊轴承座之间的间隙，从而控制辊缝。在轧制过程中，如果同板差超过目标值时，可手动调节楔铁系统，改变单侧轧辊轴承座之间的间隙，达到在线调节同板差的目的，若差值很小时，通过在操作台上调节相应侧压上缸压力，也可达到在线调节同板差的目的。

4.3.1.5 润滑装置

以烟炭喷涂为例，喷嘴安装在滚珠丝杠外壳上，通过交流变频电机驱动。丝杠副使喷嘴做往复运动。火焰的大小可通过调节燃气的进气量及压缩空气的进气量来调节。在压缩空气管道上还装有调压阀，用于调节压缩空气的进气压力。为方便立板操作，烟炭喷涂机构可打开并旋转到机架驱动侧。

4.3.1.6 导出辊

导出辊为钢制的水冷辊，带有冷却水旋转接头，安装在装置的出口末端，另一端连一高精度的脉冲编码器，用于带材速度的精确计算。铸轧带坯经导出辊后，在夹送辊牵引力、卷取张力作用下，由倾斜变为水平。为方便立板操作，导出辊可打开并旋转到机架驱动侧。在偏导辊处还有一带材导向板，用于把带材导入卷筒预定位置的钳口槽上，该导向板由液压缸伸出和缩进。

4.3.1.7 换辊装置

换辊装置将轧辊拉出机架到换辊轨道上。轧辊的下轴承座装有轮子。换辊机构由交流电机通过行星减速箱来驱动。

4.3.1.8 夹送辊装置

夹送辊用于在开轧及换卷期间带材的穿带及保持张力。上辊由液压缸驱动做升降运动，下辊由液压马达通过减速机驱动下辊转动。

4.3.2 典型 ϕ820mm × 1600mm 双辊倾斜式铸轧机技术参数

技术参数包括：

（1）铸轧材料：1×××系、3×××系、5052、8×××系；

（2）板厚：6~10mm（1×××系）；6~8mm（3×××系、5052）；

（3）板宽：1400mm（1×××系）；1300mm（合金系）；

（4）最大卷外径 ϕ1900mm、卷材内径 ϕ500mm；

（5）最大卷重：9000kg；

(6) 最大预载力：15000kN；

(7) 单辊最大轧制力矩：300kN · m；

(8) 最大卷取张力：140kN；

(9) 轧辊最大线速度：2000mm/min（空负荷时为3000mm/min）；

(10) 冷却水流量：$200m^3/h$(标态)；

(11) 轧制线标高：+950mm；

(12) 机列方向：从右到左；

(13) 轧辊尺寸：ϕ820mm×1600mm；

(14) 卷取机卷筒中心高：+1296mm。

4.4 牵引卷取系统

在板带铸轧生产系统中，牵引卷取机列是后续机组部分，主要由两辊牵引机、剪切机、矫直机（有的铸轧生产系统不设）、张力卷取机和运动小车组成。其任务是将铸轧出来的带坯顺利引送后续剪切机剪切头尾，矫直带坯，并送到卷取机对带坯进行卷取。当卷取机的钳口咬住带坯时，牵引机即可松开牵引辊，由矫直机承担带坯的牵引功能。在矫直机和卷取机之间依靠矫直机所产生的阻力建立一定的张力，确保卷取机所卷取的带坯有一定的紧密度。剪切机还有一个功能就是换卷时切卷和发生事故时使用。当然，这样的机组配置也不是一成不变的。而且剪切的形式也不完全一致。图4-16是我国自行设计

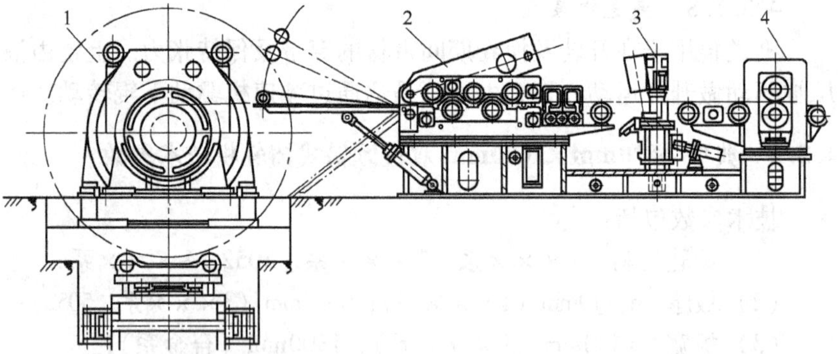

图4-16 牵引卷取系统示意图

1—卷取机；2—矫直机；3—液压剪；4—两辊牵引机

生产的牵引卷取系统示意图。

4.4.1 牵引机

牵引机主要由两个开式框形机架和两个中空可以通冷却水的牵引辊组成。牵引辊装在机架中，用装在牵引辊两侧的轴承座上的气缸或液压缸实现牵引辊对带坯的压下或压上，利用产生的压力来达到牵引带坯的目的。

牵引机的上辊为从动辊，下辊为主动辊，可以由电机经过减速机和连接轴驱动，也可以由液压马达经过减速机驱动。前者是国内一些厂家采用的方案，后者是国外近年发展起来的一种新型驱动方案。对于传动系统要求有一定的变速性能，在引料时，要求牵引速度略小于铸轧速度，当卷取机钳口咬入带坯时，牵引速度又要和铸轧速度保持一致，因此在减速箱内装有超越离合器，当带坯速度大于牵引速度时，减速箱中的超越离合器与牵引辊脱开，使牵引速度与铸轧速度保持同步。压紧油缸采用柱塞式压上缸，在牵引过程中为了避免发生轧制现象，影响带坯的质量，在两辊轴承座之间装有辊缝调整装置，用以调整压紧力。

在牵引机入口侧两边往往装有一对立辊，以便使带坯始终沿铸轧中心线运动。国内还有一种牵引机形式，即采用摇臂和底座代替两个框形机架，上辊装在摇臂上，可以上下摆动，用以调整上、下辊的开口度，其结构简单，便于维护和处理事故。下辊为主动辊，上辊通过操作摇臂的液压缸可以将带坯紧紧地压在下辊表面上，由它们之间产生的摩擦力来达到带坯的牵引目的。

4.4.2 剪切机

在卷取牵引系统中，目前各国所使用的剪切机种类很多，有液压摆式飞剪、平行移动上切式液压剪，有采用铡刀剪或用悬挂圆锯代替铡刀剪，还有考虑了去除带坯裂边而使用的圆盘剪和滚筒式碎边机装置。

平行移动上切式液压剪的基本剪切原理见图 4-17。当需要剪切时，由压紧装置将带坯压紧，剪切机随着带坯在导轨滑道 1 中移动，

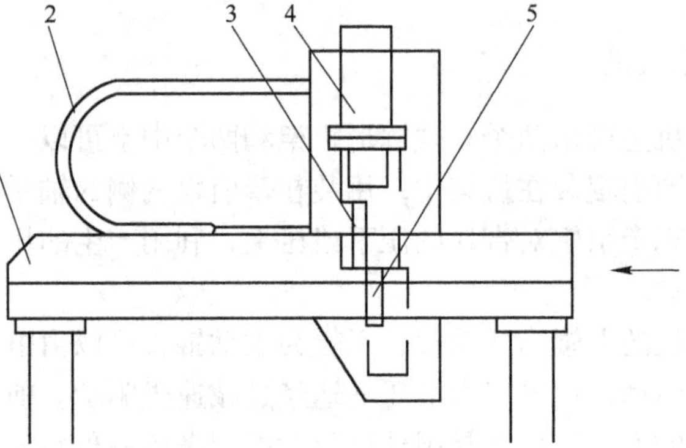

图 4-17　平行移动上切式液压剪的基本剪切原理图

1—导轨滑道；2—拖链；3—上刀刃；4—液压缸；5—下刀刃

由液压缸 4 推动上刀刃 3 向下运动，实现对带坯的剪切。在剪切过程中，液压缸的供油管路和有关电缆都附属在拖链 2 上，保证油路的畅通和有关电信号的不间断。

液压摆式飞剪的工作原理见图 4-18。当需要剪切时，由压紧装置将带坯压紧，这时剪切机在带坯的带动下克服摆动油缸 7 的阻力开始摆动，使和剪切液压缸缸体 3 连成一体的下剪刃 2 在液压油的作用下向上运动，实现剪切。然后由摆动油缸 7 将剪切机复位。

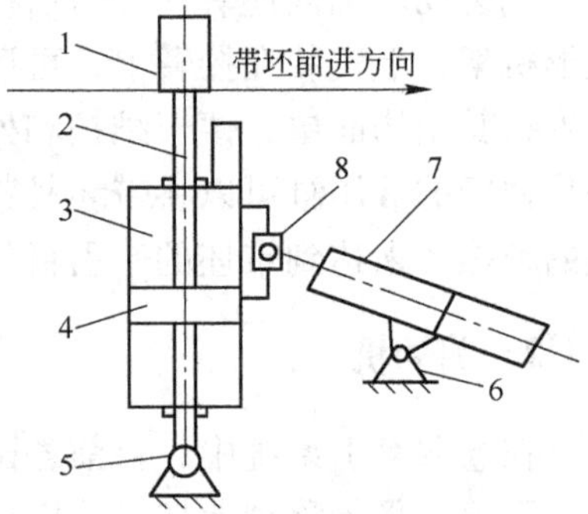

图 4-18　液压摆式飞剪的工作原理图

1—上剪刃；2—下剪刃；3—缸体；4—活塞；5，6—铰支座；7—摆动油缸；8—滑块

4.4.3　多辊矫直机

多辊矫直机安装在摆式液压飞剪之后、卷取机之前。它有三个作用：一是用于冷却带坯；二是卷取机与多辊矫直机之间建立一定的张力，确保带坯能顺利卷成带卷；三是对带坯有一定的矫平作用。

以图4-16中的多辊矫直机为例，该设备是一台五辊矫直机，采用从动方式。上机架安装有三个矫直辊，在上机架带坯出口侧设有铰链结构，带坯入口侧装有压紧油缸，在固定不动的下机架中装有另外两个矫直辊。当带坯要穿越五辊矫直机时，上机架以铰链为圆心，由压紧油缸将上机架掀起，穿越带材，当卷取机钳口咬住带坯时，上机架由压紧油缸摆至工作位置。这时，五辊矫直机和卷取机之间建立起需要的张力，张力的大小可以用专门的调整机构进行调整，以保证实际生产的正常进行。

4.4.4 卷取机

卷取机的种类有很多种，如斜楔式、连杆式和棱锥式卷取机等。卷取方式分为下卷式或是上卷式。我国铸轧生产线多采用四棱锥式卷取机，它主要由卷筒、减速机、涨缩缸、齿形接手、卷取机座和直流电动机等组成。

卷取机采用直流电机驱动，可控硅整流供电，可以使卷取速度能和铸轧速度自动保持同步运转。当带坯卷到要求直径时，剪切机切断带坯，卷筒可以自动升速到3~4倍的铸轧速度，快速将尾料卷完，腾出空余时间，便于从容地进行下一卷的卷取准备工作。

卷筒采取悬臂结构，支撑在卷取机座上。悬臂卷轴的断面为正方形，在其中钻孔后安装活塞拉杆，卷取机座侧有活塞缸，活塞杆在卷筒悬臂端与正方形对角线布置的4块可移动锯齿条相连接，锯齿条的内侧可以沿方轴中的滑槽轴向移动。在锯齿条的外表面有10个斜齿，并与涨缩扇形板内的锯齿面相配合，当活塞缸中接通压力油时，活塞杆拉动下锯齿条移动，在斜面的作用下，使扇形板涨开，在液压站换向阀换向后，活塞缸接通缩径压力油，活塞杆带动锯齿条反向移动，在扇形板纵向布置的4根弹簧的作用下，迫使扇形板沿径向缩回。

在卷筒上设有活动钳口，卷筒张开时，钳口自动夹紧；卷筒缩小时，钳口自动打开。为完成这一动作，扇形板中的一块被制作成与中心方轴固定在一起，使其带有虎口钳式样。一是固定钳口，一个是活动钳口，活动钳口由沿轴向排列的5个柱塞油缸带动使其张合。为了便于夹紧带坯，活动钳口常加工成鱼鳞斑纹。

卷筒的涨缩液压缸安装在卷取机座的传动侧，并随着卷筒旋转，一般采用在固定套上开环形供油槽的设计方案，在固定套与转轴之间使用油封装置为放置油缸供油，以保证油孔转至任何位置都能得到压力油的供给。

卷取机的典型技术参数包括：张开最大直径 ϕ600mm，缩小直径 ϕ500mm，卷筒长度 1600mm，扇形板涨缩油缸内径 ϕ280mm，工作压力油的油压 6MPa，锯齿条斜面角 15°，上锯齿条与扇形板接触角 45°，钳口涨缩油缸直径 50mm，卷取带坯最大外径 ϕ1800mm，最大卷重 8t，直流电动机驱动功率 15kW。

4.5 液压系统

液压系统包括两台高压泵、一台辅助油泵、一台保压泵、一台循环过滤泵。

液压系统一般采用自循环过滤冷却方式，可以有效提高系统纯净度降低液压油的油温，辅助油泵采用间歇工作制，即在系统油压降至一定压力后，压力继电器发出信号，辅助泵启动，工作 1min 后自动停止。辊缝操作控制系统配有备用泵，在其中一台有故障时启动另一台，为连续生产提供可靠的保障。

4.6 循环冷却水系统

4.6.1 循环冷却水系统的分类

循环冷却水系统同时为轧辊和辅助系统（包括导出辊、偏导辊和液压系统）提供冷却水，吸收热量后的冷却水经管道送至冷却塔上喷淋后流入冷水池，再由水泵输送到各系统供循环冷却使用。

循环冷却水系统分为开环系统和闭环系统。以前的铸轧机配套用的循环冷却水系统均为开环系统，所谓开环系统就是指冷却水要与空气直接接触，进行热交换。而闭环系统是指在系统中水是密闭循环的，冷却水不与空气接触。开环系统的不足是占地面积大、受外界影响大、温差变化大、挥发严重等。

4.6.2 循环冷却水系统的组成

闭式循环水系统主要由以下几部分组成：（1）循环水供给泵，提供连续的循环水；（2）气动薄膜三通阀，它是控制温度恒定的核心部分，根据 PLC 输出的控制信号自动调节三通阀的开口度，调整冷热水的混合比例，控制水温的恒定；（3）冷却塔，它是降低循环冷却水温度的核心部分，将被加热后的循环水冷却至某温度范围内，以满足生产工艺要求。

4.6.3 循环冷却水的运行方式

闭式循环冷却水的运行方式为：循环水经离心泵进入管道分成两路，进入轧辊同轧辊进行热交换，然后重新汇合经过过滤器，到达气动薄膜三通阀。气动三通阀根据 PLC 输出的信号，自动调整三通阀的开口度，从而准确地控制两支流的流量，其中一支流重新回到泵入口，与冷却后的循环水混合进行下一个循环；另一支流进入冷却装置，通过二次水进行冷却后回到泵入口。控制气动薄膜三通阀的 PLC 信号是由安装在轧辊附近的冷却水入口支路上的温度传感器提供的。

在闭环系统中，最重要的部分为温度控制回路，实现温度自动控制。它主要由热电阻、带阀门定位器的气动三通薄膜阀、冷却塔组成。

4.6.4 循环冷却水的质量要求

在铸轧生产中循环水最好能用软化水，但由于其成本较高，一般都是采用自然水，使用自然水时，其性能必须严格控制，如表 4-4 所示。铸轧机轧辊冷却循环系统（自循环水）中需添加水质稳定剂、阻垢剂、除垢剂、杀菌剂。

表 4-4 铸轧辊冷却水水质指标

项目	水的硬度	铁含量	镁含量	氯化物含量	硫酸盐含量	清澈度(悬浮物)
指标	<5mg/L	$<0.15\times10^{-4}\%$	$<0.15\times10^{-4}\%$	$<150\times10^{-4}\%$	$<150\times10^{-4}\%$	$<3\times10^{-4}\%$

4.6.5 循环冷却水的水质处理

循环系统中有两台泵，一台加药泵用于定期向循环水中加入不同的药剂，进行除菌、除藻、除锈、防腐的处理。一台加水泵用于向水箱内补充净水。水泵的操作可进行两地操作。生产中，要在循环水系统泵站内巡视检查水位及泵体运行情况。每周应检查循环水的水质，并按规定加入药剂。循环水的检测可用仪器检测电导率及酸值，以达到水质的要求。

4.6.5.1 水垢的处理

自然水中含有钙、镁盐，它们除影响水的硬度外，碳酸钙和碳酸氢钙还会形成水垢。水垢是不良的导热体，同时水垢沉积会堵塞管道，降低热交换率和热交换量。水垢的控制方法是向循环水中投入阻垢剂，如木质素、聚磷酸钙、有机磷酸钙、聚丙烯酸等。

4.6.5.2 微生物的处理

自然水中含有大量的藻类和细菌等微生物，它们的出现和生长会引起管路的堵塞或材料的腐蚀。可用生物杀灭剂消灭微生物的生长，盐酸是广泛应用的控制生物生长的生物杀灭剂。也可采用 GSP-111 杀菌灭藻剂。

4.6.5.3 腐蚀的处理

金属表面的气孔、疏松、裂纹等均可发生腐蚀。在两种不同金属材料之间、不同结晶组织之间及金属与其氧化物之间都会发生腐蚀，当冷却水通过已腐蚀的管路时水中便带有了腐蚀的产物。腐蚀的存在将影响轧辊材质的均匀性。延缓腐蚀一般是通过添加缓蚀剂，常用缓蚀剂有亚硝酸盐、硼酸盐、磷酸盐及有机锌盐等。

4.6.5.4 预防处理

在铸轧生产中，要保证水质完全符合指标要求是很困难的，轧辊在使用一段时间后难免会有结垢和其他沉积物，同时要保持冷却沟槽的良好状态以获得均匀的热交换，轧辊必须定期进行清洗。所使用的清洗剂要具有润湿、扩散、净化等特性，以有利于清除水垢或其他难溶的有机化合物沉积。

5 连续铸轧的主要工装设备

连续铸轧的主要工装设备有液面控制系统、铸轧辊、铸轧供料嘴、辊面润滑装置等。

5.1 液面控制系统

液面控制系统的作用是保证前箱中的铝液有一相对稳定的高度，即控制由供料嘴流入铸轧辊的铝液相对恒定的静压力，保证铸轧过程中，铝液供给充足、平稳、连续。目前，生产中使用的主要有三种结构：杠杆式、浮标式、非接触式液位控制器。

5.1.1 杠杆式控流器

杠杆式控流器如图5-1所示，是利用杠杆的工作原理制作的。杠杆5的一侧是浮标4，由铝液的浮力托着浮标可以上下移动，另一侧是用石墨或轻质耐火材料制作的塞头3，塞头端部为圆锥形，正好对着套管管口，当铝液面下降时，浮标下降，通过杠杆塞头上升或前后移动，更多的铝液从管口流入前箱；当前箱的液面上升时，托起浮

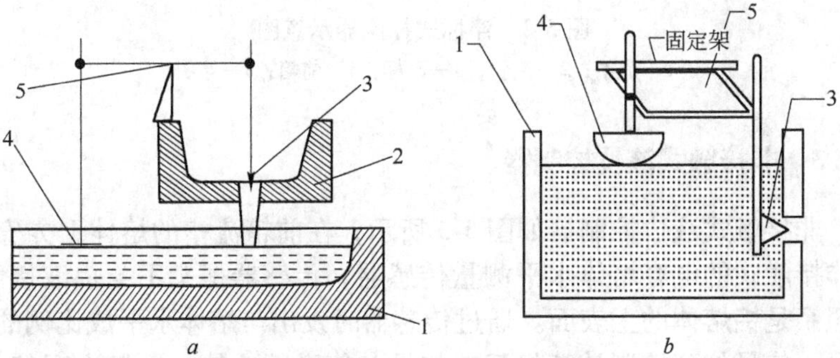

图5-1　杠杆式控流器示意图

1—前箱；2—供流流槽；3—塞头；4—浮标；5—杠杆

标，使塞头逐渐下降，流经管口的金属流量逐渐减少，促使前箱的高度恢复正常。

图 5-1*a* 为流槽与前箱不在同一水平面上的前箱液面控制方式，适用于供流流槽和前箱流槽有落差的供流方式。图 5-1*b* 为流槽和前箱在同一水平面上的前箱液面控制方式。其原理都是通过前箱流槽液面的升降带动浮标的升降，再通过连杆作用于钎塞实现铝液的平稳供应。

5.1.2　浮标式控流器

浮标式控流器如图 5-2 所示，根据液态浮力的原理，当前箱流槽内铝液面过高时，浮标 3 上升，使流管和浮标之间的间隙减少，由流槽进入前箱的铝液减少，这时前箱内铝液液面高度就会下降，浮标式控流器始终处于动平衡过程中。制作浮标的材料最好采用密度较低的耐火材料，以提高其灵敏度。

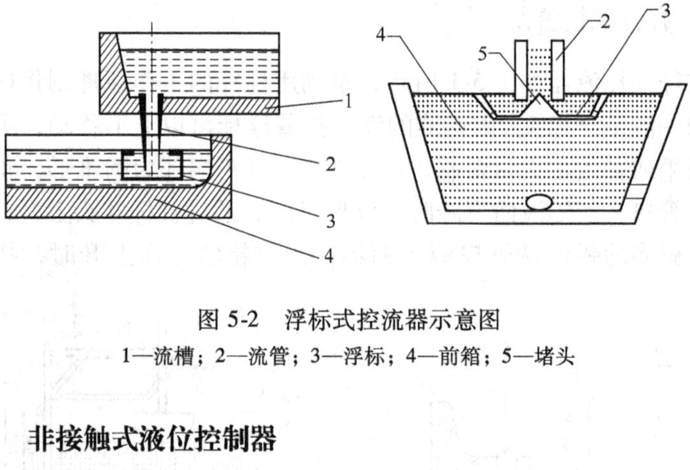

图 5-2　浮标式控流器示意图

1—流槽；2—流管；3—浮标；4—前箱；5—堵头

5.1.3　非接触式液位控制器

非接触式液位控制器如图 5-3 所示，在前箱流槽的熔体上方安装一非接触式的电容熔体水平测量传感器，传感器探头不与铝液接触，参照系是铝熔体的上表面。通过传感器时发出与熔体水平成比例的电信号，信号传到控制计算机后，与设定值进行比较，一旦出现偏差，就通过挂靠机构使塞棒上下移动，控制熔体水平，使其迅速恢复到设定值。该控制器可使熔体水平控制精度约小于 0.5mm。这是当前该类控制装置中能达到的最高精度。

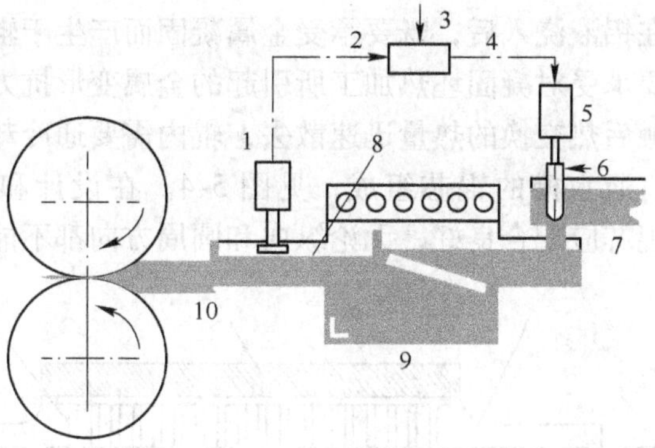

图 5-3　非接触式液面控制器
1—电容非接触式传感器；2—测量值输入；3—计算机；
4—信号输出；5—执行机构；6—塞棒；7—下注口；
8—熔体水平；9—过滤系统；10—铸嘴

5.2　铸轧辊

5.2.1　铸轧辊的要求

双辊式铸轧机的铸轧辊不完全等同于热轧机上的轧辊，它不仅起到像普通热轧机轧辊的变形作用，而且还起到铸轧过程中水冷结晶器的作用，液态金属在铸轧辊的作用下，要完成冷却、结晶、变形，直至成为铸轧带坯。工作时，铸轧辊的辊套外表面与炙热的铝液接触，辊套内部又有强力冷却水的冲刷，以便迅速带走大量的热，它们之间进行着强烈的热交换。铸轧辊既承受对凝固的带坯施加一定的压下时所引起的金属变形抗力的影响，又承受熔体凝固造成的辊面温度变化应力的影响，因而对铸轧辊的辊套材料和铸轧辊结构提出了特殊的要求。铸轧辊典型的工艺性能指标：铸轧辊硬度为 HB 380 ~ 230，室温抗拉强度 σ_b 为 950 ~ 1400MPa，600℃抗拉强度 σ_b 为 550 ~ 750MPa。

5.2.2　铸轧辊的组成

铸轧辊在铝液浇入后，既要承受金属凝固而产生于辊面的温度变化应力，又要承受对凝固坯热加工所引起的金属变形抗力。为了使轧辊与铝液接触后热交换的热量迅速散去，辊内需要通冷却水，因而铸轧辊由辊套、通水槽的辊芯组成，见图 5-4。在设计和装配铸轧辊时，辊套和辊芯应配合良好，无论纵向和圆周方向都不能活动。

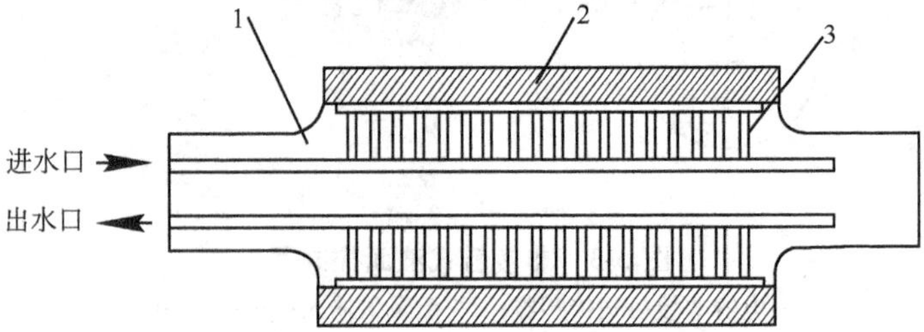

图 5-4　铸轧辊组成示意图

1—辊芯；2—辊套；3—冷却水通道

5.2.2.1　铸轧辊辊套

辊套由于受到弯曲应力、扭应力、表面摩擦力及周期性热冲击力等的影响，要求具有良好的导热性、线膨胀系数和弹性模量要小、有较高的强度和硬度、较好的耐高温、抗热疲劳和抗热变形性能等。除上述性能要求外，还要考虑到其综合成本。

工业上曾采用多种材料制造辊套，紫铜虽有良好的导热性，但是承受不了巨大轧制力的作用，辊面在铸轧时发生严重的变形；45 号钢容易产生轴向裂纹，因而承受不了热变形应力产生的影响，使用寿命很短。生产实践表明，50Cr、50CrMnMo、Cr17、15CrMn 等材料使用效果都不理想。

俄罗斯辊套采用 20Cr3MoWV 和 35CrMnMo 材料，实际生产证明，这种材料每生产 400 ~ 500h，辊面就产生严重裂纹，需要进行辊面重车修整。每次车削量约为 3 ~ 4mm。

表 5-1 所列为国内外辊套钢的合金系列。

表 5-1 国内外辊套钢的合金系列

国别	生产厂家	铸轧辊径/mm	材质	热处理状态	性能数据			
					σ_b/MPa	σ_s/MPa	热导率/W·(m·℃)$^{-1}$	线膨胀系数/℃$^{-1}$
中国	涿神	650	45CrNiMo	HB320	1260	1050		
中国	涿神	650	PCrNi3Mo	HB400	720	550	40.2	13.3×10^{-6}
法国	3C	960	CrMnV	HB300	550(630℃)	400(630℃)	37.1	12×10^{-6}
法国	3C	960	Bloc	HB430	400(630℃)	300(630℃)	34.1	12×10^{-6}
法国	3C	960	Mo22	HB430	600(630℃)	480(630℃)	31.0	12×10^{-6}
美国	亨特	960	4051	HB350	1200	1000	27.3	13×10^{-6}

注：合金成分为 CrMnV：Cr-1.0%，Mn-0.70%，V-0.20%，C-0.15%，Mo-1.0%；Mo22：Cr-3.0%，Mn-0.50%，V-0.20%，C-0.32%，Mo-1.0%，Ni-0.30%；4051：C-0.57%，Mn-0.40%，Si-0.13%，Ni-0.47%，Cr-2.03%，Mo-1.0%，V-0.33%，Al 0.008%。

从表 5-1 可见，铸轧辊的合金系列不同，热处理状态也不同，各钢种的性能数据差异也比较大。尤其是导热性普遍较差，线膨胀系数较高，屈服极限有高有低。这说明其寿命差异较为明显。国内目前普遍使用的材料为 PCrNi3MoV 钢，其寿命可达 3000h，产量寿命达 4800t/h。法国 3C 辊套的寿命约为 2500 ~ 3000h，产量寿命达 10000t/h。法国 3C 辊套注重热状态下的强度指标、热导率和线膨胀系数。从表中所列的数据可见，调质硬度大体可归纳为三个范围，即 HB290-330、HB330-400、HB400-430。硬度偏低者主要考虑保证高温韧性；硬度高者主要考虑提高辊套的耐疲劳屈服强度，延缓龟裂的产生，合理的选择应为两者兼顾。

国内某公司铸轧机采用表 5-2 所列的两种材料，实践证明，这两种钢淬火后可得到细化的碳化物均匀分布的马氏体组织，它们的裂纹敏感性低，可满足对塑性的各种要求，同时有良好的抗热应力性能和低的裂纹扩展速率。

表 5-2　国内某公司两种铸轧辊的成分（质量分数）　（%）

钢　种	C	Si	Mn	S	P	Ni	Cr	Cu	V	Mo
P34CrNi3MoV	0.33	0.2	0.41	0.008	0.005	3.14	1.38	0.04	0.22	0.41
32Cr3Mo1V	0.34	0.3	0.4	0.01	0.013	0.15	2.8	0.08	0.2	0.85

铸轧辊辊套的壁厚，既要考虑有利于能量的带走，又要考虑能使用相对较长的一段时间，需综合两个方面的因素来确定铸轧辊套的厚度，通常要求辊套从新辊到报废能修整 3 ~ 4 次。一般当辊芯直径大于700mm 时，辊套厚度控制在 70 ~ 80mm 为宜，辊芯直径小于700mm 时，辊套厚度控制在50 ~ 60mm 为宜。当然在选择时应考虑辊芯上水槽及循环水冷却系统设计的合理性。

5.2.2.2　铸轧辊辊芯

辊芯为铸轧辊的核心部分，通过其支撑辊套和实现循环水冷却。铸轧辊辊芯也是承受铸轧力的主要部件，辊芯中的冷却水孔和辊芯表面的循环强制冷却水槽沟的存在，削弱了辊芯抵抗各种应力的能力。所以，辊芯的材质、热处理、循环强制冷却水的供水方式就显得特别重要。

国内外常用辊芯材料为 35CD4、34CrMo4、SCM432、23CD4、23CrMo、SCM440 钢等。广泛应用的有 23CrMo、35CrMo、42CrMo、50CrMo4。硬度为 HB280 ~ 400。

A　铸轧辊辊芯表面的冷却水槽形式

铸轧辊辊芯外表面冷却水槽的形式，直接影响铸轧辊冷却强度和冷却均匀度。

冷却水槽的槽形有矩形沟槽，圆弧形沟槽、波浪形沟槽。图5-5*a*为矩形沟槽，由于加工方便，应用较广泛，但尖角易造成应力集中，

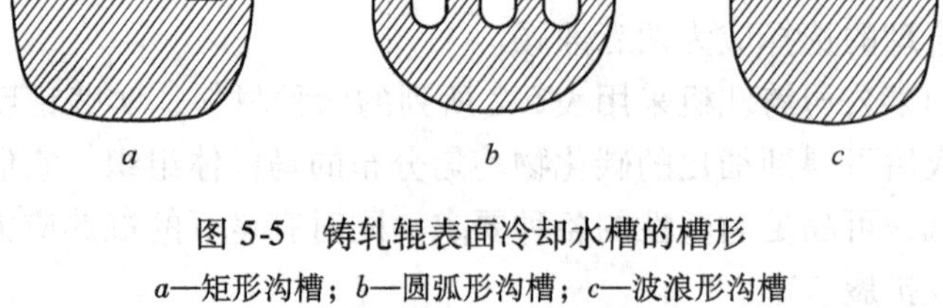

图 5-5　铸轧辊表面冷却水槽的槽形

a—矩形沟槽；*b*—圆弧形沟槽；*c*—波浪形沟槽

同时对于不洁净的冷却水易堵塞；图 5-5*b* 为圆弧形沟槽、图 5-5*c* 为波浪形沟槽，这两种形式水的流速加快，导热性能提高。冷却水沟槽由于长期通过冷却水，易结垢、锈蚀或破损。一般在更换辊套时需重新补焊、车磨。

B 铸轧辊辊芯表面的冷却水槽结构

冷却水沟槽的结构有纵向、螺旋形、环形和井字形等多种形式，如图 5-6 所示。不管采用哪种形式，其冷却强度应保证铸轧辊辊身长度上的温度差不高于 5℃。

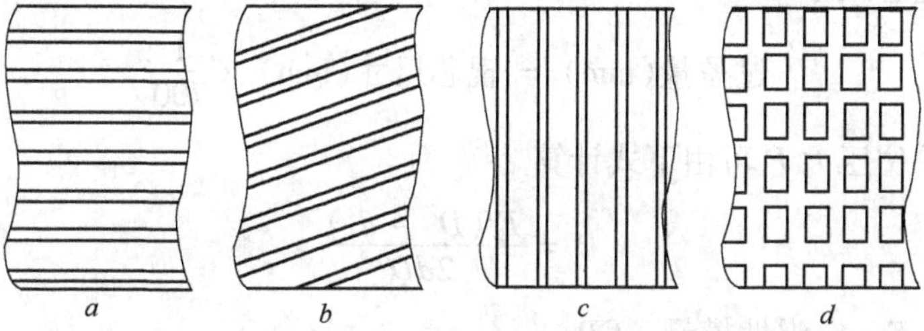

图 5-6 冷却水沟槽的结构形式

a—纵向；*b*—螺旋形；*c*—环形；*d*—井字形

国内厂家对辊芯表面沟槽的结构进行过比较试验，进行试验的有螺旋形沟槽、环形沟槽、纵向横向交叉的井字形沟槽的结构。结果表明，尽管井字形沟槽加工复杂，但其冷却效果好。

5.2.3 铸轧辊的装配

铸轧辊的装配要保证辊套与辊芯紧密配合，使辊套能可靠地传递扭矩。由于辊套和辊芯的材质不同，受热条件不一样，在强大的轧制力的作用下，二者的膨胀量也不一样，所以必须选择适当的过盈配合量。虽然在轧制过程中，允许辊套与辊芯之间有相对运动，但根据经验最大不应超过 25mm/8h。铸轧辊辊套和辊芯通常采用过盈热装，但过盈量小，在轧制时辊套和辊芯之间会产生较大的相对运动，影响轧制过程的稳定，对控制板形极为不利。同时。过盈量过大，会产生过大的内应力，增加辊套炸裂的可能。过盈量的选择是根据辊套的材质、传递扭矩、辊套使用的最小厚度而计算选择的，见式（5-1）、式（5-2），不同的过盈量对辊套产生不同的预紧力，预紧力可由式(5-3)计算。表5-3所列为不同过盈量所对应的预紧单位压力的值。

过盈量的经验公式按下式计算：

辊芯尺寸 ϕ500～700mm

$$过盈量(mm) = 辊芯尺寸(mm) \times \frac{1}{650} \tag{5-1}$$

辊芯尺寸 ϕ700～850mm

$$过盈量(mm) = 辊芯尺寸(mm) \times \frac{1}{700} \tag{5-2}$$

预紧单位压力 P 可由下式计算

$$P = \frac{Ef(D^2 - d^2)}{2dD} \tag{5-3}$$

式中 E——弹性模量，GPa；

f——烘装过盈量，mm；

D——辊芯外径，mm；

d——辊套内径，mm。

表 5-3 过盈量与胀紧力对应值

烘装过盈量 f/mm	0.40	0.50	0.60	0.70	0.80
P/N · mm^{-1}	9.85	15.60	23.60	31.10	40.10

从表5-3可见，过盈量过大，热装应力将增大，会产生加速辊套损坏的后果，甚至有可能造成辊套断裂。

俄罗斯的有关资料介绍，所采用的过盈量为0.3～0.4mm。装配时将辊芯冷冻，使其直径减小0.6～0.8mm；同时，将辊套在井式电炉内加热到540～560℃，然后把辊芯插入辊套内，可以获得上述过盈量。冷却后，在端面用电焊把辊套和辊芯焊在一起。

5.2.4 铸轧辊的水冷却方式

各种铸轧辊结构上的主要区别在于冷却系统的不同。冷却系统要保证辊面沿轴向和圆周方向都能得到迅速均匀的冷却。基本特点在于冷却水的供水方式以及冷却水从铸轧辊中排出的方式。冷却水既可以从铸轧辊的一端流入或流出，也可以从铸轧辊的两端流入或流出。

铸轧辊常用冷却方式有以下几种，参见图 5-7。

图 5-7*a* 为铸轧辊冷却水从两端进入辊芯，由一端排水，称为两进一出的铸轧辊冷却方式。图 5-7*b* 为铸轧辊从一端供水，从另一端两处排水，称为一进二出的铸轧辊冷却方式。图 5-7*c* 为铸轧辊冷却水从一端进入，从另一端排出，称为两端一进一出的铸轧辊冷却方式。

图 5-7*d* 为冷却水从铸轧辊芯的一端进入，利用特殊的分配套管将冷却水送入和排出铸轧辊。进入铸轧辊的冷却水沿辊芯径向方向散开，流到辊芯和辊套之间，然后分成两个相反的水路，经过半个铸轧辊圆周，相当于 180°，再沿辊芯径向流入辊芯的轴向孔。从那里流经集水装置，排入循环水系统，最后进入冷却水池。这样的冷却系统可得到较均匀的铸轧辊表面温度，冷却效果比较好，辊套和辊芯有很好配合，称为同端一进一出的铸轧辊冷却方式。这种结构复杂，制造较为困难。

图 5-7*e* 为铸轧辊冷却水从辊芯端部的两个轴向孔同时向铸轧辊供水，然后又通过两个轴向孔排出。由铸轧辊辊芯端部两个孔进入的冷却水，流入辊芯和辊套间，再流经铸轧辊辊芯的四分之一周（即 90°）后排出，即冷却水通过两个进水孔进入辊芯进行循环后再经两回水孔排出，称为二进二出的铸轧辊冷却方式。

图 5-7*f* 为一进四出的铸轧辊冷却方式，即通过辊芯端部一个中心入水孔输入，沿中心孔钻有许多排径向小孔，每排 4 个径向小孔，直接通向辊套和辊芯之间的沟槽，由围绕中心入水孔和进水孔相差 45°的 4 个径向排水孔出水。辊芯表面开有横向和纵向交叉的井字格沟槽，可以使辊套内表面与循环冷却水充分接触，达到温度分布均匀的目的。这种供水方式所用的旋转水套比较简单。

另外，还有三进三出的铸轧辊冷却方式和一进三出的冷却方式。

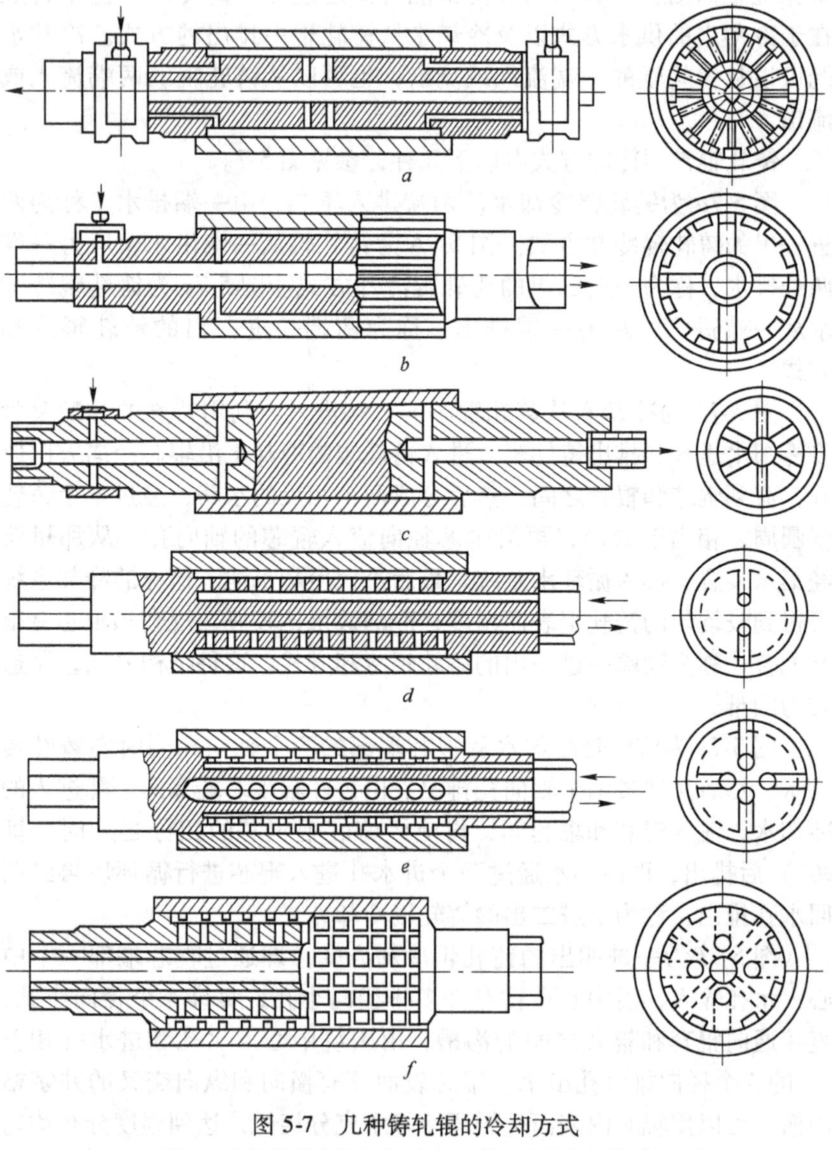

图 5-7　几种铸轧辊的冷却方式

a—二进一出的铸轧辊冷却方式；*b*— 一进二出的铸轧辊冷却方式；
c—两端一进一出的铸轧辊冷却方式；*d*—同端一进一出的铸轧辊冷却方式；
e—二进二出的铸轧辊冷却方式；*f*— 一进四出的铸轧辊冷却方式

三进三出的铸轧辊冷却方式见图 5-8，在辊芯一端轴线中部的某圆上，均匀分布同样大小的 6 个孔，有 3 个进水孔，3 个出水孔相间分布。通过几组相间 60°的径向孔与辊芯表面的 6 个沟槽相连，经过环形槽连接使进出水循环。这种供水方式所用的旋转水套比较复杂。

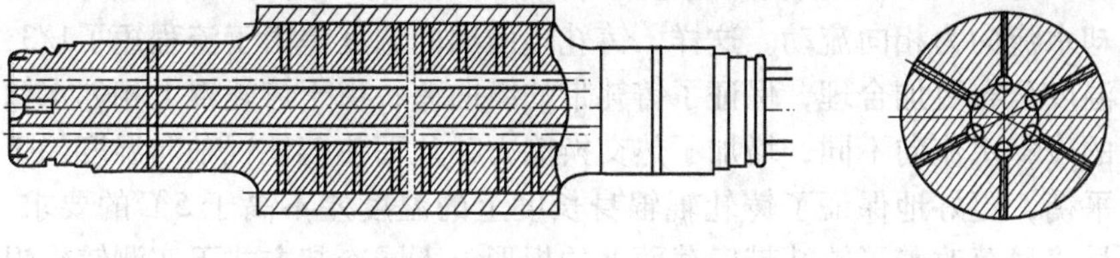

图 5-8　三进三出的铸轧辊芯冷却方式示意图

国内某企业针对不同结构的铸轧辊表面进行了温度测试，一是铸轧辊结构采用一进二出的冷却方式，其铸轧辊冷却方式示意图如图 5-7*b* 所示，其轧辊端面进出水示意图见图 5-9*a*，这种冷却方式，铸轧辊纵向及圆周向辊面均存在着温度差。在纵向，由于一端进出水而频繁进行热交换，进出口水端比另一端的温度略低，会造成铸轧带的同板差超标，从而造成箔材轧制过程中的单边波浪；在圆周方向，由于进出水相差 90°，水在流动过程中不断吸收热量，会在周向存在着温度差，使铸轧带的纵向差过大。

另一种是铸轧辊结构采用一进三出的冷却方式，其轧辊端面进出水示意图如图 5-9*b* 所示，即通过辊芯端部一个中心入水孔输入，沿中心孔钻有许多排径向小孔，每排 6 个径向小孔，直接通向辊套和辊

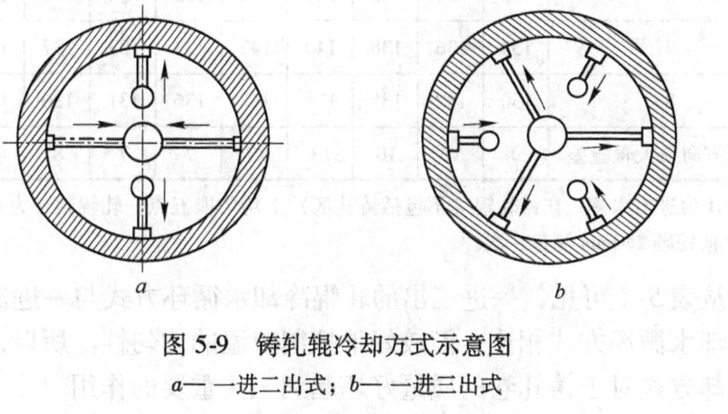

a　　　　*b*

图 5-9　铸轧辊冷却方式示意图

a— 一进二出式；*b*— 一进三出式

芯之间的沟槽，由围绕中心入水孔和进水孔相差60°的3个径向排水孔出水。辊芯表面开有横向和纵向交叉的井字格沟槽，冷却水通过一个进水孔进入辊芯内进行循环，然后经三个回水孔排出。冷却水由辊芯内部的进水通道至辊套与辊芯之间环形水槽内，并沿圆周方向流动，经60°的弧长后流回辊芯内部的回水通道，要求相邻水槽内的冷却水流向为相向流动。这样，铸轧辊面周向温度差由于流程短了1/3，温度分布更加合理，保证了铸轧带的纵向差；由于铸轧辊上相邻水槽的冷却水流向不同，增加了热交换能力，从而使铸轧辊轴向温度趋于平衡，更好地保证了铸轧辊辊身长度上的温度差不高于5℃的要求，最终显著改善了铸轧带横截面上的板形。不同冷却方式下实测铸轧辊温度对比见表5-4。

表5-4　不同冷却方式下实测铸轧辊温度对比

冷却水循环方式 / 铸轧辊一周所测点	铸轧辊辊面温度/℃									
	一进二出					一进三出				
	A	*B*	*C*	*D*	*E*	*A*	*B*	*C*	*D*	*E*
1	130	130	136	142	141	135	137	140	138	136
2	133	134	142	151	140	129	135	139	136	138
3	127	131	138	140	144	134	130	135	135	137
4	132	120	139	148	150	135	132	132	134	139
5	135	133	145	144	133	136	135	138	136	137
6	136	134	143	149	143	132	134	139	134	131
7	134	136	138	140	142	133	133	137	132	136
8	130	132	135	138	142	136	131	136	130	137
圆周方向最大辊温差	9	10	10	13	17	7	7	8	8	8

注：*A*为进出水侧，在铸轧辊（不包括铸轧区）上均匀取五点；轧辊辊径为650mm，纵向每隔250mm测量一次。

从表5-4可见，一进三出的轧辊冷却水循环方式与一进二出的轧辊冷却水循环方式相比，能较好地控制辊温的均匀性。所以，铸轧辊的冷却方式对于铸轧卷的质量好坏起到至关重要的作用。

5.2.5 铸轧辊长度和直径的确定

可以通过轧辊弯曲强度及其允许挠度来选择确定铸轧辊直径和辊身长度。不过，应考虑辊芯上的冷却水槽沟和通水孔的设置所造成的强度的削弱。辊身长度取决于铸轧带坯的最大宽度。

$$L = B + 2b \tag{5-4}$$

式中 L——辊身长度，mm；

B——生产带坯的最大宽度，mm；

b——轧辊表面非工作部分长度，mm。

铸轧辊辊颈的直径，可根据辊身直径来确定。使用滑动轴承时，辊颈直径可按下式计算：

$$d = (0.7 \sim 0.75)D \tag{5-5}$$

式中 d——辊颈直径，mm；

D——辊身直径，mm。

一般辊颈长度与直径相等，而传动端梅花接头的直径可比辊的直径小 10 ~ 15mm。

如果采用滚动轴承，则应根据轴承的形状、尺寸来确定铸轧辊辊颈直径，一般取铸轧辊直径的二分之一左右。

5.2.6 铸轧辊的表面温度

铸轧辊表面直接接触铝熔体，在铸轧区内承受着高温热应力，转过铸轧区后，又受外面冷空气的冷却，内表面要承受冷却水的冲刷，使其处于冷热应力交变状态。铸轧辊的表面温度分布影响到铸轧辊的使用寿命。

俄罗斯 B. B. 库兹涅佐夫建议用下式来计算铸轧辊表面温度：

$$T_{gb} = \frac{\rho_g h_1}{2t_z(k_{gt} + k_{tk})}\left[\left(e_{jj} + c_p\frac{T_{jj} - T_{pb}}{2}\right) + \frac{c_p}{2}\left(\frac{T_{jj} - n_p T_{pb}}{n_p + 1} - T_{pl}\right) + t_z(k_{gt}T_s + k_{tk}T_f)\right] \tag{5-6}$$

式中 t_z——铸轧辊转一圈所需要的时间，s；

T_{pl}——铸轧带坯离开铸轧区时的温度，℃；

T_s——冷却水的温度，℃；

T_f——冷风的温度，℃；

T_{jj}——铸轧带坯中温度分布的指数；

c_p——铸轧带坯的质量热容，kJ/(kg·℃)；

e_{jj}——金属结晶的潜热系统，kJ/kg；

n_p——铸轧带坯中的温度分布指数；

k_{gt}——铸轧辊辊套材料的传热系数，$kJ/(cm^2 \cdot h \cdot ℃)$；

k_{tk}——铸轧辊辊套与空气的热交换系数，$kJ/(cm^2 \cdot h \cdot ℃)$；

ρ_g——铸轧辊辊套材料的密度，kg/m^3；

h_1——铸轧带坯出口厚度，mm。

由以上分析可见，铸轧辊横截面沿圆周的表面温度变化范围很大。铸轧生产时，通过对辊面实际测量，获得辊面圆周方向的温度分布曲线，见图5-10。在铝液与铸轧辊开始接触的 a 点，铸轧辊套的表面温度达到最大值（当铸轧带坯厚度为7.5mm时，辊套表面

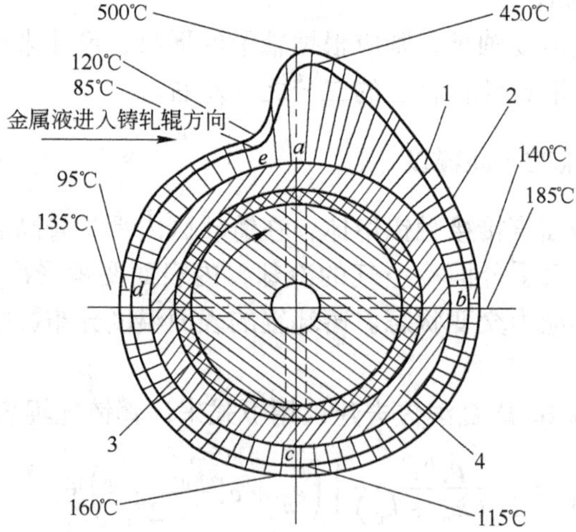

图5-10 铸轧辊辊套表面温度分布

1—铸轧区长 $L=70$mm，带坯厚 $h_1=9.0$mm；2—铸轧区长 $L=50$mm，带坯厚 $h_1=7.5$mm；3—铸轧辊辊芯；4—铸轧辊辊套

温度达500℃；当铸轧带坯厚度为9.0mm时，辊套表面温度达450℃）。随着铸轧辊的不断旋转，顺序依次为*a-b-c-d-e*，铸轧辊表面温度逐渐降低，最低温度达到85℃。图5-10中，外圈的曲线2是铸轧带坯厚度为7.5mm时辊套表面温度的分布情况，曲线1是铸轧带坯厚度为9.0mm时辊套表面温度的分布情况。由此可见，从铝液与铸轧辊开始接触到下一次进入金属接触开始之前的一个循环，温差达365～380℃，这对于辊套材料的抗温变性能提出了更高的要求。

5.2.7 铸轧辊的凸度

由于金属热变形时产生强大的变形抗力，使轧辊产生挠曲，因此改变了辊缝的形状和尺寸。为保证板形，就要相应考虑轧辊具有一定凸度来抵消轧制过程中因轧辊弯曲、压扁、热膨胀等因素造成的变形，因此辊套应具有一定的凸度。

辊套处于外层和液体金属相接触，受反复的冷热交变作用，最终会导致表面热疲劳裂纹等缺陷。因此，每使用一段时间后，需要重新车磨，根据铸轧辊的辊径不同，应改变其相应的凸度。

5.2.7.1 铸轧辊凸度的定义

辊身中间的直径和辊身两端的直径平均值的差称为辊凸度ΔD

$$\Delta D = D - d \tag{5-7}$$

式中 D——辊身中间直径；

d——辊身两端直径的平均值。

在生产中，铸轧辊上、下辊由于所受的力不同，上、下辊的凸度也不同。上辊的挠曲变形较大，因此上辊的凸度要大于下辊的凸度；随着辊套厚度的减薄，轧辊的挠曲会更大，所以，随着辊套厚度的减薄，其凸度适当增加。

5.2.7.2 铸轧辊凸度的确定

在轧制过程中，轧辊受到弯曲和剪切的作用，在计算轧辊挠度时，总挠度应是这两种力的总和，并按卡氏定理计算。

（1）轧辊辊身中间总弯曲挠度f_1：

$$f_1 = \frac{P}{18.8ED^4}\left\{8a^3 - 4ab^2 + b^3 + 64c^3\left[\left(\frac{D}{d}\right)^4 - 1\right]\right\} +$$

$$\frac{P}{\pi GD^2}\left\{a - \frac{b}{2} + 2c\left[\left(\frac{D}{d}\right)^2 - 1\right]\right\} \tag{5-8}$$

（2）辊身中间和板边部挠度差f_2：

$$f_2 = \frac{P}{18.8ED^4}(12ab^2 - 7b^3) + \frac{Pb}{2\pi GD^2} \tag{5-9}$$

（3）辊身中间和辊身边缘挠度差f_3：

$$f_3 = \frac{P}{18.8ED^4}(12aL^2 - 4L^3 - 4b^2L + b^3) + \frac{P}{\pi GD^2}\left(L - \frac{b}{2}\right) \tag{5-10}$$

式中 P——轧制力，N；

b——板宽，mm；

E——弹性模量，GPa；

L——辊身长，mm；

G——剪切模量，GPa；

a——轴承两支点距离，mm；

D——辊身直径，mm；

c——轴承支点至辊身边缘距离，mm；

d——辊颈直径，mm。

确定辊型凸度时按式（5-9）计算，但板形除受辊型影响外，还受到铸轧速度、板厚、合金及辊面的热膨胀和磨损的影响，在实际生产中还需结合实际情况对辊型予以修正。

5.2.7.3 轧辊凸度的修正

当铸轧出的毛料板形和相关技术参数要求的不一致时，轧辊的凸度值必须进行修正，所要修正的凸度值正好等于所记录到的板形和所要求的板形差。在实际生产中，对新使用的轧辊都必须检测其板形状况，以利于下一次磨削中修正。

表5-5列出了常用的铸轧辊凸度取值范围。

表 5-5 铸轧辊原始凸度范围

轧机类型	轧辊直径/mm	辊套凸度/mm
倾斜式（中国）	650	0.10~0.12
	820	0.08~0.10
	980	0.04~0.06
标型 3C（法国）	620	0.3~0.5

5.2.8 铸轧辊的使用方法

经过细致的分析研究发现，铸轧辊破坏的原因有以下几种因素：

（1）装配应力。铸轧辊辊套和辊芯通常采用过盈热装，因此在铸轧辊辊套和辊芯之间形成装配应力。装配应力的大小取决于过盈量的大小。

（2）铸轧应力。在铸轧过程中，铸轧辊不仅是结晶器，而且起到变形工具的双重作用，因此铸轧力对铸轧辊整个辊身将产生铸轧应力，可以分为轴向应力、纵向应力、切向应力。

（3）热应力。铸轧辊在铸轧过程中沿周向温度的差别很大，参见图5-10。从铝液与铸轧辊开始接触到下一次铝液接触开始之前的一个循环，温差达到365~380℃。这必然会产生很大的热效应。

根据国内外相关资料提供的数据，铸轧辊辊套在铸轧区内表面温度不低于400℃，辊套的表面温度为40℃左右，这时引起的热应力为1500MPa。该值已超过辊套的屈服强度，很容易产生裂纹，甚至发生塑性变形，因此，提出以下措施延长轧辊的寿命：

（1）减小装配应力。通过辊芯和辊套的大过盈量来传递扭矩会产生两种不利结果：一是热装比较困难，过盈量不合适易撑裂辊套；二是在辊套上产生较大的装配应力。一种较为合适的做法是用小过盈量，既要保证在铸轧过程中不会发生由于辊芯和辊套配合面上存在的温差，热膨胀量不同而产生的缝隙，造成水槽间窜水现象，又使辊芯和辊套能传递力矩。

（2）加强维护与保养：

1）新辊或刚磨削的铸轧辊开始使用时，在去掉保护纸后，应用棉纱蘸汽油或四氯化碳等溶剂擦去表面的油脂；

2）铸轧辊使用前，应转动轧辊，用喷枪均匀加热轧辊辊面2～4h，消除车磨应力，减轻急冷急热对辊套的冲击，同时可以减轻立板时粘辊；

3）温辊立板是指辊面温度在50～60℃的情况下立板，主要是为了减少急冷急热对辊套的冲击，延长辊套寿命，避免辊套爆裂；

4）出板达辊面一周长后缓慢供给冷却水；

5）在铸轧停止或重新立板前，要认真检查辊面，把粘辊异物清理干净，辊面粘辊较严重的地方，用刮刀小心清理，必要时用细砂纸周向打磨；

6）采用石墨喷涂或是烟炭喷涂润滑辊面时，在原铸轧宽度之外的辊面会有较厚的石墨层或炭焦，若要变宽的铸轧卷时，其变宽部位要彻底清除，清除时用刷子清刷，必要时用砂纸打磨；

7）为提高工作效率，避免不必要的辊面清理，生产安排上应遵循先宽料后窄料的原则；

8）短期停机，因换规格、合金等需停机重新立板时，停机前关闭冷却水；

9）长期停机，因停机时间较长需重新立板时，需用火焰烘烤辊面1～2h后立板；

10）轧辊搬运过程中要小心轻放，避免撞伤或划伤辊面；

11）应该掌握好铸轧辊的磨辊时间、重磨量和重磨后的表面粗糙度。铸轧辊重磨时间一般应在辊套表面裂纹发展第二阶段之前，这时裂纹深度不要超过4mm为宜。但为了将裂纹修磨干净，重磨量比实际裂纹深度增加0.5mm。如果修磨不干净，留下0.1mm深的裂纹，经过3000个热循环后，测得的裂纹深度增加了4倍。如果等到辊套表面裂纹发展到第三阶段才进行重磨，将会加大重磨量。采用合适的磨辊时间和磨辊量，可以有效地提高20%～40%的辊套寿命。

（3）选择合适的材料。辊套失效的主要原因是热疲劳裂纹，因此在正常情况下，辊套的抗热疲劳性能是对辊套材料的主要选择因素。热疲劳与材料的高温强度有关，还与材料的导热系数和线膨胀系数有关。

(4) 控制合适的工艺参数：

1）适当减小铸轧区长度，绝对压下量随着铸轧区长度的减小而减小，且变形率随之下降，轧制过程中所需要的轧制力随之降低，辊套磨损情况减轻。

2）适当降低预应力，在给定的预应力范围取中、下限值调整，可减轻辊套“辗皮效应”的磨损程度，提高其使用寿命。

3）增大循环水冷却流量，在铸嘴出口的液相区，辊面温度接近铝液温度，尽快使之降温是减少辊套热疲劳性的有效办法，为此，加大循环冷却水流量，降低进出口温差，可以迅速带走热量，降低辊面温度。

4）改进立板方式，需跑渣的立板方式中，轧辊转速由高降低，对辊面有一定的损伤；而无需跑渣的一次出板方式，铝液温度由715℃左右降至正常温度，轧辊转带由低升高，立板稳态过程瞬间建立起来，对辊面有一定的保护作用。

5）铝液温度适当降低，可使辊面受到的热冲击应力适当降低，有利于保护辊面。

6）辊面两端微火烘烤，在某一宽度的铸轧板生产过程，边界区辊面两侧温差大，极易造成辊面热应力损伤。为减小两侧温差，可在板坯宽度以外设置一排煤气微火烘烤辊面，使辊面各处温度一致，有利于辊面各处受热均匀并保护辊面。

7）禁止使用粗砂纸和刮刀擦刮伤辊面，以免使辊面产生微小划伤，成为应力集中源。

5.2.9 铸轧辊的缺陷

5.2.9.1 热龟裂

铸轧过程中，铸轧辊套受铝液短暂的热冲击和温度循环变化产生的热应力、铝液的腐蚀及传递扭矩、弯曲、循环载荷的联合作用，使辊套表面出现裂纹并扩展成网状。热龟裂主要表现为有规则的网状细裂纹，沿轧辊圆周方向扩大，若经仔细抛光和进行一定的热处理，可以减轻。

5.2.9.2 长裂纹

长裂纹表现为无方向性，一般与圆周方向相倾斜，有时是分区成组出现。主要是由于轧辊在搬运、生产过程中不小心被划伤所引起的，在各种应力的作用下，该裂纹扩展较快。

5.2.9.3 断裂

由于辊套在加工、热处理过程中产生的应力未消除，辊套与辊芯配合的过盈量偏大，辊套内部有缺陷，立板时辊面温度过低等，造成铸轧辊在使用过程中辊套沿纵向或呈一定角度出现破裂。

5.2.9.4 辊身端部漏水

辊身端部漏水在铸轧生产中易造成熔体与水接触产生爆炸，主要原因是端部的O形圈损坏。

5.2.9.5 其他

轴承箱垫片尺寸不符、轧辊塑性变形、辊芯水槽局部堵塞、辊套磨削偏心、系统压力不稳等原因，都会在生产中造成板厚不均。

5.2.10 铸轧辊套的车磨

铸轧辊套车磨的目的是把辊套上已经存在的裂纹彻底去掉，若没彻底去掉，其残存裂纹会扩展得更快，从而影响辊套的使用寿命。因此检查裂纹是否全部车磨干净是关键。首先以辊身中心为基点，以100mm为间隔，分别从0°、90°方向检测轧辊凸度曲线是否符合要求，保证同轴度小于0.02mm；圆柱度小于0.03mm；两辊直径差小于0.8mm；表面粗糙度小于0.8μm。

5.3 铸轧供料嘴

供料嘴的作用是将铝熔体送入铸轧辊辊缝之间，因此，供料嘴是连续铸轧过程中直接分布和输送铝熔体到辊缝的关键部件，也是浇铸系统的咽喉，它的结构合理与否直接影响到产品质量和产量。供料嘴由嘴扇、垫片、边部耳子组成。

对供料嘴装置的要求有：

（1）结构应牢固可靠，能保证连续性生产；

（2）结构应简单，便于操作与更换；

（3）供料嘴的耐热性能要好，并有良好的保温性。

5.3.1 供料嘴的材质选择

供料嘴材料为硅酸铝毡和氮化硼压制而成。它具有保温性能好、抗高温性能好、线膨胀系数小、不和液体金属起化学反应，不产生气泡和氧化渣等特点。经过加热焙烧处理，内衬具有良好的保温性，有足够的强度和刚度，便于机械加工；化学稳定性好，不污染金属；抗温变性能好，不因温度急剧变化而破裂；线膨胀系数小，不会引起变形和开裂。

目前，常用的供料嘴材料有美国生产的 MARINITE（马尔耐特）、法国生产的 STYRITE（斯德瑞特）以及国内仿制的中耐 1 号、中耐 2 号等。美国 MARINITE（马尔耐特）能够满足铸轧生产的要求，但吸湿能力较强，使用前必须进行加热处理。一般的热处理工艺为在 250～300℃的炉温中进行 4h 以上的预热，如果预热时间不充分，直接影响铸轧带坯的质量和成材率。

现在使用一种新型的 STYRITE 及与其性能相近的材料，它是一种用陶瓷纤维、硅酸铝纤维通过真空压制的耐火板，是一种轻质的耐火产品，这种材料具有耐高温、耐腐蚀、不易断裂、易加工、吸潮性小、寿命长、使用前不需要预热等特点。

5.3.2 供料嘴结构

对供料嘴结构的要求是：铝液通过供料嘴时流线要合理无死角、铝液应均匀分布于辊缝，保证供料嘴出口沿横截面温度均匀一致，保证供料嘴出口处金属的流速一致。

供料嘴由上、下两块嘴片组合而成，嘴片间设有一定形状的分流块，以保证由入口处进入的铝熔体能均匀分布到整个供料嘴内腔间，供料嘴内熔体的流动一般受分流块的相对位置、结构尺寸、分流块数目及大小的影响，可结合各自的工艺装备状况进行选择。分流块的形状、尺寸可随板宽的变化而变化，在供料嘴上组装分流片时，以保证流道通畅、温度均布为原则。组装时，可用大头针把分流块固定在嘴扇上。

从理想条件来讲，在整个供料嘴长度上出口处所流出金属的温度都一致为最好，这样，在金属熔体和铸轧辊表面接触以后，能均匀凝固。为了避免由于整个横截面上凝固不均匀，采用阻流措施，使中间金属流动减缓，温度适当降低；距出口较远的两端的金属流动加大，温度提高，从而使整个横截面金属温度均匀，金属能够同时从嘴腔内流出。

供料嘴的结构按照铝熔体的分配级别可分为一级分配、二级分配、三级分配，如图 5-11 所示，图 5-11*a* 为一级分配供料嘴，图 5-11*b*为二级分配供料嘴，图 5-11*c* 为三级分配供料嘴。

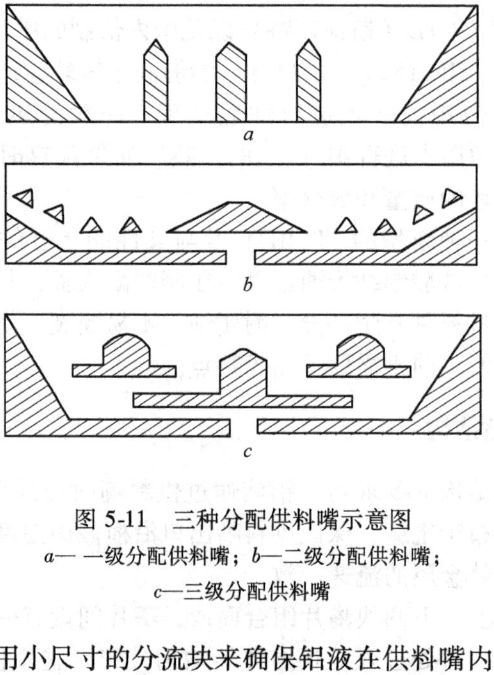

图 5-11 三种分配供料嘴示意图

a— 一级分配供料嘴；*b*—二级分配供料嘴；*c*—三级分配供料嘴

供料嘴使用小尺寸的分流块来确保铝液在供料嘴内部获得较均匀的流动和温度分布；在使用一级分配供料嘴时，铸嘴内部为直通分流道，流体阻力小，不易出现阻滞现象，前箱高度可以控制较低，但由于分流块数目较少，铝液中间流速大于边部，使边部的铝液的温度易低于中间，当前箱熔体温度稍低时，边部就容易产生硬块。

在使用二级分配供料嘴时，金属的流动从入口处流入，受第一层阻流坝的阻碍，一部分金属逐渐向两侧流动，另一部分金属绕过阻流坝从中间流出，在受到下一层阻流坝的阻碍后分开，汇合到供料嘴前沿流出。从实际生产中观察到金属从供料嘴出口处流出的时间是不相同的，总是从中间流出的速度比从两侧流出的速度快些，这样就使整个嘴腔内的金属温度分配产生不均匀，中间的金属流动快而且温度高，越向两侧温度越低。金属从供料嘴流出的方式是一种从中间向两侧扩展式的流动。当跑渣时，前箱熔体温度稍低，边部就容易产生硬块。

在使用三级分配供料嘴时，金属的流动从入口处流入时，受第一级阻流坝的阻碍向两侧流动，流向二级通道，经二级阻流坝的阻碍又向两侧流动，进入三级通道之后，在三级阻流坝的作用下，铝液从三级通道流出。由于是受同一静压力的作用，金属的流动速度几乎一致。整个嘴腔内的金属温度分配也较为均匀，嘴腔中间铝液温度与两侧铝液温度相差明显减小。在实际生产中观察到，只要前箱液面高度达到一定值时，金属从供料嘴流出的时间（即流动速度）大致相同，并且金属的流动较二级分配的供料嘴流动要平稳、整齐，但该供料嘴需要较大的前箱压力；由于分流块过多、过散，对其在嘴腔内进行排列不易控制；内部分流道间隙小，流体阻力大，熔体黏度随环境温度的变化影响到熔体流过这些间隙的均衡性等。

供料嘴的结构按入口方式不同，可分为单入口和双入口供料嘴，见图5-12*a*、图5-12*b*。对于较宽的供料嘴（宽度在1m以上的）多采

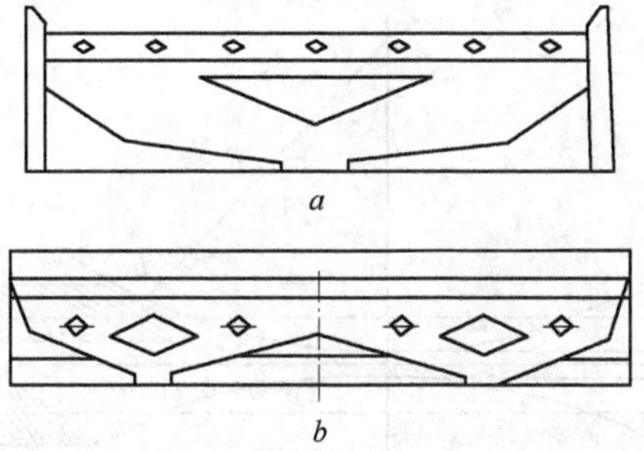

图5-12 供料嘴结构示意图

a—单入口供料嘴结构；*b*—双入口供料嘴结构

用两个入口的供料嘴。这样可以改善温度不均匀的情况。对于比较窄的供料嘴，一般采用单入口的供料嘴。各企业可以根据自己的设备情况及实践经验采用不同结构的供料嘴。

5.3.3 供料嘴的制作

5.3.3.1 嘴扇的制作

常用的嘴扇形状有两种，如图5-13所示。

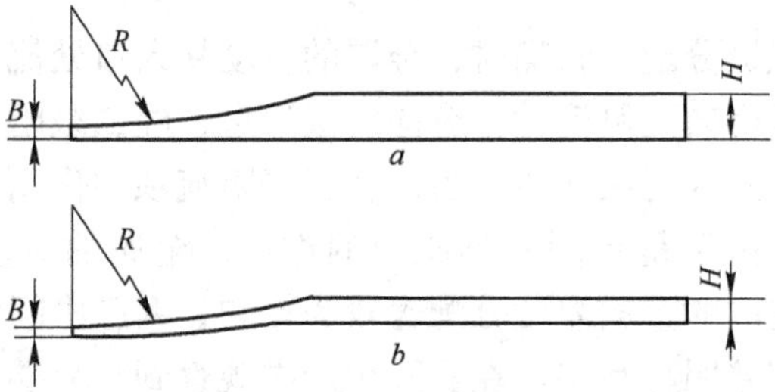

图5-13 嘴扇的形状

供料嘴的嘴唇不能太厚，太厚易摩擦辊面，擦伤辊面和板面；供料嘴的嘴唇也不能太薄，太薄易损坏；要考虑到其与流道的关系，保证金属流道足够宽，确保液流的通畅。确定供料嘴的嘴唇尺寸要与铸轧区、合金、板厚、流道尺寸有机结合，如图5-14所示。

$$H = h + 2B \tag{5-11}$$

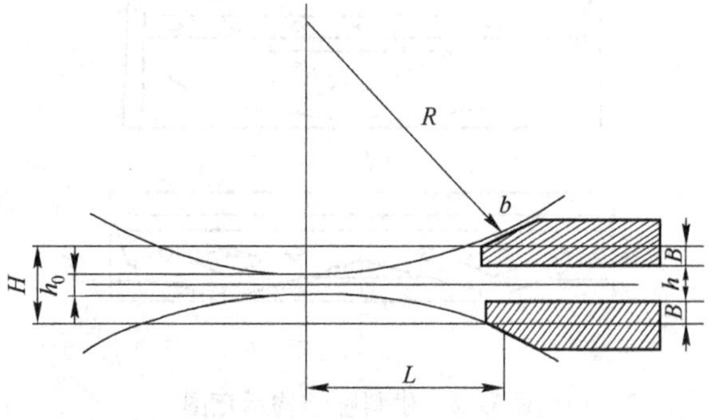

图5-14 供料嘴的嘴唇尺寸示意图

$$H = 2R + h_0 - 2\sqrt{R^2 - L^2} \tag{5-12}$$

式中 H——供料嘴出口总厚度，mm；

R——铸轧辊半径；

h_0——板厚，mm；

B——嘴唇厚度，mm；

h——金属流道厚度，mm。

根据生产经验，供料嘴的嘴唇及其相关尺寸的选择：纯铝及软合金为 $B=4.5\sim7.5$mm，$h=h_0$；硬合金为 $B=3.5\sim5.0$mm，$h=h_0-1$。

嘴扇的宽度因凝固后的金属经轧制后会有一定的宽展，根据边部耳子的材质及合金成分的不同，加工后的嘴扇总长度要比要求板宽小5～20mm。

嘴扇切割可用锯条及圆锯来进行。切割好的嘴扇要求：嘴扇的各边部都完全正交；嘴扇的各边都不能有划伤、缺损；嘴扇间的配合要严密。

5.3.3.2 边部耳子的制作

边部耳子是嘴子的边部工件，其作用是挡住熔融金属不从两侧流出。每副嘴子需要两个边部耳子。常用的耳子有两种，图 5-15 所示为边部耳子及其组装图。图 5-15*a* 所示边部耳子由硅酸铝纤维薄板和黏结剂经黏合压制而成，常用于倾斜式铸轧机制作边部耳子，使用前耳尖部位用石墨水溶液浸泡 3～5min 后进行烘干。图 5-15*b* 所示边部耳子由三部分组成，即铝板、绝热板和石墨耳尖组成，常用于水平式铸轧机制作为边部耳子。

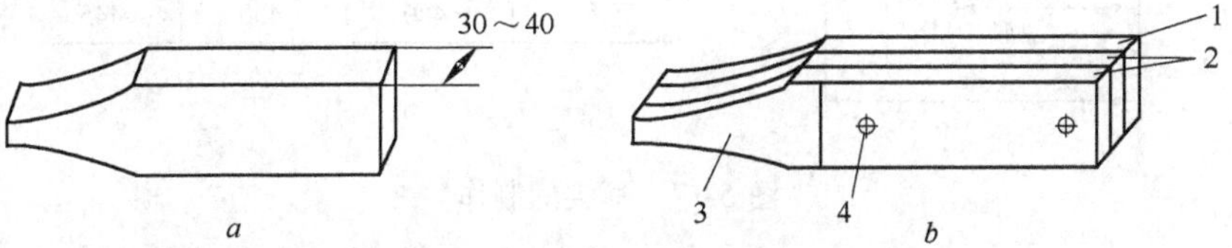

图 5-15 边部耳子及其组装图

1—铝板；2—耐火绝热板；3—耳尖；4—螺丝

铝板是边部耳子的加强板，加工制作时要考虑到铸轧辊的弧度和铸轧带坯的厚度。它不能用非铝合金材料制作，因为若耳子被从辊缝带出时，用铝合金材料不会损坏辊面，而非铝金属会使辊面损坏，图5-16为 ϕ960mm×1550mm 水平铸轧机铝板尺寸图。耐火绝热板的制作与铝板形状一样，该板是用硬质耐火材料制作，具有一定的弹性，亦可用硅酸铝纤维薄板经加工压制而成。

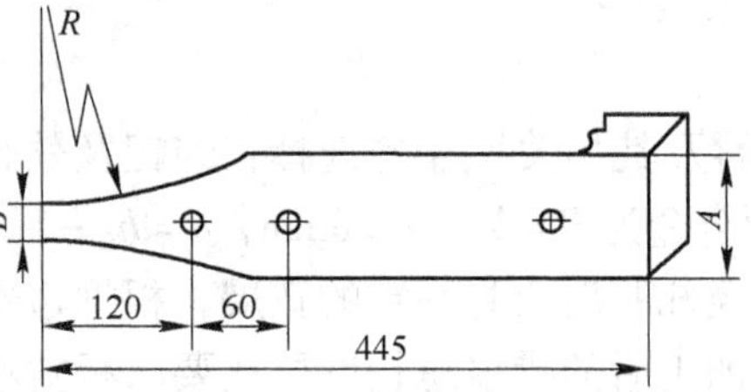

板厚/mm		10	8	6
尺寸/mm	A	50	48	46
	B	8	6	4

图 5-16 ϕ960mm×1550mm 水平铸轧机铝板尺寸图

耳尖由1~3mm厚的韧性石墨板加工而成；要求耳子的圆弧光滑整齐，最好使用模板制作。耳尖在组装好后应与轧辊紧密配合，可根据板厚、辊径的不同进行相应的制作。图5-17所示为 ϕ960×1550mm 铸轧机在不同的板厚、不同的辊径下的耳尖制作。

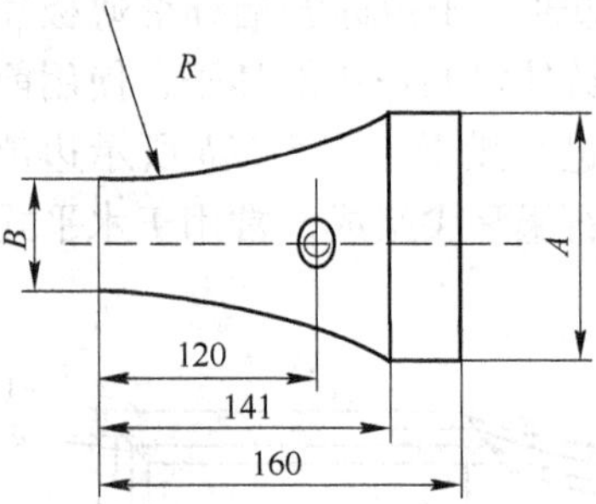

板厚/mm	6	8	10
A	50	48	46
B	9.5	7.5	5.5
辊径/mm	460～480	445～460	235～445
R	480	460	445

图 5-17 耳尖的制作

5.3.4 新型供料嘴的特点

目前新开发的系列供料嘴具有四种系统，均为模块式。新型供料嘴能合理、有效地向铸轧机提供铝熔体。第一套系统为优化熔体供料嘴（optiflow tip nozzle），其尺寸稳定性与抗高温铝熔体热冲击的能力有很大提高，因而其使用期限比常规供料嘴长得多。第二套系统为供料嘴宽度可调系统（tip width adjustment system），该供料嘴的宽度在铸轧过程中可根据生产需要任意调节，因而可不停止铸轧，产量可得到大幅度的提高，同时，节约了供料嘴消耗成本。第三套系统为熔体流分配系统（flow distribution system），该系统是完全按新的基本原理设计，熔体流在铸嘴中分配处于最优化状态，与常规铸嘴系统相比，生产率有了较大的提高，容易调节，可显著地缩短调试时间，使生产很快达到最优化状态。第四套系统为可变最佳供料系统（optiflow variable nozzle system），该系统在铸轧期间可控制与改变供料嘴的供流情况，因而改善和提高了铸轧机的适应能力，如嘴子划伤问题可得以避免。

5.4 辊面润滑装置

在一般情况下，轧辊和铸轧带材都被一层氧化膜和其他的吸附膜覆盖着。当负荷较低时，摩擦系数较小，摩擦基本上在氧化膜之间进行，摩擦轨道是较平滑的沟槽，几乎和润滑条件下的外观相似。随着负荷的增大，摩擦轨道显现出越来越多的撕伤和刨削。氧化膜逐渐被穿透，并发生越来越多的黏着。这就是在轧制时产生粘板的原因。为了防止铸轧辊与板面粘连，要采用辊面润滑装置。目前，常用的辊面润滑装置有三种，即毛毡清辊器、水基润滑喷涂和烟炭喷涂装置。

5.4.1 毛毡清辊器

辊面防粘是旧铸轧机常用的一种方式，如图 5-18 所示。它置于铸轧机的入口侧，清洁辊面由毛毡实现。毛毡清辊器虽能起防止粘辊的作用，但更换次数频繁；噪声大；毛毡长期拍打辊面，加速辊面裂纹、微裂纹的扩展，影响轧辊的寿命；毛毡在转动、擦拭过程中，其所掉下的毛纤维会随轧辊的转动聚集于嘴辊缝隙处，在高温下烧结，一方面

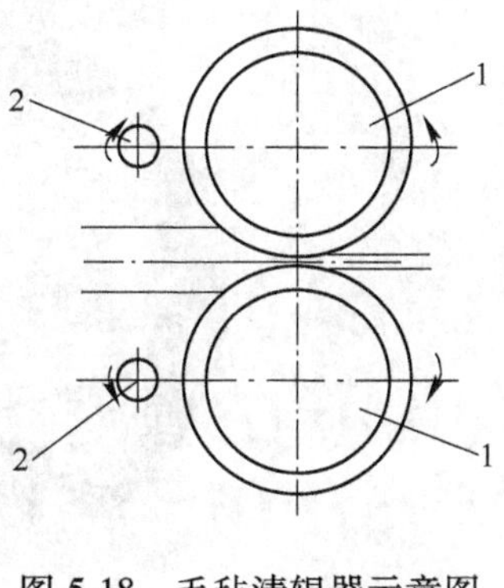

图 5-18 毛毡清辊器示意图
1—轧辊；2—毛毡清辊器

可能被铸轧带坯带出，在铸轧带坯面形成黑色的非金属压入物；另一方面挂在铸嘴前沿，会形成铸轧的通条、纵向条纹及造成铸轧带坯表面偏析。

5.4.2 水基润滑喷涂

水基润滑喷涂系统安装在轧辊的出口侧，见图5-19。由电机驱动喷枪在轧辊轴向移动，将按一定比例混合的水基石墨均匀喷涂在轧辊表面，利用辊面的余热使水分挥发，其喷涂的石墨把铝板与辊面隔离，起润滑、防止粘辊的作用。采用水基润滑剂喷涂法易于调节喷涂浓度和喷涂量，更适合于较高铸轧速度条件下使用。因此水基润滑剂喷涂方式依然是超型铸轧机防止铝板坯与轧辊黏结的较佳选择。

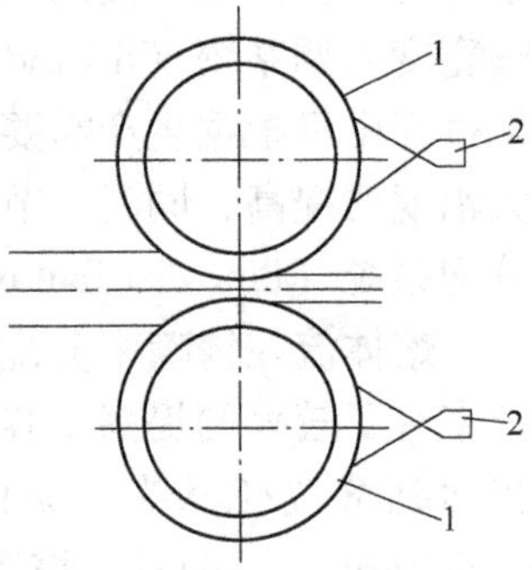

图 5-19 水基润滑喷涂示意图
1—轧辊；2—喷枪

5.4.3 烟炭喷涂装置

烟炭喷涂装置置于轧辊的出口侧，见图5-20。由电机驱动喷枪在轧辊轴向做往返移动，喷枪火焰的大小可通过调整燃烧介质，如石油液化气或乙炔等与空气的比例进行控制，火焰喷涂在辊面上，使辊面

图 5-20 烟炭喷涂照片

更易形成 Fe_2O_3 膜和均匀的炭层，起润滑和防粘作用。烟炭喷涂装置的特点是设备简单，成本低，喷涂量易于控制，操作简便，辊面易于清理，延长轧辊的使用寿命，润滑、防粘效果好。但烟炭喷涂也存在一些缺点，如喷涂量、燃烧比不易控制等；喷涂产生的石墨对铝液有污染作用，使铝带坯的力学性能变坏；石墨润滑使系统的导热热阻增大，铝液的凝固速度降低，从而铸轧速度降低。在铸轧速度达到1.3m/min 以上时，其防止粘辊的能力尚有待于进一步提高，尤其在薄规格带材高速度铸轧时难以满足提高生产率的需要，因此火焰热喷涂适合于较低铸轧速度条件下使用。

6 连续铸轧生产过程及控制

金属锭经熔化、合金化和精炼后才能进入铸轧机进行铸轧。铝及铝合金一般熔炼生产过程是：备料—熔炼炉准备—熔体准备—铸轧生产前准备—铸轧生产—铸轧停机等。

6.1 备料

备料前应认真检查、复审配料计算卡片；所备炉料的品种、品位、级别必须与卡片一致；所备炉料必须干燥、清洁、无油污和尘土。所备炉料尺寸符合要求，并便于装炉；所备炉料的数量必须与卡片上的一致；全部炉料备齐后，应复查。

有色金属与合金熔炼时炉料组成大致为新金属、废料、中间合金或金属添加剂及熔剂等。正确地选择配制合金炉料，对于合金成分的控制，铸轧带材质量的保证以及金属原材料的节约都有重要的意义。

6.1.1 铝锭或电解铝液

6.1.1.1 铝锭

铝合金是在熔炼铝锭的基础上，加入其他合金元素熔制而成。在配制合金前，首先应根据合金成分要求，选择合适的废料、铝锭及新金属。新金属材料一般是用来降低炉料中总的杂质含量，保证合金的质量，但由于价格比废料贵，因此在保证铸轧质量的前提下，尽量少用铝锭和新金属，以降低成本。

根据 GB/T 1196《铝及铝合金锭》的要求，化学成分应满足表6-1所列的要求，铝锭标志见表 6-2。铝锭呈银灰色，铝锭表面应整洁，无较严重的飞边、气孔、夹渣和腐蚀；铝锭不得黏附泥土、水、冰雪和油污等。

表 6-1 铝锭成分

牌 号	化学成分(质量分数)/%								
	Al	杂质，不大于							
	不小于	Fe	Si	Cu	Ga	Mg	Zn	其他每种	总和
Al99.90	99.90	0.07	0.05	0.005	0.020	0.01	0.025	0.010	0.10
Al99.85	99.85	0.12	0.08	0.005	0.030	0.02	0.030	0.015	0.15
Al99.70A	99.70	0.20	0.10	0.01	0.03	0.02	0.03	0.03	0.30
Al99.70	99.70	0.20	0.12	0.01	0.03	0.03	0.03	0.03	0.30
Al99.60	99.60	0.25	0.16	0.01	0.03	0.03	0.03	0.03	0.40
Al99.50	99.50	0.30	0.22	0.02	0.03	0.05	0.05	0.03	0.50
Al99.00	99.00	0.50	0.42	0.02	0.05	0.05	0.05	0.05	1.00

表 6-2 铝锭标志

铝锭牌号	颜色标志	铝锭牌号	颜色标志
Al99.90	三道红色横线	Al99.60	二道红色竖线
Al99.85	二道红色横线	Al99.50	三道红色竖线
Al99.70A	一道红色横线	Al99.00	四道红色竖线
Al99.70	一道红色竖线		

6.1.1.2 电解铝液

直接用电解铝液生产铝及铝合金铸轧坯料，由于其生产工艺省去了铝锭的重熔工序，大大降低了能耗，提高了生产效率和成品率。在生产实践中，测得重熔铝锭的烧损在2%左右，而电解铝液的烧损在0.5%左右（主要是氧化夹渣等物）。由于烧损降低，提高了成品率，节约了成本，该工艺已在冶炼加工企业应用和推广。

由于电解铝液抽吸时的温度在920℃以上，经过浇包转运至熔炼炉时，液体温度也在850℃左右，远远高于铝及铝合金的熔炼、铸轧温度。根据传统金属学理论与现行的工艺制度，用于铸轧生产的铝熔体不能超过760℃，否则将出现熔体过热问题。熔体过热会导致熔体中活性结晶核心锐减，造成晶粒粗大，影响铸轧带坯的组织和质量。为了保证铸板坯料质量的稳定，必须保持合理的废料用量，并应相对稳定。废料总的用量应占投入量的20%～35%。废料的使用不仅降低生产成本，也能够降低电解液的温度，有利于熔炼炉的温度控制。

针对使用电解铝液的一系列特点，采取了相应的措施，例如：电解液的浇包中必须撒入溶剂，让铝液与溶剂充分接触，通过溶剂的吸附、溶解作用把铝液中的氧化夹渣带出液面；注入熔炼炉前进行表面浮渣的清除；电解铝液注入熔炼炉前炉底要撒溶剂；固体料化平后用溶剂覆盖，熔体进行充分的搅拌后，扒出表面浮渣。通过对电解铝液降温增核、严格控制重熔铝锭和废料量的加入比例、铸轧前对熔体进行合理的变质处理、严格执行熔炼生产工艺、对熔体进行炉内外的净化处理等可保证铸轧带坯的内部组织符合要求。

6.1.2 废料

来源于铸轧车间或加工车间各工序所得的加工余料，以铝板带箔为例，一般加工厂的成品率为60%～75%，即有25%～40%的原料变为废料。有些残料常被油污、氧化，或含过多杂质，质量较劣，通常不能直接入炉，要预先重熔处理。使用时一旦混料，对少量低成分合金混入高成分合金中还较易于处理，但不允许少量高成分合金混入低成分合金中。

一些电子用、表面氧化用铝板带箔，对于杂质的要求特别严格，因此要尽量少加入废料，而对于一些纯铝合金，如1060合金，由于细化晶粒的要求，必须要加入一定数量的废料。

6.1.3 中间合金及金属添加剂

熔炼合金时，合金元素的加入方式一般有三种：一是以纯金属直接加入熔体，如铝合金中的铜、镁、锌等；二是将合金元素预先制成中间合金的形式加入熔体中；三是将合金元素以金属添加剂的形式加入熔体中。

6.1.3.1 中间合金

加入中间合金的目的，一是便于加入难熔组元，如果合金元素的熔点远高于基体金属，则应该先制成中间合金，以降低合金元素熔点，从而能够在通常的熔炼温度下使合金顺利熔化。例如：生产3A21铸轧带材，需加入1.0%～1.6% Mn，Mn的熔点高达1242℃，如用纯锰作炉料，则铝液至少要过热1000℃以上，经过长时间才能使锰熔化。因此，在生产中采用预先熔制成含锰10%的Al-Mn中间合金，作为炉料，这种中间合金的熔点只有800℃左右，这样就可避免熔体严重过热。二是为了获得化学成分尽可能准确的合金。

中间合金应具有适宜的熔点，尽可能提高难熔合金元素在中间合金中的含量，化学成分应均匀；此外，中间合金成分应稳定，不随时间而改变；贮存时，要防止其被腐蚀和氧化；气孔、非金属夹杂含量应尽量低；易于破碎、便于配料。合金锭的断口组织应致密，不允许有明显的熔渣和偏析。合金锭的表面应无霉斑及油污，无夹杂物。YS/T 282《铝中间合金锭》标准中对工业常用中间合金的成分和熔点有一定的要求，如表6-3所示。

表6-3 工业常用中间合金的成分和熔点

合金名称	合金元素含量(质量分数)/%	熔点/℃	特 性
Al-Cu	40	570～600	脆 性
Al-Mn	10±1	770～830	韧 性
Al-Ni	10±1	680～730	韧 性
Al-Fe	20±2	1020	脆 性
Al-Si	20±2	640～700	脆 性
Al-Ti	4.5～6.0	800	易偏析

6.1.3.2 金属添加剂

在铝熔体的配制中，目前普遍采用金属添加剂的形式向铝熔体中添加合金元素，相关资料介绍，铁剂、锰剂、铜剂能安全替代铝铁中间合金、铝锰中间合金及金属铜。金属添加剂具有合金元素含量高、实收率高、不含钠与氯等优点，兼具除气、除渣效果。

A 金属添加剂的选择

选择金属添加剂应考虑以下几点：

（1）合金元素的实收率是否达到要求；

（2）加入温度是否在熔炼温度范围内；

（3）助溶剂的成分是否影响最终产品质量；

（4）对环境的影响。

B 金属添加剂铝合金化的原理

在金属添加剂加入熔体后，由于金属添加剂的密度比铝液的密度大，逐渐向炉底慢慢移动，金属添加剂中的助熔剂与铝熔体中的氧化物（Al_2O_3）发生反应，并存在放热和轻微爆炸性分解。这种反应使添加剂团块逐渐向铝熔体中扩散。这时经过活化处理，具有非常大比表面积的纯金属粉末在铝熔体中迅速溶解和扩散。金属细粉粒表面开始与铝熔体接触时，该元素在铝熔体各处有浓度差，促使它在铝熔体中的浓度有趋于平衡的倾向。这就是很细的金属粉末能很快溶解达到合金化的原理。

C 金属添加剂的化学成分

金属添加剂包括铁、锰、铜、铬、钛添加剂。其牌号规格及成分应符合 YS/T 492《铝及铝合金成分添加剂》的规定，见表6-4。其中铁、锰、铜添加剂密度为 3.4 ~ 4.0g/cm^3，钛添加剂密度为 2.9 ~ 4.0g/cm^3。锰、铜、铬添加剂实收率应不小于 95%，铁、钛添加剂实收率应不小于 90%。添加剂压块敲碎后，其断口中的铁、锰、铜、铬、钛粉聚集物颗粒尺寸不大于 1mm。

表 6-4 金属添加剂的牌号规格及成分

添加剂名称	牌 号	化学成分（质量分数）/%		
		纯金属含量	水 分	助熔剂
铁 剂	75Fe	75 ±3	<0.2	25 ±0.6
锰 剂	75Mn	75 ±3	<0.2	25 ±0.6
铜 剂	75Cu	75 ±3	<0.5	25 ±0.6
铬 剂	75Cr	75 ±3	<0.5	25 ±0.6
钛 剂	75Ti	75 ±3	<0.5	25 ±0.6

D 金属添加剂中的助溶剂

添加剂中的助溶剂应具有以下特性：

（1）不与铝液、金属粉末反应，且互不溶解；

（2）能吸附铝液中的氧化物，并形成轻微爆炸性反应，放出适量的热量；

(3) 熔点应低于铝液的温度，迅速熔化且上浮，表面张力大，与铝液分离性好；

(4) 不含 Na、Cl 元素，适应于所有铝合金，对环境无污染。

E 工艺制度

根据金属添加剂铝合金化的原理和它的物理、化学性能等，制定以下工艺制度：

(1) 实收率低于 90% 的金属添加剂不能用；金属添加剂实收率计算公式见式 (6-1)。

(2) 在使用过程中，添加剂必须放置在清洁、干燥处，使用周期一般不超过 3 个月，最长不超过半年；受潮和氧化的金属添加剂不能用。

(3) 金属添加剂的溶解温度是指所加入铝熔体的温度，要求不低于 700℃。添加剂在保证熔体温度不低于 700℃ 的条件下，按补料量均匀加入铝液中，其补料公式见式 (6-2)。均匀搅拌后，取样分析所加入的含量。

(4) 炉料熔化后，熔体温度在 720 ~ 750℃ 范围时，扒去表面浮渣。

(5) 静置时间不少于 30min，搅拌时间不少于 10min，扒出表面浮渣，静置 15min 后取样。

(6) 取样完毕，熔体温度不低于 725℃。

$$\text{金属添加剂的实收率} = \frac{\text{熔体质量} \times \text{熔体中所增加金属的质量百分数}}{\text{添加剂中的纯金属质量}} \times 100\% \tag{6-1}$$

$$\text{补料量} = \frac{\text{投料量} \times (1 - \text{烧损})\% \times (\text{要求含量} - \text{分析含量})}{\text{添加剂中元素的含量} \times \text{实收率} - \text{要求含量}} \times 100\% \tag{6-2}$$

6.1.4 熔剂

铝合金熔炼过程中，可以通过熔剂与夹杂之间的吸附、溶解、化合作用和气体的气压差而达到除渣、除气的目的。铝及铝合金所使用的熔剂种类较多。

6.1.4.1 熔剂的分类

A 覆盖剂

它用于覆盖熔体表面，具有减少金属氧化、防止氢气被熔体金属吸收的功能，起保护作用。

B 清炉剂

黏结在炉壁上的结渣，除影响炉子容量、降低效率之外，还会污染熔体金属，故要清除掉。在向炉壁喷洒清炉剂之后，使结渣变得松散，易于脱落和清除。

C 清渣剂

覆盖剂表面张力小，对熔体表面润湿性好，不易与金属分离。为了改善其性能，便于与金属分离，可加入清渣剂，减少渣中金属损失。

D 精炼剂

依靠熔剂可使熔体金属中的氧化夹杂物和气体净化掉，达到除渣、除气的目的。

6.1.4.2 熔剂的要求

根据铝合金使用熔剂的目的，在选择和生产熔剂时应满足以下要求：

（1）熔剂的熔点应与金属的熔点相接近，最理想的熔点是处于熔炼温度和铸轧温度之间，这样既可以使熔剂在熔炼时能随金属一起熔化，达到精炼作用，也可以避免熔剂在铸轧时随金属流入铸嘴内。铝及铝合金熔剂的熔点以680～700℃为宜。

（2）熔剂的密度应与所熔炼的金属或合金的密度有显著的差别，以便于熔剂在吸附、溶解氧化物之后能在金属熔体中上浮或下沉，易于排渣。对于铝及铝合金，熔剂的密度应尽量小。

（3）不同用途的熔剂应具有不同的表面张力；起保护作用的覆盖剂，其表面张力应当较小，以增大对熔体表面的润湿性和覆盖效果。而精炼熔剂，应具有适当大的表面张力，使它既能吸附，溶解熔体中的氧化夹杂物，又易于同金属熔体分离。

（4）熔剂应具有适当的黏度，保证有较好的流动性，这样能迅速地形成连续的熔剂保护层。

（5）熔剂必须具有良好的精炼能力，既能吸附和溶解熔体中的氧化夹杂物，又能排除熔体中的气体；熔剂的吸湿性应尽可能小，熔剂应不与所熔化的金属或合金起化学反应。

6.1.4.3 熔剂的使用

装炉前，在炉底均匀撒入粉状熔剂；炉料化平后，均匀撒入一层干燥的粉状熔剂进行覆盖，在裸露的金属熔体表面应及时撒入熔剂，防止吸气，熔剂法对排杂有良好的作用，但其排杂效果很大程度上取决于熔剂本身的物理化学特性及净化工艺，如熔剂用量、熔剂与熔体的接触条件、处理温度等。熔剂的吸附能力取决于其化学组成，就铝合金而言，在其他条件相同时，氯化物的润湿吸附能力比氟化物好；碱金属氯化物比碱土金属好；氯化钠和氯化钾的混合物比纯氯化物好。在氯化钠和氯化钾的混合物中加入氟化物（如冰晶石），其吸附能力大为提高。适用于铸轧生产的1号、2号覆盖剂的组成见表6-5。

表6-5 1号、2号覆盖剂的组成

熔剂名称	化学成分(质量分数)/%						H_2O
	KCl	NaCl	Na_3AlF_6	$MgCl_2$	$BaCl_2$	$NaCl+CaCl_2$	
1号熔剂	40~50	25~35	18~26	—	—	—	<1.5
2号熔剂	32~40	—	—	38~46	5~8	<10	

6.1.4.4 熔剂的技术指标

熔剂为粉状，其粒度不大于1.5mm。YS/T 491《变形铝及铝合金用熔剂》中，熔剂组分的规定见表6-6。用于覆盖、喷粉精炼的熔剂，必须是粉状，其粒度要求筛网网孔尺寸1.0mm筛余物小于2%。用于叠坝、精炼用熔剂，必须是块状，其几何尺寸由供需双方协商。

表 6-6 熔剂的化学成分

牌号	化学成分(质量分数)/%											
	K	Na	Al	Si	Cl	F	Mg	Ba	Ca	C	N	O	其他
1号覆盖剂	27~31	15~20	≤5	≤3	52~55	≤0.5	≤0.5	≤0.5	≤0.5	≤0.5	≤1.0	≤5	≤0.1
2号覆盖剂	16~20	16~20	≤5	≤3	52~56	4~7	≤0.5	≤0.5	1~3	≤0.5	≤1.0	≤5	≤0.1
1号精炼剂	21~26	16~23	≤5	≤8	34~45	9~14	≤0.5	≤0.5	≤0.5	≤0.5	≤1.0	≤5	≤0.1
2号精炼剂	10~14	22~26	≤5	≤8	34~38	12~20	≤0.5	≤0.5	1~3	≤0.5	≤1.0	≤5	≤0.1
1号造渣剂	13~17	20~24	≤8	≤12	32~36	12~16	≤0.5	≤0.5	2~5	≤0.5	≤1.0	≤5	≤0.1
1号清炉剂	13~17	20~24	≤8	≤12	32~36	12~16	≤0.5	≤0.5	2~5	≤0.5	≤1.0	≤5	≤0.1

注：1. 熔剂的水含量要求不大于0.5%；
2. 以上熔剂用于纯铝及Mg质量分数<2%的铝合金；
3. 纯铝及Mg质量分数大于2%的铝合金用熔剂中不允许配入游离状态的NaF及增加Na、Li、Sr、SO_4^{2-}等有害元素的物质。

6.2 熔炉的准备

熔炉主要根据合金的熔炼特性、产品要求、产量及设备条件等来选定。在同一熔炉条件下，装料前熔炉准备工作的好坏，对产品质量、安全生产及熔炉使用寿命均有很大影响。熔炉准备工作包括烘炉、清炉或大清炉、换炉和洗炉、装炉。

6.2.1 烘炉

新建成的熔炉和经过大修、中修、小修的熔炉，在开炉前的准备工作包括自然干燥、烘炉、洗炉和烟道清扫。

6.2.1.1 自然干燥

炉子的炉衬是用含有大量水分的灰浆、耐火砖及镁砂层砌成的，为了避免炉子加热时因水分迅速蒸发而使炉体开裂，开炉前就应对炉子进行自然干燥。自然干燥时，应将所在炉门及烟道闸门打开，使空气能在炉内流动，加快干燥速度。干燥时间应根据修炉季节、炉子大小、炉体的干燥程度而定。通常，凡新修、大修后的火焰炉、熔炼炉及静置炉，其自然干燥时间在夏季不应少于半个月，在冬季不应少于一个月；中修后的炉子，其自然干燥时间不应少于一个星期。

6.2.1.2 烘炉的目的

烘炉的目的在于使炉体干燥和预热。为排除水分和防止加热过快造成炉体开裂，烘炉时要缓慢升温。低频感应电炉烘炉时还要烧结捣筑的炉底石。任何熔炉都有严格的烘炉制度。通常先自然干燥，然后点火缓慢升温或小功率送电，并在200℃左右的低温保温以驱尽水分。

6.2.1.3 烘炉原则

烘炉原则有以下几项：

（1）结构复杂的炉子，烘炉时间宜长，升温速度宜慢。

（2）在烘炉温度范围内，对有相转变并伴随体积急剧变化的耐火砖，在相转变的温度区间，升温速度宜慢，保温时间宜长；对于含有结晶水的耐火砖，在结晶水析出的温度范围内，升温速度宜慢，保温时间宜长。

（3）干砌的炉子，升温速度可快一些，温砌的炉子及自然干燥时间不充分的炉子，应延长低温烘炉时间，并降低低温阶段的升温速度。

6.2.1.4 烘炉制度

对于炉子的要求不同，炉子的类型、容量、炉体的材质不同，其烘炉制度也不同。对于采用高铝砖和普通耐火砖砌筑的铝合金熔炼炉，其烘炉制度见表6-7和表6-8。

表 6-7　容量 5 ~ 25t 的煤气（重油）反射炉烘炉制度

序号	炉膛温度/℃	新修或大修后			中修及长期停炉后		
		升温速度/℃ · h⁻¹	保温时间/h	烘炉时间累计/h	升温速度/℃ · h⁻¹	保温时间/h	烘炉时间累计/h
1	20	6	—	30	15	—	12
2	200	—	24	54	—	8	20
3	200	10	—	79	25	—	52
4	450	—	8	87	—	—	—
5	450	10	—	112	—	—	—
6	700	—	12	124	—	—	—
7	700	15	—	144	—	—	—
8	1000	—	6	150	—	4	56

注：1. 大修后，自然干燥时间少于半个月时，夏季应延长低温（200℃）烘炉时间 24h，冬季延长 36h；

2. 停炉在 5 昼夜内及 5 ~ 10 昼夜时，关上炉门用轻微火苗分别烘烤 8h 或 12h 后，将炉温升到 900℃即可装炉；

3. 停炉在 10 ~ 15 昼夜及小修后，先敞开炉门用木柴烘烤 4h，再关上炉门用轻微火苗烘烤 12h，将炉温升到 900℃即可装炉。

表 6-8　容量 9 ~ 15t 的电阻反射炉烘炉制度

序号	炉膛温度/℃	保温时间/h						炉门状况
		新修或大修后		中修及长期停炉后		小修及短期停炉后		
		熔炼炉	静置炉	熔炼炉	静置炉	熔炼炉	静置炉	
1	100	20	20	10	10	8	8	开门
2	150	24	24	—	—	—	—	开门
3	200	30	30	10	10	8	8	开门
4	250	20	20	8	8	8	8	开门
5	300	20	20	16	16	10	10	开门
6	350	15	15	8	8	4	4	开门
7	400	10	10	—	—	—	—	开门
8	450	2	2	8	8	2	2	关门

续表6-8

序 号	炉膛温度/℃	保温时间/h						炉门状况
		新修或大修后		中修及长期停炉后		小修及短期停炉后		
		熔炼炉	静置炉	熔炼炉	静置炉	熔炼炉	静置炉	
9	500	2	2	5	5	—	—	关门
10	550	2	2	—	—	2	2	关门
11	600	2	2	5	5	—	—	关门
12	650	3	3	5	5	2	2	关门
13	700	4	9	5	5	—	—	关门
14	750	4	9	—	5	2	6	关门
15	800	4	4	5	5	—	—	关门
16	850	2	2	—	5	2	6	关门
17	900	2	2	5	5	—	—	关门
18	950	2	2	5	5	2	2	关门
19	980	2	2	—	—	—	—	关门

6.2.1.5 烘炉注意事项

烘炉应注意以下事项：

（1）应按照制定的烘炉曲线升温，尽可能不要使温升有显著波动，特别不应使温度上升过急。

（2）烘炉过程中应尽量做到使炉体各部分均匀受热，防止局部过热。

（3）对于火焰炉，如果烟囱是新建的或冷的，在烘炉前应先用木柴烘烤烟囱，将温度缓慢升高到200～300℃，使烟囱具有一定的抽力。

6.2.2 清炉和大清炉

清炉就是将残存在炉内的金属及结渣清除干净，每次金属熔体出炉后都要进行一次清炉。这时应先均匀地向炉内撒入一层粉状熔剂，将炉膛温度升到800℃以上，然后将炉内各处的残存物清除干净。大清炉是当纯铝或是铝合金熔炼达到一定炉次时，不管熔炼炉是否要换合金，都必须进行一次大清炉。

6.2.3 换炉和洗炉

在实际生产中往往需要用同一个熔炉熔炼各种合金。由一种合金转换熔炼另一种合金（即换炉）时，可根据具体情况直接换炉或预先洗炉。换炉顺序应根据下列原则来安排：前一炉合金的合金元素不是后一炉合金的杂质；前一炉合金的杂质含量应低于后一炉合金者；同一合金系，前一炉的合金元素低于后一炉合金者。根据上述原则，工业纯铝的换炉顺序为 L1-L2-L3-L4-L5-L6-L7。

洗炉的目的是要将残留在熔池各处的金属和炉渣清洗干净，以免污染另一种合金。下列情况一般必须洗炉：（1）前一炉的合金元素为后一炉合金的杂质；（2）由杂质高的合金转换熔炼纯度高的合金；（3）新修、大修和中修后的熔炉，长期停歇的熔炉，投产前，炉内清洁情况较差或合金制品要求较严者。

洗炉用料可根据熔炉状况及合金转换的具体条件选用新金属料或大块废料。每次洗炉投料量不少于熔炉容量的 40%。一般要洗 2～3 次。洗炉温度一般应比前一种合金的熔炼温度略高。应多次彻底搅拌熔体，出炉时要倒净，同时进行大清炉。

6.2.4 装炉

在生产中，装炉前必须清炉，须将炉底、炉角、炉墙各处的渣子及其他脏物彻底清除干净，并检查炉料是否干净，无异物，在扒渣取样时要平稳，不能用金属浪推渣，以防渣子重新进入熔体中，导炉时安装好虹吸管，不得有旁漏，并及时用熔剂覆盖。

6.3 熔体准备

在炉内熔化过程中，待炉料软化下塌后，应及时向炉内均匀地撒一层覆盖剂。炉料化平时，再撒一层，以全面、严密地覆盖熔体。炉料全部化平后，应加强搅拌，以加速熔化与严防熔体局部过热，当熔体温度达到 730～750℃时，扒渣，配入金属添加剂，充分搅拌，保证成分均匀。

用干净的试样勺，在熔池中间熔体中部取快速分析试样。化学成分完全符合要求后，将熔体导入静置炉进行精炼。对每熔次熔体导入静置炉后均应进行精炼。精炼后，熔体的每百克铝的氢含量应小于0.15mL或按相关技术要求执行。将精炼好的熔体静置20min。静置炉内的熔体温度控制在(730±5)℃。铸轧前再扒渣一次，撒一层覆盖剂。

熔炼过程必须有足够的温度，保证金属及其合金充分溶解和熔化。加热温度越高，熔化速度越快，同时也会使金属与煤气、炉衬等相互作用的时间越短，快速加热能加速炉料的熔化，缩短熔炼时间，对提高生产效率和质量有利。但是过高的温度容易产生熔体过热现象，过热不仅大量吸收气体，而且易使凝固后的铸轧带坯晶粒组织粗大，增加铸轧带材裂纹倾向。熔化温度的选择，理论上应该根据合金的熔点来确定，不同的合金具有不同的熔点。其固体开始熔化的温度（称为固相线温度）及全部熔化完毕的温度（称液相线温度）是不同的。在实际生产中，多选择高于液相线温度50～100℃的温度为熔炼温度，以迅速避开半熔融状态的温度范围。

6.4 铸轧生产前准备

6.4.1 浇注系统的组装

将预先加工好的嘴扇、垫片等从保温炉内取出，迅速检查、修正好。将嘴子放在进嘴装置上推入，并调整好嘴辊间隙和耳辊间隙，调整好铸轧区长度。保证轧辊出口侧嘴子端部与轧辊中心线距离一致。

从加热炉内取出浇注系统，架妥流槽并清理干净，堵严衔接处，准备好陶瓷过滤板及所用的铝钛硼丝。

6.4.2 铸轧机的准备

6.4.2.1 检查设备状态

在铸轧生产前必须检查轧机电气系统、轧机液压系统、循环冷却系统、润滑系统、防粘系统是否处于正常状态。

6.4.2.2 铸轧辊的处理

新辊及重磨后辊面，用棉纱蘸汽油、四氯化碳等除油产品揩擦辊面，以除去辊面防护油和磨削油。

辊面预处理的主要目的是为了预防立板时发生粘辊。方法一是在立板前给辊面均匀地涂上一层石墨层；二是转动轧辊，以热喷涂方式对辊面进行烘烤2～4h，这样既可以消除车磨应力，又在辊面上均匀形成Fe_2O_3和炭层，减轻粘辊。

铸轧生产过程中，若是正常停车，除去停车后附在辊面上的铝屑即可；但对于非正常停车，如突然停电、漏铝、粘辊、嘴子或耳子被轧出等，其可能黏附、接触辊面的东西较多，必须全部清除掉，同时在操作过程中避免划伤辊面。

6.4.2.3　开动液压系统

用塞尺调整轧辊两侧辊缝尺寸，辊缝的预设尺寸可参考合金、板宽、轧制力等设定。

6.4.2.4　准备工具

清理并架接好前箱、流槽，并进行预热。放好接料箱，准备好浮标、小铲、撬杠、接料扳手等工具，所用工具必须进行预热。

6.5　铸轧生产

6.5.1　铸轧立板阶段

立板是板带连续铸轧工艺的前提，是十分关键的操作技术，立板是指从静置炉放流开始至铸轧出板的过程。立板阶段是连续铸轧生产的最关键时刻。铸轧带坯的质量及生产效率均与立板阶段有关。立板开始阶段，在保证熔体具有一定流动性所需要的温度情况下，应尽量减小温度波动。常用的立板方式有两种：一种用于倾斜式轧机的立板操作，另一种用于水平铸轧机的立板操作。

6.5.1.1　倾斜式轧机的立板

A　控制熔体温度

应控制好静置炉内的熔体温度，根据不同的合金一般稳定在730～750℃时，方可打开流口，放出熔体。

B　烫前箱

在没有净化装置时，用熔体热量预热流槽和前箱，开始烫前箱。

废熔体从前箱的流口流出后放入铝槽内。使流槽及前箱的熔体温度升到高于正常铸轧温度20～30℃。

如有净化装置时，可将流入净化装置内熔体加热到700～720℃再放入前箱直接流入供料嘴内。

C 启动铸轧机

堵住前箱的排铝口，在熔体充满前箱后，打开通过横浇道的钎子，使前箱内熔体在静压力作用下流入分配器和供料嘴，并迅速从供料嘴涌出。操作人员要启动铸轧机，使辊面线速度达到2000～3000mm/min才可以开始放流，进行跑渣。

D 跑渣

跑渣时前箱内熔体在静压力作用下流入分配器和供料嘴，并迅速从供料嘴涌出，此时形成半凝固状的碎铝块随着铸轧辊的旋转带出。用渣铲将冷却成半凝固状态的铝屑随轧辊的转动送入渣坑里。跑渣时应及时将前箱液面高度调到正常值，不宜过高，以防漏铝水。

跑渣时间为几分钟，跑渣目的是用熔体的热量预热分配器及供料嘴，使熔体温度均匀稳定。此时需注意前箱中熔体温度有无下降趋势，可用烧嘴加热流槽中的熔体来控制。

跑渣时观察铸轧辊带出的半凝固状态铝带表面是否有异常现象，若表面有白条，说明该处铸嘴口有夹杂物堵塞，可用热锯条疏通；若有硬块，说明供料嘴内腔熔体温度不均匀，需延长跑渣时间。同时还要控制好前箱熔体的液面水平。

E 立板

当贴附下辊的跑渣铝片均匀、嘴腔无堵塞现象时，开始降低铸轧速度。并随时调整前箱液面高度，此时前箱熔体温度应控制在正常工艺的上限或稍高些。出板一般是从两侧或中央，轧出的板逐渐加宽。如果轧出的板加宽速度太快，可稍提高铸轧速度，不要让它凝固太快以免与供料嘴连接，带出嘴子。同时，要观察固态板边缘是否有锯齿形，如果有这种现象，说明有气体。这时不要急于降速，要适当升速，以让板面表面热带，保持一段时间，使气体从热带处逸出。待无气体后，再降速。如果在未形成固体板部分的热带处凝固状态很薄时，说明熔体供应不足，要适当提高前箱液面高度。

在铸轧开始，由于供料嘴内熔体温度尚未完全达到平衡，在沿整个液穴长度方向上的熔体温度也不够均匀一致。在温度合适的地方，能正常出板，在温度偏低的地方，有可能凝固时与供料嘴上部边部连接，把嘴子带出一块；在温度偏高的地方，有可能出现热带。立板开始阶段，要及时注意以上现象。

在整个立板过程中，应随时检查电压表、电流表、温度表等有无异常现象。

6.5.1.2 水平式铸轧机的立板

水平式铸轧机在开始铸轧时用导引板将凝固铸轧板引出来，无跑渣过程。放流前，轧机出口侧放上引出板，在两耳尖前端放一小块纤维毡密封好，并准备好3~5块干燥的纤维毡，以在立板过程中轻微漏铝时作堵塞用。打开流眼，入口侧注意流管、浮标的液流控制，并检测前箱流槽的熔体温度；当温度达到要求时，开始向前箱供流。当铝水漫过前箱出口上沿开始进入嘴腔时，启动轧机，使轧辊以低速转动，并注意主机电流的变化；此时入口侧人员要控制好前箱的液面高度。从轧机启动到铸轧见板约30~40s；由于铸轧板将引出板顶出，出口侧人员要及时拿走引出板。主机缓慢提速，当铸轧出板达1m以上时，进行喷涂，出板一周后开始缓慢通入冷却水。调整板厚，剪切板头，将板引向卷取机进行卷取。

6.5.2 稳定工艺阶段

在降速出板后，要随时调整前箱液面高度，出板后给铸轧辊通入冷却水，并进行喷涂。在铸轧带坯出来后，应检查板形、板厚，并调整铸轧速度和卷取张力，直至正常。稳定一段时间，铸轧出合格的带坯后，将合格的带坯送入卷取机卷取，调整合适的张力，卷取速度应当和铸轧速度同步。

6.5.3 正常出板阶段

在铸轧正常出板阶段，操作手检查设备运转情况及铸轧过程各工艺参数的变化，并检查铸轧带坯表面质量，有必要时要在线测量同板差。确保前箱液面高度及温度稳定，前箱温度控制在一定范围内。当个别工艺参数发生小的变化时，应相应地调整其他工艺参数，以保证铸轧的正常进行。立板正常后，由线材给料机向熔体中加入 Al-Ti-B 丝。确保前箱液面高度及温度的稳定，前箱温度控制在工艺规程要求的范围内；观察主机电流、电压、水温、水压、铸轧速度等参数的变化，维持各主要参数的稳定。

整个铸轧过程的温度调节见图 6-1，铸轧速度的调节见图 6-2。

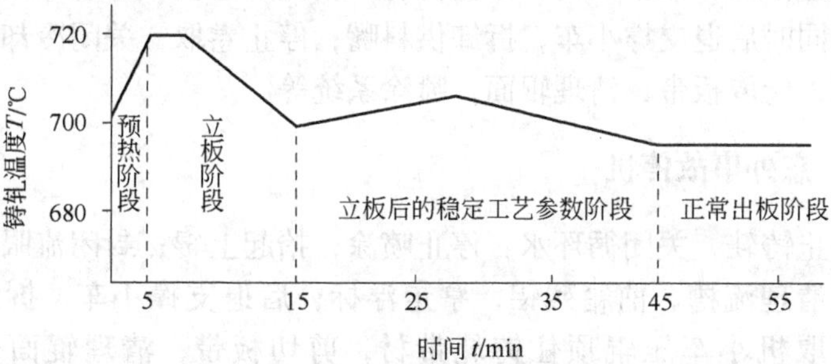

图 6-1 铸轧温度调节曲线

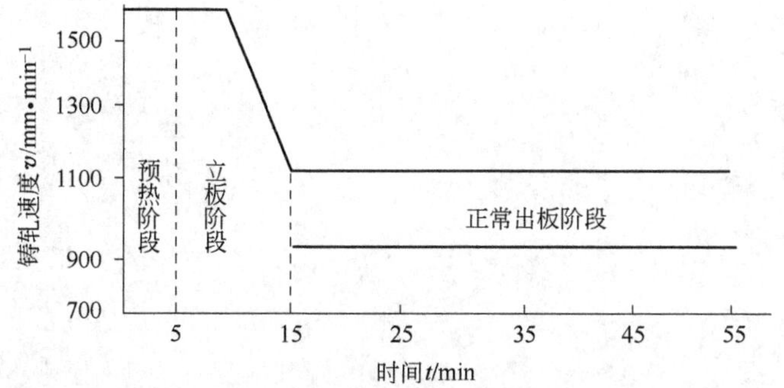

图 6-2 铸轧速度调节曲线

6.6 铸轧停机

铸轧停机分为正常停机和非正常停机。正常停机为铸轧带材的卷径达到相关技术标准的要求；非正常停机是因为出现异常情况，如铸轧过程中由于铸轧带材的缺陷超过标准要求、漏铝、嘴腔堵塞、跳闸、设备出现问题、铝液供不上或停电等导致的意外停机。

6.6.1 正常停机

封闭流眼，停止供流；卷取小车提升压辊顶住铸轧带材；轧机降速；流槽铝水将干时，停止喷涂，放干流槽，清理前箱、流槽、竖管，拿走浮标，放铝水时，停止铸轧；稍提升上辊，让卷取张力将板带走；同时后退支撑小车，拆卸供料嘴；停止卷取，关闭冷却水；切取板尾，卷取板带；清理辊面，喷涂系统等。

6.6.2 意外事故停机

停止铸轧，关闭循环水，停止喷涂，抬起上辊；封闭流眼，及时放干和清理流槽、前箱残铝，拿走浮标；后退支撑小车，拆卸供料嘴；卷取机小车压辊顶住铸轧带材，剪切板带；清理辊面及其他设备。

7 连续铸轧关键技术

7.1 合金成分控制技术

金属材料的组织和性能，除了工艺因素的影响外，主要依靠化学成分来保证。因此，准确控制熔体的化学成分，是保证熔体质量的首要任务。金属材料的化学成分包括主要合金元素和杂质两部分。出现化学成分超标的原因是多方面的，诸如管理不善造成混料，备料、配料计算、称量及化学分析工作的失误等。因此严格原材料管理，正确进行配料和计算，精心控制熔炼工艺过程，及时可靠的炉前成分分析和调整，都是控制熔体成分的重要环节。

7.1.1 配料

根据制品合金成分和加工技术条件的要求，在国家标准或有关标准所规定的成分范围内，确定合金的配料标准、炉料组成和配料比。通常将计算出每炉的全部炉料量，进行炉料的称量和准备过程称为配料。

7.1.1.1 确定合金的成分

铝加工产品的合金成分应符合《变形铝及铝合金化学成分》(GB/T 3190）的规定，但是由于生产经验的不同、合金的用途及使用性能、加工方法及工艺性能的不同，同一企业对于同一牌号的合金也有不同的配比。合金元素含量和微量杂质，对铸轧产品的质量有重要的影响。

7.1.1.2 炉料种类及数量的选择

对炉料种类及比例的选择，以产品质量和成本均衡为原则。在保证产品质量的前提下，应合理充分利用废料，以降低产品成本。一般新旧料比在4∶6或6∶4范围内，对于纯铝尽可能利用本牌号废料。对于杂质允许量较宽且无特殊要求的合金，可选用较多的废料。

7.1.1.3 配料计算

配料计算程序如下：首先计算包括熔损在内的各成分需要量，其次计算由废料带入的各成分量；再计算所需中间合金和新金属料量；最后进行核算。

配料计算举例：配制一炉10t 1145合金，该合金作为铝箔坯料使用。

根据国家标准和制品要求，确定计算成分。为了控制铁硅比，提高材料的工艺和使用性能，一般Fe、Si按合金元素配制，Fe元素取0.35%、Si元素取0.15%。1145合金需加入30%的废料，该配料计算中，配制的1145合金及原辅材料成分列于表7-1。

表7-1 1145合金及所选炉料的化学成分

成分		化学成分(质量分数)/%								
		Cu	Mg	Mn	Fe	Si	Zn	Ti	Al	杂质总和
1145合金	国家标准	0.05	0.05	0.05	Fe + Si:0.55		0.05	0.03	余量	—
	计算成分	—	—	—	0.35	0.15	—	—	余量	
1145合金一级废料					0.35	0.12			余量	
Fe剂					75					
速熔硅						95				
99.7A铝锭		—	—	—	0.20	0.10	—	—	99.7	0.30

A 按计算成分计算各元素需要量

主要成分： Fe $10000 \times 0.35\% = 35\text{kg}$

Si $10000 \times 0.15\% = 15\text{kg}$

B 1145合金一级废料中带入各成分的元素量

Fe $3000 \times 0.35\% = 10.5\text{kg}$

Si $3000 \times 0.15\% = 4.5\text{kg}$

C 铝锭中带入各成分的元素量

Fe $7000 \times 0.20\% = 14\text{kg}$

Si $7000 \times 0.10\% = 7\text{kg}$

D 计算所需中间合金及新金属量

铁剂 $(35-10.5-14)\div75\%=14\text{kg}$

速熔硅 $(15-4.5-7)\div95\%=3.7\text{kg}$

E 估算铝锭的量

铝锭 $7000-14-3.7=6982.3\text{kg}$

F 核算

核算各种炉料的装入量之和与配料总量是否相符，炉料中各元素的加入量之和与合金中各该元素需要量是否相等，见表7-2。

表7-2 配料计算核算

配料情况		计算的各元素量/kg	
金属名称及牌号	装入量/kg	Fe	Si
配料总量	10000	35	15
1145 合金一级废料	3000	10.5	4.5
铁 剂	14	10.5	—
速熔硅	3.7	—	3.5
铝 锭	6982.3	14	7

核算表明，计算基本正确，可以投料。如果核算结果不符合要求，则需复查计算数据，或重新选择炉料及料比，再进行计算，直到核算正确为止。

7.1.2 成分调整

在熔炼过程中，由于各种因素的影响，使熔体的实际成分可能与配料成分产生较大的偏差，甚至出现超标现象，因此需在炉料熔化完毕后进行快速分析，以便根据分析结果确定是否需要进行成分调整，这是控制成分的最后一关。

7.1.2.1 补料

当炉前分析发现个别元素的含量低于标准化学成分范围下限时，则应进行补料。一般先按下式近似地计算出补料量，然后再进行核算：

$$x = [(a - b)Q + (c_1 + c_2 + \cdots)a]/(d - a) \quad (7\text{-}1)$$

式中 x——所需补加的炉料量，kg；

Q——熔体总质量，kg；

a——某元素的要求含量，%；

b——该成分的分析结果，%；

d——补料用中间合金中的该成分含量，%；

$c_1 + c_2 + \cdots$——分别为其他金属或中间合金的加入量，kg。

举例说明补料计算方法如下：

1145 合金装炉量为 10000kg，该合金的控制成分为：Fe(质量分数)≤0.35%；Si(质量分数)≤0.15%；Al 余量。

取样实际分析结果：

Fe(质量分数)0.32%　Si(质量分数)0.12%

为了简化计算起见，将中间合金所带的杂质忽略不计。

补料 Al-Fe 的加入量：

$$10000 \times (0.35 - 0.32)/(75 - 0.35) = 4.018\text{kg}$$

7.1.2.2 冲淡

化学成分快速分析结果高于国家标准上限时就需要冲淡。在冲淡时，高于国家标准上限的合金元素应冲淡至低于国家标准的上限。

冲淡量，一般可按下式计算：

$$x = Q(b - a)/a \quad (7\text{-}2)$$

式中 x——所需冲淡量，kg；

Q——熔体质量，kg；

a——某合金元素的厂内标准含量上限，%；

b——某合金元素的分析含量，%。

举例说明冲淡补料计算方法如下：

1145 合金取样实际分析结果：Fe(质量分数)为 0.40%　Si(质量分数)0.12%。

快速分析结果中铁含量比要求标准高，若厂内标准上限为 0.36%(质量分数)，冲淡量则需

$$x = 10000 \times (0.40 - 0.36)/0.36 = 1112\text{kg}$$

7.1.2.3 调整成分注意事项

应该指出，所取样的代表性对快速分析结果是至关重要的。当发现快速分析结果与实际情况相差较大时，应分析产生偏差的原因。产生偏差的可能原因之一是所取试样没有代表性。这是由于某些元素密度过大，溶解扩散速度慢，或易于偏析分层，取样应充分搅拌，以均匀其成分。取样部位和操作方法要正确，试样要在熔池中部最深部位的二分之一处取样。取样时温度要适当，某些密度大的元素，其溶解扩散速度随温度的升高而加快。如果取样前熔体温度低，虽然经过多次搅拌，其溶解扩散速度仍然缓慢，此时取出的试样仍然无代表性，因此取样前应控制熔体温度适当高些。

化学分析本身也存在误差，一般工厂的分析误差最大可达 ±0.02%~0.08%，光谱分析误差更大。显然，若合金成分控制在偏上限或偏下限，加上正的或负的最大分析误差，便有可能使成分超出规定。

补料和冲淡时一般都用中间合金，熔点较高的难熔化的新料，应避免使用。补料和冲淡量在保证合金元素的前提下，应越少越好，在冲淡时应考虑熔炼炉的容量。在冲淡量过多时，还应补入其他合金元素。

7.2 熔体净化技术

7.2.1 铝熔体中夹杂及除渣原理

7.2.1.1 铝熔体中夹杂

铝熔体中的杂质，除来自金属炉料外，在熔炼过程中还可能从炉衬、炉气、熔剂、炉料及操作工具中吸收杂质。

A 从炉衬中吸收杂质

在熔炼温度下，金属与炉衬作用包括物理作用和化学作用。在高温下，铝液在炉内要使炉衬承受高温和高压，炉内熔池液面越高，炉衬所承受的压力越大。温度和压力综合作用的结果会使炉衬材料熔蚀破损，不仅降低炉衬寿命，而且会使某些杂质进入金属内。金属与炉衬作用大致有三种：

（1）纯金属或合金与炉衬作用；

（2）金属氧化物与炉衬作用；

（3）金属或合金中的杂质与炉衬作用。

炉衬材料一般由一些氧化物（如 MgO、Al_2O_3、SiO_2、Cr_2O_3 等）组成。铝合金与炉衬作用主要是置换反应形式：

$$Al + MeO \longrightarrow Al_2O_3 + Me \tag{7-3}$$

式中 Me——炉衬中氧化物的金属；

MeO——炉衬中的金属氧化物；

Al_2O_3——反应后生成的铝氧化物。

炉衬受到侵蚀，其生成物进入炉渣中，被还原的炉衬中氧化物的金属进入铝液中造成污染。熔炼温度越高，金属在炉内运动越强烈。尽管每次熔炼所吸收的杂质量很有限，但由于部分炉料的反复使用，杂质会逐步积累而增多。

B 从炉气中吸收杂质

例如，Al、Mg 与炉气作用生成 Al_2O_3 和 MgO，成为氧化夹渣。

C 从熔剂和熔炼添加剂中吸收杂质

熔剂选用不当时，不仅精炼及保护作用不佳，有时反而会使熔剂中的某些元素进入熔体中，成为熔体中的杂质，增加了杂质含量。

D 从炉料及炉渣中吸收杂质

金属炉料尤其是回炉废料含有多种杂质。用同一熔炉先后熔炼两种成分不同的合金时，由于两种合金的主要成分及杂质含量各不相同，残留在炉内的熔体及炉渣都可能是杂质的来源之一。高温下铁制工具在金属溶液中的溶解，也是高纯铝合金中增铁的重要原因之一。

对于铝熔体的非金属夹杂，主要指的是三氧化二铝（即氧化铝），它的性质是密实坚韧，无论在固体状态还是液体状态，都容易形成坚实的紧密附着于表面的保护层。氧化铝膜在熔融状态如受冲击，容易成为细碎皮膜，造成最大的危害。氧化铝的密度虽然可达 $3 \sim 4g/cm^3$，但在高温状态时只有 $2.3 \sim 2.4g/cm^3$，和铝溶液的密度相差无几。因此在熔融状态的铝熔体中，它们实际上都处于悬浮状态。氧化夹渣一经凝固过程混入铸轧带材，由于它既不能固溶于铝合金之中，也不能和其他元素形成中间化合物，只能以固体状态分布于晶粒的晶界，从而破坏了晶粒间的结合力。由于这种破坏晶间结合力的氧化夹渣存在，造成了许多危害，降低了压力加工时的工艺性能，使加工时的金属分层，产生裂纹；使制品强度不稳定，伸长率大大下降。特别是在冲击负荷或振动负荷下，产生韧性断裂，影响材料使用寿命。

在熔炼中，氧化膜浸没在熔体中，有的漂浮在铝熔体表面或粘在炉壁上，而那些铝液滴和熔体表面再次氧化，也形成上述的夹杂，一旦随金属熔体混入铸轧带材中，将会引起夹渣、氧化膜等缺陷。它使制品的力学性能和抗腐蚀性能显著降低。因此，在连续铸轧过程中，必须对熔体进行精炼与净化处理，才能有效地减少气体和夹杂物的含量，最终生产出优质的板箔材。因此，铝熔体净化技术是近代各国研究的主要课题，其基本方向是在防止环境污染的前提下，尽可能提高精炼效果，提高金属纯洁度。

为减少杂质对金属的污染可采用以下措施：根据熔炼金属或合金化学性质不同，选用化学稳定性高的耐火材料；铝合金宜选用高铝耐火材料炉衬；在可能的条件下采用纯度较高的新金属以保证某些合金纯度的要求；火焰炉应选用低硫燃料；所有与金属炉料接触的工具，尽可能采用不会带入杂质的材料制作，或用适当涂料保护好；转换合金，应根据前后两种合金的纯度和性能的要求，对熔炉进行大清炉处理；注意辅助材料的选用；加强炉料管理，杜绝混料现象。

7.2.1.2 除渣原理

A 化合造渣

化合造渣是以利用碱性氧化物和酸性熔剂，或酸性氧化物和碱性熔剂相互形成的复杂化合物或络合物为基础的。因为在铝液中的氧化物之间或与熔剂之间具有较强的结合力时，在一定的温度条件下，可相互作用而形成密度更小、熔点较低且易于与金属分离的复盐式炉渣，以便把它们由铝液面上扒出。

化合造渣作用主要在金属熔体表面进行，在炉渣与炉衬接触处也会发生这种反应。悬浮于金属熔体中的非金属夹杂物，在分配定律和密度差作用下，不断地从熔体内部上浮到表面炉渣中参与造渣反应。例如为除去铝熔体中的 Al_2O_3 夹杂，可选用冰晶石或焙烧苏打的熔剂。其造渣反应如下：

$$2Al_2O_3 + 2Na_3AlF_6 = 3Na_2O \cdot Al_2O_3 + 4AlF_3 \uparrow \qquad (7\text{-}4)$$

$$Al_2O_3 + Na_2CO_3 = Na_2O \cdot Al_2O_3 + CO_2 \uparrow \qquad (7\text{-}5)$$

B 密度差作用

此法适用于金属熔体与非金属夹杂物间密度差较大，且夹杂物颗粒较大的合金，密度差法一般是让金属熔体在精炼温度和熔剂覆盖下保持一段时间，使夹杂物上浮或下沉而除去。夹渣的上浮或下沉速度与两者的密度差成正比，与熔体的黏度成反比，与夹渣颗粒半径平方成正比。铝液温度低，夹杂物数量多，则铝液的黏度大，夹渣上浮或下沉的时间就长。当合金温度一定时，由于熔体的黏度及熔体与夹渣的密度差不会有很大变化，夹渣的尺寸和形状对上浮或下沉时间影响较大。所以主要靠增大夹渣尺寸以利于与熔体分离。对于铝的熔炼，当 Al_2O_3 的半径由 0.1mm 减小到 0.001mm 时，所需静置时间即由 5s 增加到 13.8h，即夹渣上浮或下沉都不利。铝合金通常静置 20～30min，但除渣效果仍很有限。该法耗时费能，且难以除去细小分散的夹渣。一般要在一定的过热温度下，在熔剂搅拌结渣后，静置一段时间，才能收到一定的除渣效果。

C 浮选造渣

浮选造渣是利用熔剂或惰性气体与氧化物产生的某种物理化学作用，即吸附及部分溶解作用，造成浮渣而将氧化物除去，其原理见图 7-1。铝合金的熔炼温度较低，而其氧化物的熔点却很高，在这种情

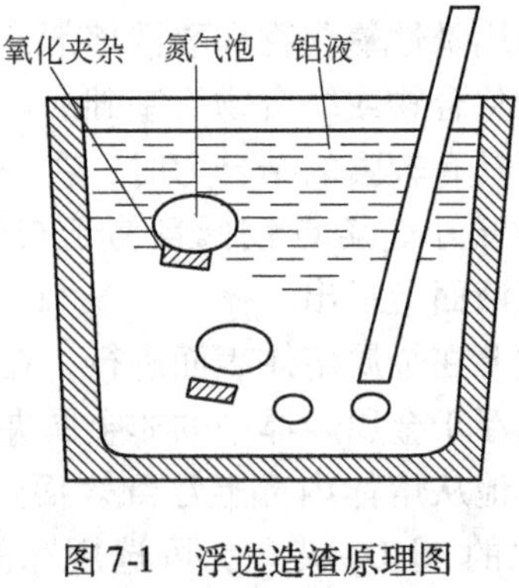

图 7-1 浮选造渣原理图

况下，采用化合造渣法很难奏效。因此，对于铝合金用熔剂浮选造渣较为合适。

当铝合金通氮气精炼时，去氢的同时还有很多氧化夹渣浮出液面。这种气体浮选去渣的情况和熔剂浮选去渣基本相同。当气泡通过铝液中时，呈分散状的氧化物颗粒碰到气泡后，即被吸附在气泡上，并随气泡上升而浮到液面。气泡的数目越多，气泡尺寸越大，则去渣的效果也越好。所用惰性气体一般为氮气和氩气。铝合金还常用以氯盐为主的熔剂作浮选剂。

D 熔剂溶解作用

非金属夹杂物溶解于液态熔剂中后，可随熔剂的浮沉而脱离金属熔体。熔剂溶解夹渣的能力取决于它们的分子结构和由此产生的化学性质。当其分子结构和化学性质相近时，在一定温度就能互溶，如阳离子结构类同的 Al_2O_3 和 Na_3AlF_6、MgO 和 $MgCl_2$ 都有一定的互溶能力。等量的氯化钠和氯化钾混合物中加入 10% 的冰晶石，能溶解 0.15% Al_2O_3。且随着冰晶石的增加，氧化铝在熔剂中的溶解度也随之增加。

E 机械过滤作用

上述几种去渣法对于熔体密度相差不大，粒度小而分散度极高的非金属夹杂物是无能为力的。因此，利用机械过滤作用，当金属熔体通过过滤介质时，对非金属夹杂物有机械阻挡作用，此外，过滤介质还有对夹杂物的吸附作用。通常过滤介质的空隙越小，厚度越大，铝液流速越低，机械过滤效果越好。

根据过滤介质的不同，过滤法可分为下列几种。

a 网状过滤法

此法是让熔体通过由玻璃丝或耐热金属丝网状过滤器，夹渣受到机械阻挡而与熔体分离，见图 7-2。这对于除去薄片状氧化膜和大块夹渣效果显著。但它只能滤掉那些小于网格尺寸大的夹渣，因而净化作用较差，过滤器易于破损，使用寿命短，需频繁更换。

b 填充床过滤法

过滤器是由不同材料（熔剂、耐火材料、陶瓷等）、不同形状（球形、块状、颗粒状、片状）的过滤介质组成的填充床。有时也用

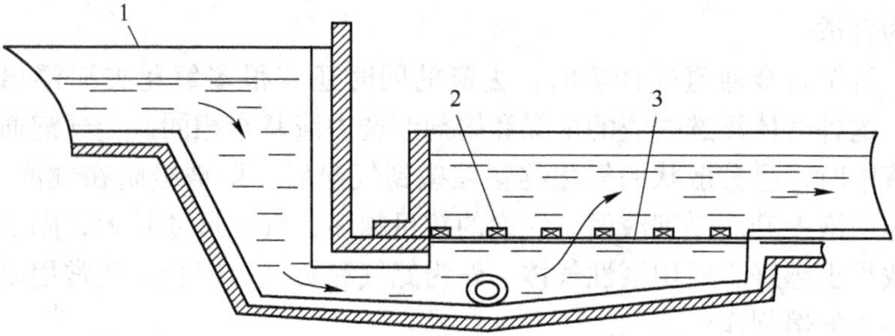

图 7-2 玻璃丝网过滤器
1—流槽；2—压板格子；3—玻璃丝网过滤器

液态熔剂作过滤介质。填充床除具有机械阻挡作用外，还有过滤介质与夹渣之间的吸附、溶解或化合作用。该法的优点是熔体与过滤介质之间有较大的接触面积，过滤除渣效果比网状过滤法好。通常过滤层越厚，介质粒度越小，过滤效果越好。但粒度过小会影响熔体流量，降低生产率。

c 刚性微孔过滤法

刚性微孔过滤器分陶瓷微孔管过滤器和陶瓷过滤板两种：

（1）陶瓷微孔管过滤器由一定粒度的刚玉砂加入低硅玻璃作黏结剂，经压制成形，低温烘干、高温烧结而成。它是一种具有均匀贯穿微孔的刚性过滤器，其主要技术特性见表 7-3，陶瓷微孔管过滤器示意图见图 7-3。当含有夹渣的金属熔体通过时，夹渣因受到管壁的摩擦、吸附、惯性沉降等作用而与金属熔体分离留于管内，金属熔体则可通过此微孔。此法可滤掉比微孔尺寸小的微粒夹渣，是目前最可靠的过

表 7-3 刚玉质陶瓷过滤管的主要特性

产品代号	骨料颗粒尺寸/mm	最高使用温度/℃	正常工作温度/℃	起始压力/kPa	孔隙度/%	透气性/L·(min·cm^2·mm H_2O)$^{-1}$
LG-20	0.8~1.0	900	700~800	39.5	38~42	0.10
LG-16	1.0~1.25	900	700~800	36.8	39~45	0.14
LG-14	1.25~1.60	900	700~800	32.9	40~45	0.16
LG-12	1.60~2.0	900	700~800	30.3	42~46	0.18

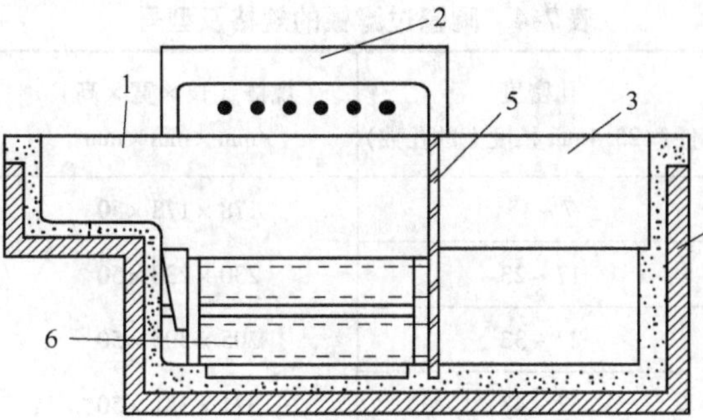

图 7-3 陶瓷微孔管过滤器示意图

1—流入口；2—加热器；3—流出口；4—炉体；5—隔板；6—陶瓷过滤器

滤方法之一。其缺点是过滤成本高，且有时晶粒细化剂也可能被截留。

（2）陶瓷过滤板简称 CFF（cenamic foam filter），是用氧化铝、氧化铬等制成的海绵状多孔陶瓷制品板，具有独特的三维立体网络骨架和相互贯通的气孔结构，其厚度约为 20 ~ 60mm，常用 PPI（pores per inch），即用每英寸长度上的孔洞数来表示其规格。陶瓷过滤板较脆，安装后要仔细清扫。陶瓷过滤板过滤示意图见图 7-4，行业标准《铝及铝合金熔体净化用泡沫陶瓷过滤板》中规定的陶瓷过滤板的规格及型号见表 7-4。

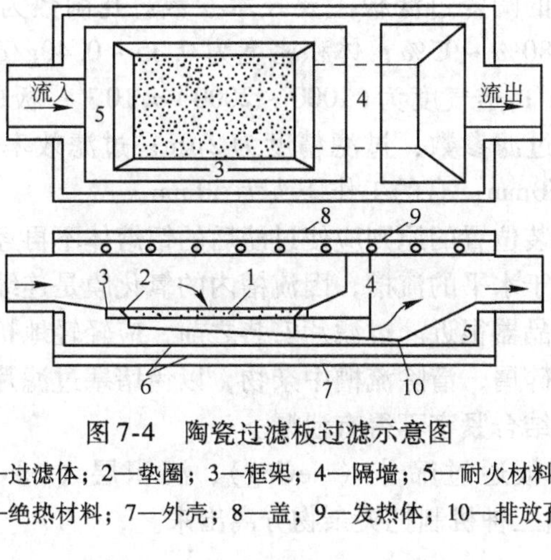

图 7-4 陶瓷过滤板过滤示意图

1—过滤体；2—垫圈；3—框架；4—隔墙；5—耐火材料；6—绝热材料；7—外壳；8—盖；9—发热体；10—排放孔

表 7-4 陶瓷过滤板的规格及型号

型　号	孔密度 （任意 25.4mm 长度上的孔数）	规格（长×宽×高） /mm×mm×mm	侧斜角/（°）
10p	7～13	178×178×50	17.5 90
20p	17～23	230×230×50	
30p	27～33	305×305×50	
40p	37～43	381×381×50	
50p	47～53	432×432×50	
60p	57～63	508×508×50 584×584×50	

注： 需要其他型号、规格的产品，由供需双方协商。

对陶瓷过滤板的要求是：尺寸规格要准确；要保证陶瓷过滤板的平整度；要有准确的孔隙度，以便按过滤精度和流量选用；要有一定的空气渗透率；要有一定的烧结强度，以作为衡量是否掉渣的参数；过滤板的表面硬度要高，要涂有专门的涂料；滤板要耐热铝液的冲刷，由于放流时高温铝液突然与滤片接触并使滤片接近铝液的温度，过滤片应有较小的线膨胀系数，由于浸泡在铝液中，滤片不允许其冲毁和软化变形；滤片的化学稳定性要高，在高温下不与铝起反应。

实际使用的陶瓷过滤板主要技术参数：孔洞数为 10～45 个孔/in；孔隙度为 80%～95%；体积密度为 0.35～0.40g/cm^3；比表面积为 10000in^2/in^3；透气度为(1000～2000)×10^{-7}；板的厚度为 20～100mm。主要过滤参数：过滤精度为 2μm；过滤效率为 99%；起始压头为 50～150mm；有的工作压头为 50mm。

过滤板安装位置的原则应使过滤后的铝熔体不再经过翻动而流入结晶器内，对于水平的流槽，因流槽内的氧化膜是连续的，滤片安装位置不必距结晶器很近。过滤片安装之前，应轻轻地拍打过滤片，以除去残留陶瓷碎屑，清除流槽中杂物，以免堵塞过滤片，安装的过滤片与流槽之间结合紧密不得有泄漏。

陶瓷过滤板通过筛分（sieving）、沉积层（cake）、深床过滤（deep bed）这三种机制把夹杂物分离出来。

机械过滤（筛分）：即当夹杂物的大小比过滤板的孔径大时，过滤板就像个筛子一样，把夹杂物挡住，使其不能通过。传统的玻璃丝布过滤即为这种机理。

沉积层过滤：先期被阻挡的夹杂物在过滤板表面形成一个连续层后，起过滤作用的孔径不再是过滤板的孔径大小，而是新形成饼层上的孔隙大小。随着饼层发展增厚，其上的空隙越来越小，很多的夹杂物就会被捕获在饼层的表面和内部间隙。同时，过滤板对铝液的阻力不断增大，在达到一定程度后，铝液再很难通过过滤板，此时，过滤板就该报废了。在过滤过程中，进入饼层模式的明显变化就是观察到铝液的压头逐渐升高。

深床过滤：当那些比过滤孔径小得多的夹杂物随铝液进入过滤板后，被过滤板孔径内壁所捕获。过滤板越厚，这种模式发生的作用就越大。这种模式可以过滤掉尺寸在20μm左右的夹杂。深床模式是否发生，主要取决于夹杂物粒子与过滤板内壁碰撞后能否被滞留。过滤板内的路径是曲折、粗糙不平的，当铝液通过陶瓷过滤板内迂回曲折又相互沟通的孔道时，内部的夹杂物在流体动力、惯性、截阻、碰撞、吸附等作用下沉积在孔道壁上，从而得到洁净的铝液。另外，陶瓷过滤板并非是简单的对夹杂物的机械阻挡，而是物理化学吸附，过滤板内壁上的微孔和化学吸附性也促使夹杂物的滞留。因此，所过滤掉的夹杂物尺寸远远小于过滤板孔的尺寸。

陶瓷过滤板过滤时，以上三种机制是联合作用的。起始阶段，表面筛分截获大粒子，而小粒子由深层过滤机制清除；随着表面沉积的形成，沉积层就可以既截获大粒子又可以截获小粒子，而漏网的小夹杂物粒子又可以通过深层过滤机制被捕获，此时过滤板过滤效果会更好。当吸附粒子达到饱和时，即从熔体吸附的粒子与被流动的熔体带走的粒子数相等时，除渣能力下降。

陶瓷过滤板的选择除考虑实际生产对铝产品的质量要求外，还要考虑铸轧时流槽的铝流速、过滤总量、铝液本身的清洁度及生产成本等。选择规格过高的过滤板，会造成成本增加，还会降低生产效率。具体选择要根据经验和实际情况确定。表7-5列出一些选择过滤板的经验参考数据。

表 7-5 不同规格过滤板对应的铝液流量及可过滤总量

尺寸规格/in		9×9	12×12	15×15	17×17
铝液流量 /kg·mm^{-2}	孔隙率 20ppi	40~120	80~240	120~360	160~480
	孔隙率 30ppi	30~80	60~160	80~240	110~320
可过滤总量/t		10	15	25	35

注：1in = 25.4mm。

陶瓷过滤板的过滤结果取决于熔体中夹杂物的化学组成、过滤板形状，过滤板规格、金属流量、过滤板表面对铝的润湿性、夹杂物尺寸等因素，对铝液的流速应加以考虑。

图 7-5 为过滤板的微分截面图。许多研究工作表明，当含有夹杂的熔体通过过滤器时，夹杂物被截留在颗粒表面。大于 30μm 的夹杂

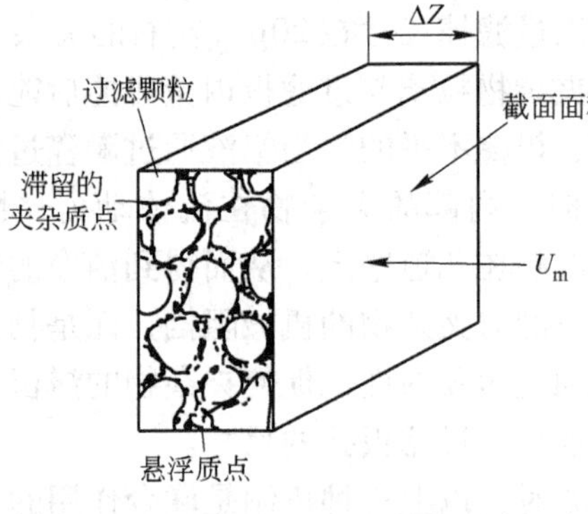

图 7-5 过滤板的微分截面图

物靠机械拦截作用过滤，小于 30μm 的夹杂物靠表面张力作用被滞留。当含有夹杂物的熔体通过过滤器时，其过滤效率与下列因素有关：

$$n = \frac{C_i - C_0}{C_i} = 1 - \exp\left(\frac{K_0 L}{U_m}\right) \tag{7-6}$$

式中 n——过滤效率；

K_0——动力学参数系数；

C_i——熔体中夹杂物的初始浓度；

C_0——过滤后熔体中夹杂物的浓度；

L——过滤器厚度；

U_m——熔体的过滤精度。

由式（7-6）可见，动力学参数 K_0 和过滤器厚度 L 与熔体流速之比决定了过滤效果。增加滤片厚度，减小孔径尺寸，降低流速，增加杂质碰撞机会，夹杂物被滞留、沉积、吸附在孔壁上的概率也就越大，过滤效果也就越好（见图 7-6）。当流速较低时，因为夹杂物颗粒较易偏离流线而为过滤器所吸附；当流速过高时，铝液流会把固体夹杂物从孔眼上冲刷下来，并且将其带走，所以采用不同厚薄和目数的多级过滤系统，能够取得良好的过滤效果。

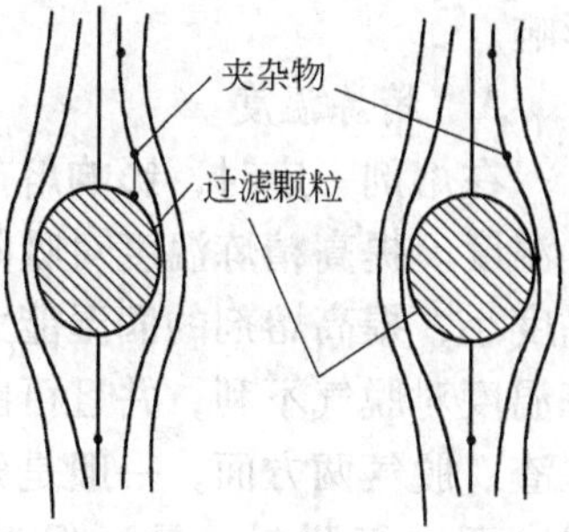

图 7-6 熔体流速对球形过滤颗粒附近的夹杂物轨迹的影响

过滤箱使用前要彻底清理，以防前次使用留下的耐火材料残渣掉进铝液中；过滤板和过滤箱的大小规格要配套，二者之间的配合缝隙、偏差角度尽可能小；在过滤片刚使用时，铝熔体通过之前熔体压头大，在熔体透过过滤片后，压头迅速减小，一般约为 5mm，但随着过滤片的使用，由于孔隙逐步被夹渣充塞，阻碍了熔体的通路，两边液面差逐步增加，直至通过过滤片的流量满足不了铸轧和铸造的要求，即更换新的过滤片。30 孔/in 的陶瓷过滤板的典型规格和流量特性列于表 7-6。

表 7-6 陶瓷过滤板的典型规格和流量特性

过滤板尺寸/mm×mm×mm	典型流量范围/kg·s^{-1}	典型过滤量/t
178×178×51	0.5~0.9	4.1
229×229×51	0.9~1.7	6.8
305×305×51	1.7~3.0	13.6
381×381×51	2.9~5.0	22.8
432×432×51	3.8~6.6	34.2
508×508×51	5.3~9.3	43.2
584×584×51	7.2~12.5	56.8

7.2.1.3 影响熔剂除渣精炼效果的因素

在生产中使用的除渣精炼剂，实际上都有吸附、溶解和化合三种造渣作用，下面分析精炼温度、时间、熔剂性质等对除渣效果的影响。

A　精炼温度

在熔剂一定时，影响熔剂吸附、溶解和化合造渣作用的主要因素是温度。提高精炼温度对吸附造渣也是有利的，因为温度高时，金属黏度小，提高熔剂的润湿能力和夹渣上浮或下沉的速度。但过高的精炼温度对脱气不利，并且可能粗化晶粒。所以控制精炼温度时要兼顾除渣、脱气两方面，一般是先采用高温进行除渣精炼，然后在较低的温度下进行脱气，最后保温静置。铝及铝合金一般取浇铸温度加20～30℃为精炼温度。

B　熔剂

熔剂的造渣能力强，除渣效果就好。熔剂的吸附、溶解和化合造渣能力与其结构、性质及熔点有关。实际使用表明，熔剂的熔点和表面张力越低，其吸附造渣能力就越强。还发现，随熔剂阳离子或阴离子半径的增大，熔剂的熔点和表面张力下降。因此，可以利用离子半径大的物质，配制成熔点低、表面张力小、流动性好的精炼熔剂。

C　精炼时间

精炼除渣效果的好坏，除与温度和所用熔剂种类有关外，还与精炼及其后的静置时间有关。一般在加入精炼熔剂并充分搅拌后，或在铝液转注到保温炉后，应使铝液静置一段时间，使熔剂和夹渣能上浮到液面或下沉到底部去。

D　其他因素

熔剂吸附除渣是一个复杂的过程。熔剂与夹渣接触面积越大，它们之间的吸附、溶解和化合作用就进行得越充分。夹渣或吸收夹渣的熔剂颗粒由于碰撞而聚集长大，可加速与金属熔体的分离过程。因此，生产中通常使用粉状熔剂，并在熔体中充分搅拌以增大熔剂与夹渣的接触面积和碰撞概率。

7.2.2　铝熔体的吸气与脱气原理

在加热和熔炼过程中，固态和液态铝液都有一定的吸收 H_2、O_2、N_2 等气体的能力，铝的这种性质称为吸气性，它是金属的重要熔炼特性之一。实践证明，以吸附、溶解和化合状态存在于铝中的气体，会对铝及合金的性能和铸轧带材质量产生不良影响。溶解于合金中的氢是使铸轧带材产生气孔、气道的主要原因，甚至使材料发生氢脆。材料中的氧和氮及其化合物夹杂，会恶化材料的工艺和力学性能。因此，熔炼的另一个主要任务就是脱除溶解于金属熔体中的气体。研究气体的来源、气体在金属中的溶解过程、影响铝液含气量的因素以及脱气精炼的原理和方法，是制定铝液脱气工艺的关键。

7.2.2.1 气体存在形态及来源

A 气体存在形态

气体在铝液中有三种存在形态：固溶体、化合物和气孔。

气体和其他元素一样，多以原子状态溶解于金属晶格内形成固溶体。超过溶解度的气体及不溶解的气体，以气体分子吸附于固体夹渣上或以气孔形态存在。

常见的单质气体中，氢的原子半径最小，几乎能溶解于所有金属及合金中，氢也可与一些金属（如 Nb、Th、Ta、Ce、Ti、Zr、W、V 等）形成金属氢化物；氧的原子半径也小，它是一种极活泼的元素，除能形成各种金属氧化物外，还能与铁等金属形成类似中间相为基体的固溶体；氮的原子半径较大，与 Fe、Mn、Al、Mg、Cr、V、W、Ti、Zr 等及某些稀土金属在高温时可形成氮化物。

在熔炼过程中，最常与金属熔体接触且危害较大的化合物是水蒸气，其次是 SO_2，另外还有 CO、CO_2 等，水蒸气与金属反应产生的氢和氧易于被金属吸收，能与铜、镍及铁等反应，使金属中的氢含量和氧含量增加。

研究表明，溶解于铝熔体中的气体，在铸轧带材凝固时析出易形成气孔。据分析，这些气孔中的气体主要是氢气，故一般所谓金属吸气，主要指的是吸氢。金属中的含气量，也可近似地视为氢含量。因此，脱气精炼主要是指从熔体中除去氢气。

B 气体的来源

大气中，氢的分压极其微小。因此，可以认为，除了金属原料本身含有气体外，金属熔体中的气体主要来源于与熔体接触的炉气、耐火材料、熔剂、工具带入的水分和碳氢化合物等。

a　炉料

金属炉料中一般都溶解有不少气体，表面有吸附的水分，金属上残留有电解质；加工车间返回的料大都含有油、水及乳液等。外来废料也有水垢、腐蚀物及锈层等。特别是在潮湿季节或露天堆放时，炉料表面吸附的水分就更多。

铝锭由于活性较高，表面看来并不夹带水分及潮湿，如在空气中搁置久了，大气中的水分在开始时被吸附于铝锭的表面，在吸附初期，水分中的分子氢也会被分解为新生的原子氢［H］，首先以物理状态被吸附于表面。大气压力及温度等都足以促使这种吸附作用的加速；长期暴露于大气中，到吸附作用后期，就进入化学性的活性吸附作用，形成一种有氢吸附的氧化铝薄膜层，这层薄膜层对气体的吸收能力极大；到吸附末期，就可能形成一种含氢的化合物，金属表面即被腐蚀。$Al(OH)_3 + Al = Al_2O_3 + 3$［H］反应所产生的原子氢进入溶液后，成为吸收气体的根源之一。这就是表面腐蚀所引起的吸氢现象。所以，任何金属原料，如被长久搁置暴露于大气，就是导致熔体中含气的主要原因之一。

b　炉气

非真空熔炼时，熔化铝液的炉内气体，也是气体来源之一。根据所用的熔炉炉型及结构，所用的燃料及发热方式，炉内气氛中往往含有各种不同比例的氢、氧、水蒸气、二氧化碳、一氧化碳、二氧化硫，此外还有各种碳氢化合物（主要以 CH_4 为代表）。

c　耐火材料

耐火材料表面吸附有水分，停炉后残留炉渣及熔剂也能吸附水分。若熔炼时未彻底去掉这些水分，将使金属大量吸气，尤其是新炉开始生产时更为严重。

d　熔剂

许多熔剂都含有结晶水，精炼用气体中也含有水分。为减少气体来源，熔剂和精炼用气体均应进行干燥或脱水处理。

e　操作工具

与熔体接触的操作工具表面吸附有水分，烘烤不彻底时，也会使金属吸气。

7.2.2.2 铝熔体中的气体

铝是最易受气体和夹杂污染的合金之一。这主要是由其本身特性所决定的。氢是唯一大量溶于铝熔体的气体，氢在每百克铝液相及固相中的溶解度分别为 $0.65cm^3$ 和 $0.034cm^3$，相差约 19.1 倍，每百克铝液中正常的氢含量为 $0.10 \sim 0.40cm^3$，见图 7-7。

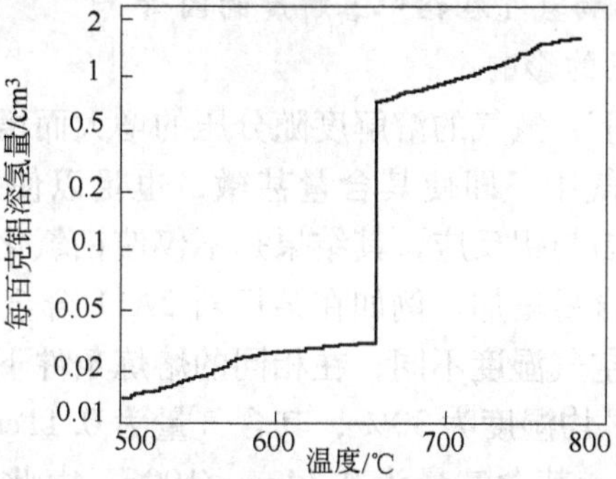

图 7-7 氢在纯铝（99.99%）中的溶解度

多年的研究和实践已经确认,铝中的氢主要来源于铝液与水蒸气的反应。在温度高于 400℃时,铝与空气中的水蒸气接触将产生反应:

$$3H_2O + 2Al \longequal Al_2O_3 + 3H_2 \uparrow \quad (7\text{-}7)$$

上述反映中生成的 H_2 和溶于铝液中的 H 溶解机理见图 7-8。

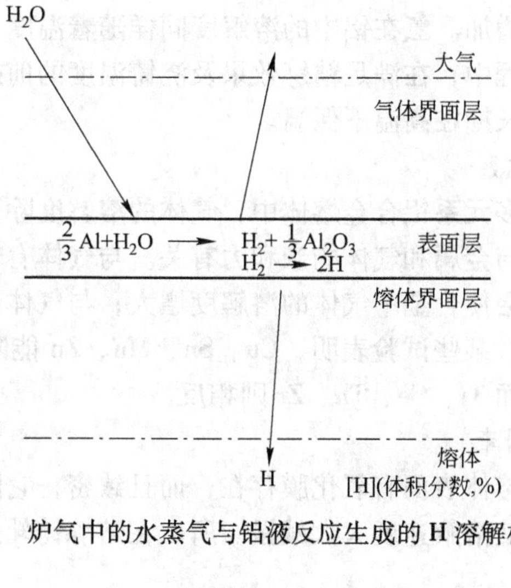

图 7-8 炉气中的水蒸气与铝液反应生成的 H 溶解机理

炉气中的水蒸气与铝液反应生成的 H 溶解机理可以这样设想，炉气中的水蒸气通过边界层，向熔体表面的反应区内运动，反应区内产生的 H_2，又释放到炉气中，而熔体表面生成的氢则穿过熔体边界层进入到熔体内部，经过长时间静置后，熔体中的 H 与炉气中的水蒸气之间在熔体表面附近达到局部平衡。

7.2.2.3 影响氢气在铝中溶解度的因素

A 氢气分压的影响

在一定温度下，氢气的溶解度随分压的增大而增大。据研究，在含有水蒸气的炉气中，即使其含量甚微，也足以使铝中的氢含量增加。水蒸气很容易与铝反应，其结果是不仅使铝氧化夹渣，更重要的是使铝液中的氢含量增加。例如在某厂对 2A11 合金熔体中含气量所做的测定，发现空气湿度不同，在相同的熔炼条件下，其氢含量有明显变化，1 月份平均湿度为 30%，其含气量为 $0.11cm^3/100g$，6 月份平均湿度为 40%，其含气量为 $0.14cm^3/100g$，由此可见，金属熔体中的气体在很大程度上来自于炉气中的水蒸气、炉料及工具上的水分。

B 温度

铝液的温度越高，金属和气体分子的热运动越快，气体在金属内部的扩散速度也增加。因此，在一般情况下，气体在金属中的溶解度随温度升高而增加。氢在铝中的溶解度同样随着温度升高而增大。因此，在熔炼过程中，在满足精炼效果及浇铸温度的前提下，应注意防止熔体过热及长期在高温下保温。

C 合金元素

在实际的多元系铝合金熔体中，气体的溶解度除受限于温度和气体分压外，还与金属和气体的亲和力有关。与气体有较大亲和力的合金元素，通常会使合金中气体的溶解度增大；与气体亲和力较小的合金元素则相反。某些试验表明，Cu、Sn、Mn、Zn 能降低氢在铝合金中的溶解度，而 Ti、Ce、Th、Zr 则相反。

D 其他因素

由于金属熔体表面有氧化膜存在，而且致密，它阻碍了气体向金属内部扩散，使溶解速度大大减慢。所以在熔炼铸轧过程中，任何破坏熔体表面氧化膜的操作，都是不利的。另外，熔体在高温下长时间暴露，会增加吸气的机会。因此要力求尽可能缩短熔炼时间。

7.2.2.4 脱气精炼原理及方法

为获得含气量低的铝熔体，一方面要精心备料，严格控温，快速熔化，采用覆盖剂等措施以减少吸气；另一方面必须在熔炼后期进行有效的脱气精炼，使溶于金属中的气体降低到尽可能低的水平。从金属中脱除气体有三种途径：一是气体原子扩散至金属表面，然后脱离吸附状态而逸出；二是以气泡形式从金属熔体中排出；三是与加入金属中的元素形成化合物，以非金属夹杂物形式脱除。通过适当的脱气处理后，铝熔体的含气量大大减少，某厂1235铝合金经过脱气处理前后气体含量的对比见表7-7。

表7-7 1235铝合金脱气处理前后气体含量的对比

熔 次	熔炼炉每百克铝中的气体含量/mL	静置炉每百克铝中的气体含量/mL	流口每百克铝中的气体含量/mL	前箱每百克铝中的气体含量/mL
001	0.35	0.185	0.123	0.109
002	0.34	0.166	0.124	0.079
003	0.30	0.186	0.125	0.105

铝及铝合金熔炼过程中常用的脱气精炼方法为分压差脱气方法。

A 分压差脱气的原理

当气体溶于铝熔体和自铝熔体中脱除时，这两个过程在一定温度和压力下达到平衡，从热力学分析，当气体中氢的分压$\rho_{气}$大于金属中氢的分压$\rho_{金}$时，气体向金属中溶解；当$\rho_{气}<\rho_{金}$时，气体从金属中脱除。因此，将溶解有气体的金属熔体置于氢分压很小的真空中，或将惰性气体导入熔体，便提供了脱氢的驱动力。在工业生产中，通常是把N_2、Ar等惰性气体通入熔体中，或将能产生气体的熔剂压入熔体中，由于气泡内部开始完全没有氢气，即为气泡中氢的分压为0，而气泡周围的熔体中氢的分压远远大于0。在气泡内、外氢的分压差的作用下，使溶解的氢原子向熔体-气泡界面扩散，并在该处复合为氢分子进入气泡内，然后随气泡一起上浮而从熔体表面逸出。这一过程将进行到氢在气泡内、外的分压相等，即处于平衡状态为止。研究表

明，增大熔体与惰性气泡的接触界面面积，将有利于溶解气体的脱除。

B　分压差脱气法所采用的气体

分压差脱气法所采用的气体有惰性气体、活性气体和混合气体等多种。此外，还有在精炼气体中加入固体熔剂粉末和熔剂脱气的方法。

a　惰性气体精炼

惰性气体精炼是指采用那些本身不溶于金属熔体中且不与熔体中的元素发生化学反应的气体（如铝合金常用的氮气和氩气等），以脱除氢的方法，见图 7-9。

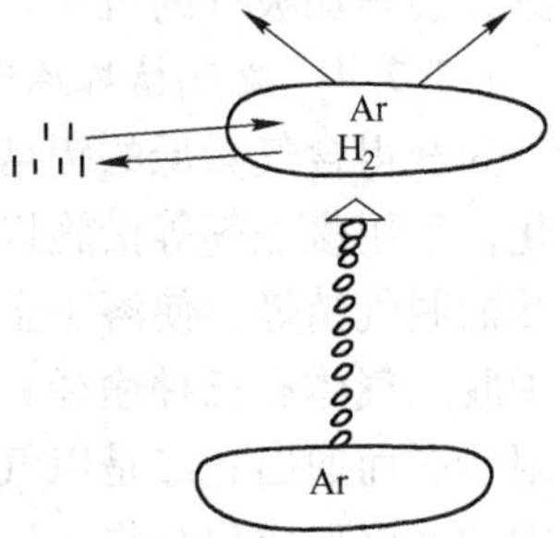

图 7-9　氩气除氢示意图

惰性气体脱气的特点是它本身无毒，不腐蚀设备，操作方便、安全。但脱气效果不够理想，在精炼温度超过 800℃时，会形成大量硬脆的 AlN 夹杂，影响合金质量。此外，工业用惰性气体中常含有少量 O_2 及 H_2O，不仅会使熔体氧化和吸气，而且还由于在气泡和铝液界面形成 Al_2O_3 膜，阻碍氢向气泡内扩散而降低脱气效果。故惰性气体在导入熔体前必须进行脱水和净化处理。

b　活性气体精炼

铝合金用氯气脱气效果较好，吹 Cl_2 精炼示意图见图 7-10。Cl_2 与铝的反应为：

$$2Al + 3Cl_2 = 2AlCl_3\uparrow \quad (7\text{-}8)$$

$$2[H] + Cl_2 = 2HCl\uparrow \quad (7\text{-}9)$$

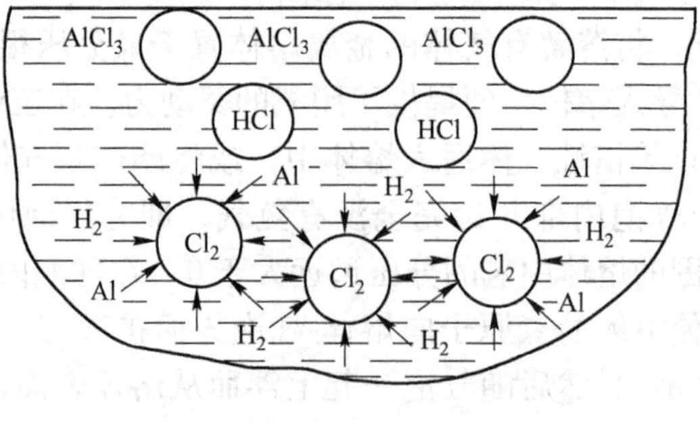

图 7-10　吹 Cl_2 精炼示意图

其中，式（7-8）是主要反应，生成大量沸点为183℃的三氯化铝，在熔炼温度下，其蒸气压约为2330kPa，在熔池中以气泡形式上浮而起脱气作用。氯气泡上浮很快，因此有些Cl_2来不及与铝反应便直接逸出液面，只起搅拌和惰性气泡作用。一般认为，活性气体脱气效果好，并有除钠作用。但氯气有毒，有害于人体健康，还腐蚀设备和污染环境，需有完善的通风排气设备。使用氯气精炼有可能使铸轧带材组织粗化，这是由于生成了$TiCl_3$而使Ti的细化晶粒作用降低。

c　混合气体精炼

混合气体精炼能充分发挥惰性气体和活性气体的长处，并减少或避免其害处，因而在生产中得到了广泛的应用。氮-氯混合气体多采用10%~20%氯气和80%~90%氮气。实践表明当氯气的浓度为16%时，除气效果最好。氯气或含氯气的混合气体的除气效果比惰性气体好，是因为有氯参加的脱气反应为放热反应，气体总体积增加，且生成的$AlCl_3$气泡细小，从而使金属熔体和气泡间面积增大，可加速脱气速率。精炼时间一般为13~15min，精炼时气泡要小，气泡直径以不大于50mm为宜，精炼器在炉底平稳、缓慢、均匀地移动，不能有死角，否则会影响除气、除杂的效果。

为提高脱气精炼效果，应注意控制气体的纯度和导入方式。研究表明，若氮中氧含量为0.5%和1%（体积分数），脱气效果分别下降40%和90%，故精炼气体中氧含量不得超过0.03%、水分不得超过3.0g/L，对一般合金就能达到满意的脱气效果。导入气体的方式也会影响精炼效果，若形成的气泡直径大，上升速度快，逸出表面时会引起铝液的飞溅，破坏熔体表面的氧化膜。若气流速度过快，易形成链式气泡时，气泡与熔体的接触界面减小，会降低脱气效果。

d　熔剂脱气法

使用固态熔剂脱气时，将脱水的熔剂和钟罩压入熔池内，依靠熔剂的热分解或与金属进行的化学反应所产生的多发性气泡，达到脱氢的目的，如铝合金常用含有氯盐的熔剂来脱气，其反应为：

$$2Al + 6MeCl \xlongequal{} 2AlCl_3\uparrow + 6Me \tag{7-10}$$

为了提高精炼效果和减缓反应强度，还在其中配入不同比例的冰晶石、食盐和六氯乙烷。

7.2.3　联合在线精炼

为提高铝合金产品的质量和产量，降低成本，减少能耗和防止公害，近年来在精炼方面出现了一种新的发展趋势——联合在线精炼。即在炉外配备一套装置，以炉外连续处理工艺取代传统的炉内间歇式分批处理工艺。炉外处理熔体的方式有多种，但根据对铸轧带材质量的要求，可采用以脱气为主、以除渣为主或同时脱气和除渣的工艺。下面介绍几种典型的熔体处理新技术。

炉外在线精炼因配置旋转喷嘴装置向炉内吹入混合气体，把气体喷成无数细小的气泡，通过搅拌使气泡均匀分散在熔体中。同时也使熔体中的氢浓度分布均匀，增大了气体与熔体的接触面积，由此提高了除氢效果，也达到了液面外观平静的效果。通过搅拌也使得熔体产生对流，夹杂物粒子间的凝聚效果增大，在气泡作用下，上浮分离容易，与传统的熔体处理净化相比，无论是脱气还是去渣效果都要好。

7.2.3.1　FILD 法

FILD（fumefess in line degasing）法是在作业线上的一种无烟连续脱气和净化铝液新技术，由英国铝业公司首次公布，并称已成功地应用于工业生产。FILD 法装置如图 7-11 所示。在耐火坩埚或耐火砖

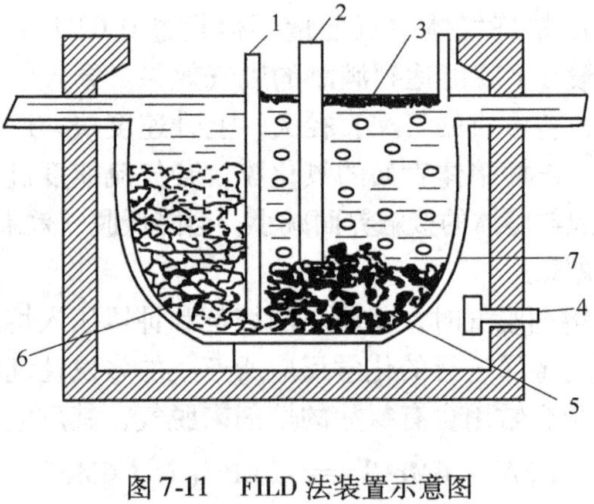

图 7-11　FILD 法装置示意图

1—隔板；2—氮气通入管；3—液态熔剂；4—燃烧喷嘴；
5—涂有熔剂的氧化铝球；6—氧化铝球；7—氮扩散器

衬里的容器中，用耐火隔板将容器分成两个室。从静置炉中流出的铝液，经倾斜流槽进入第一室，在熔剂覆盖下进行吹氮脱气和除渣，然后通过涂有熔剂的氧化铝球滤床除去夹渣，再流到第二室，通过氧化铝球滤床，以除去铝液夹带的熔剂和夹渣。在FILD装置处理过程中需要加热。在静置炉与铸轧机之间安装这种装置，就无须进行炉内精炼，可连续脱气和除渣。

FILD法装置有圆形坩埚和耐火砖砌的长方形容器两种，各有三种标称容量：260、340、600kg/min，以340kg/min为例，处理1t铝液用0.7～1.1m^3氮气和1kg熔剂。坩埚使用寿命约6个月，氮扩散器使用寿命约两个月。处理总成本为常用氯气精炼加过滤工艺的1/4。

7.2.3.2 SNIF法

SNIF（spining nozzle inert floatation）法即旋转喷气净化处理法，是美国联合碳化公司研究出来的。它有两种型号，即T型和S型，其装置示意图分别见图7-12、图7-13。其技术参数对比见表7-8。T型为双喷嘴，有两个处理室；S型为单喷嘴，有一个处理室，它们采用氩气或氮气。

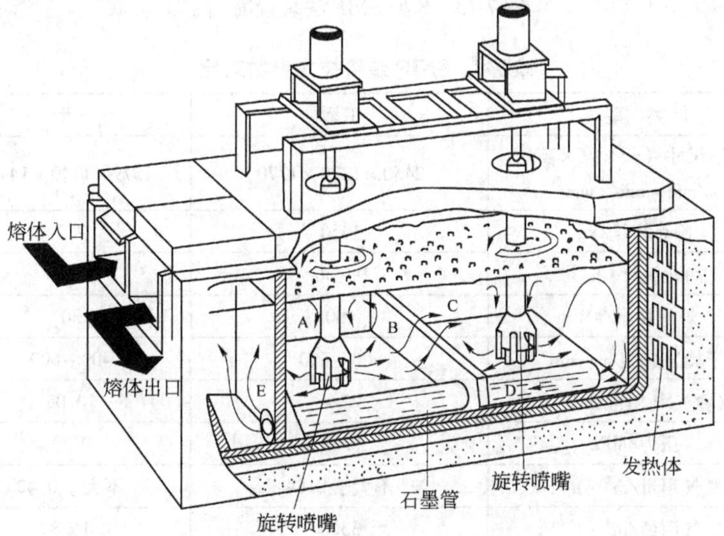

图7-12 T型SNIF法装置简图

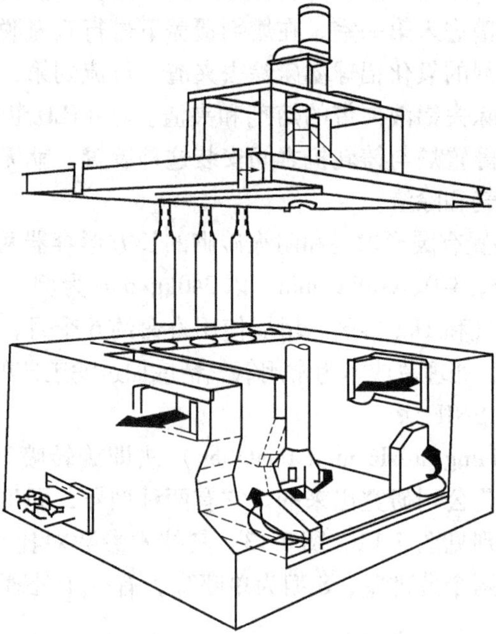

图 7-13 S 型 SNIF 法装置简图

表 7-8 SNIF 装置技术参数对比

类 型	T 型	S 型
外形尺寸（长×宽×高）/mm×mm×mm	2450×1270×1270	1379×1240×1448
静态容量/kg	1450	772
净化量/$t \cdot h^{-1}$	9~36	11.35
炉子功率/kW	100	30
转子旋转速度/$r \cdot min^{-1}$	400~600	400~600
氩（氮）气用量/$m^3 \cdot h^{-1}$	22.4	10.08
压力/MPa	0.33	0.33
氯气用量/$m^3 \cdot h^{-1}$	不大于 0.84	不大于 0.42
空气用量/$m^3 \cdot h^{-1}$	33.6	16.8
压力/MPa	0.39	0.39

SNIF 法的核心是旋转喷嘴，如图 7-14 所示，其作用是把精炼气体喷成细小气泡并使之均匀分布于整个熔体内，强烈搅拌熔体，并使之形成定向液流。喷嘴是用石墨制作的，浸于熔体中，用高气压流冷却，喷嘴的端头为叶轮状。精炼气体从喷嘴喷出，由于旋转叶轮的碰撞和剪切作用，形成极细的气泡。旋转喷嘴的优点是：不会被堵塞，不论气体流量多大，均可形成细小气泡。喷嘴转速为 400 ~ 500r/min。净化室是密封的，内衬多用石墨砌筑，在微小的正压下工作，使熔体与空气隔绝，从而保证良好的净化条件，既可避免熔炉内衬及喷嘴氧化，又不致使净化后的熔体再度受到污染和吸氢。

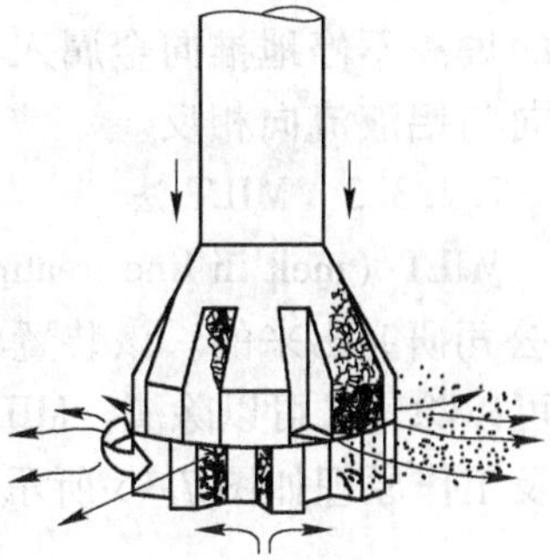

图 7-14 SNIF 法的旋转喷嘴

SNIF 法装置的特点是：集精炼脱气与过滤除渣于一体，可不用静置炉，省时节能；只用少量氯气，无环境污染，占地面积小；熔体质量高且稳定，每百克铝中氢可降至 0.04 ~ 0.07cm^3；可根据合金和铸造速度不同，调节流量。

下面以图 7-12 为例，介绍 T 型 SNIF 法的工作原理：该装置有两个净化处理室和两个旋转喷嘴。铝液通过输送流槽，由保温炉流入第一净化区（即 A 室），第一旋转喷嘴对它进行强力净化。喷出的气体以细小气泡弥散于铝液内，搅拌时涡流使气泡与铝之间的接触面积增大，从而为脱氢和造渣聚集上浮创造了有利的条件。然后，铝液流过隔板 B，进入第二净化区（即 C 室），接受第二个喷嘴的净化处理。最后，净化了的铝液进入一个安装在炉底、开口在第二净化室后部的石墨管 D，流入炉子前部的储液池。储液池和炉子内部是用 SiC 板隔开的，仅通过石墨管 D 相连。隔板能缓冲熔体的涡流，并保持铝液面稳定。净化后的铝液从储液池平衡流出并进入结晶器，出口和入口在同一水平线上，多余的惰性气体与排出的氢气汇集于炉子上部，通过其入口上部与铝液进入流向相反的方向流出。熔剂和夹杂物浮在熔体表面，通过旋转喷嘴在液面所产生的循环，把漂浮的炉渣不停地推向金属入口处，使之从入口处上部排出，排出的方向与铝液流向相反。

7.2.3.3 MILT 法

MILT（melt in line treatment）法，即熔体在线处理，是美国 Selee 公司研究出来的。该装置将气体精炼与陶瓷过滤结合起来，因而既可以除气又可以除渣。MILT 装置的实物照片如图 7-15 所示，其结构及工作原理如图 7-16 所示。它由反应室和过滤室组成，反应室是

图 7-15 MILT 法精炼装置

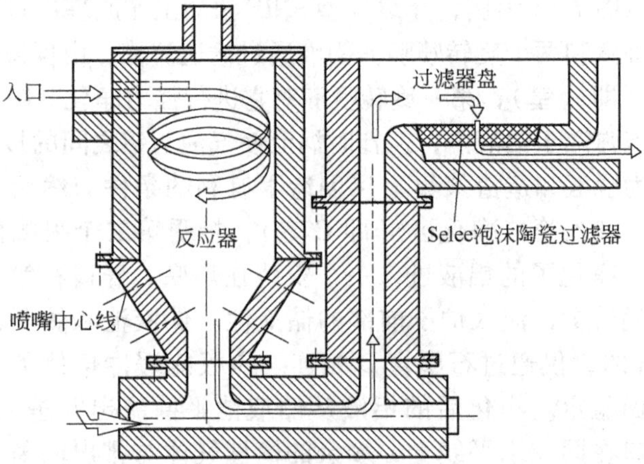

图 7-16 MILT 法装置结构及工作原理示意图

一个圆柱形炉体。铝液从上部以切线方向进入反应室，呈螺旋形下降，反应室底部呈锥台状，在锥体壁四周设有数个固定的喷嘴，精炼气体从喷嘴逆向而行，增大了熔体与气泡的接触面积。精炼后的铝液从反应器底部的连通管进入与过滤器连通的竖管内，然后进入陶瓷泡沫板过滤器中。铝液以上注方式通过陶瓷过滤板流向铸轧机。在熔体过滤前进行脱气，并使大颗粒夹渣上浮分离，因而可减少过滤器的堵塞。其结构较为紧凑而灵活，可随意安置在静置炉和铸轧机之间。在MILT系统中，大多使用氩气作为精炼气体。氮气虽然价格低廉，但它可能产生湿渣和氮化物。

7.2.3.4 ALPUR法

ALPUR法的原理与SNIF法基本相同，它也是利用旋转喷嘴，使精炼气体呈微细小气泡喷出分散于熔体中。但ALPUR法为可倾动排出残存液态金属，而且与SNIF法的喷嘴不同，它同时能搅动熔体进入喷嘴内与气泡接触，使净化效果提高。ALPUR500型装置示意图如图7-17所示，旋转喷嘴示意图如图7-18所示。该装置处理铝液的总量为6t，当Ar气压力为0.2MPa时气体消耗为$5m^3/h$，当Cl_2气压力

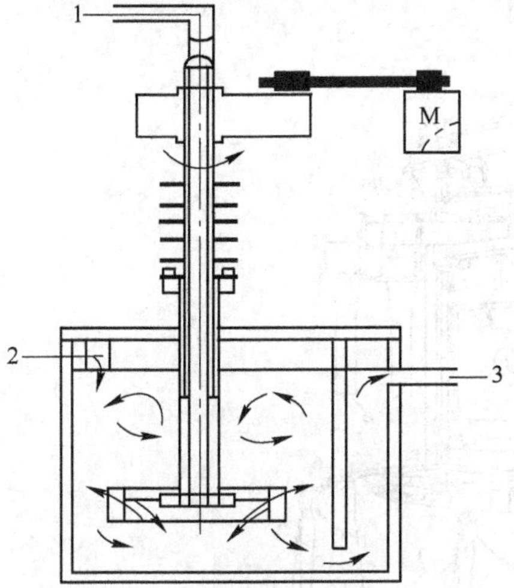

图7-17 ALPUR500型装置示意图

1—气体入口；2—熔体入口；3—熔体出口

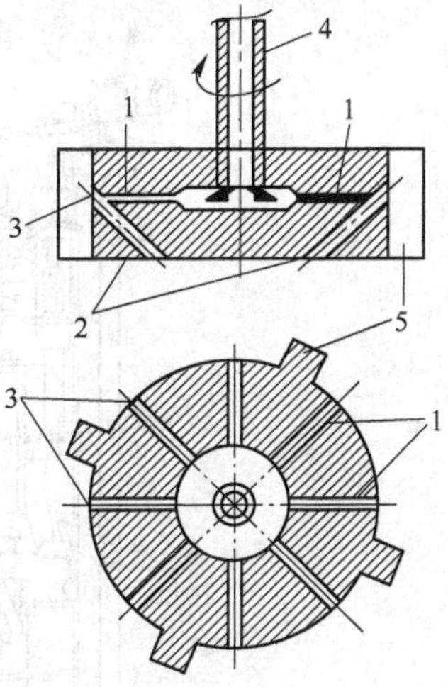

图7-18 旋转喷嘴示意图

1—气体排出孔；2—熔体通过孔；3—气体、熔体接触处；4—回转轴；5—回转叶轮

为 0.2MPa 时气体消耗为 0.25m^3/h。处理能力为 15t/h。

目前，较为先进的 ALPUR5D3000 型的结构如图 7-19 所示，铝液容器 1 内衬耐火材料，用钢制框架 2 支撑着。框架 2 可以绕轴 3 倾动，用两个液压千斤顶调整倾斜动作，这是 ALPUR 法的一个特点，可以将容器 1 内残存铝液倾倒干净，生产操作很方便。容器上盖有盖板 4。盖板 4 可绕轴 5 翘起，用两个液压千斤顶操作。盖板上有一个小门，便于对熔体作业和通过除渣盖板 6 排出浮渣。固定在提升机 7 上的两个悬臂支撑混合器 8 和浸入式加热器 9。每个悬臂由一台液压千斤顶操作，提升机用两个电动螺旋轴 10 运转升降。容器内有两个工作室，即处理室和输出室，两室之间设有隔板。混合器即为旋转运动的石墨转子。当铝液从保温炉出来时，经 ALPUR 系统的金属入口处流入容器的处理室。升降机构将混合器吊到容器上方，并将氩气通入混合器内。将混合器徐徐下降到铝液中并进行旋转，随之将 0 ~ 5% 氯气通入氩气流。气体与铝液接触，使铝液与微小的气泡在转子内形成混合体，并强力地搅拌熔体。处理好的铝液进入输出室，再由出口流向铸轧机。

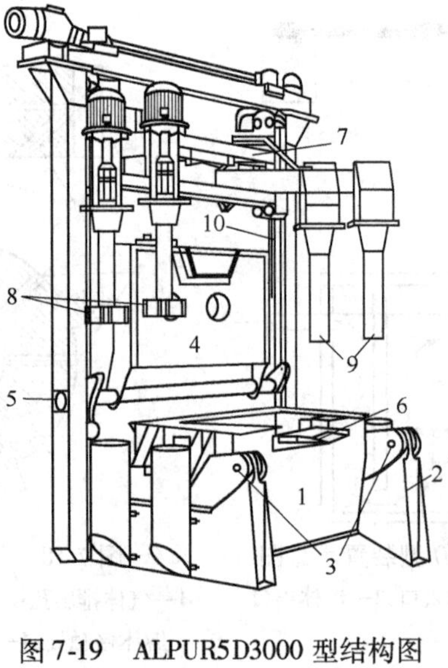

图 7-19　ALPUR5D3000 型结构图

7.2.4 真空处理法

上述的除气过程都是利用在铝液中形成的气泡来实现的，铝液中的氢向气泡中扩散并被气泡带出铝液表面而被清除。真空除气则是“无气泡”精炼方法。真空处理就是降低铝液表面气体的气压，从而减小铝液内氢的溶解度，使氢气排出铝液之外而进行除气，吸附于氢气泡表面的非金属夹杂物，随氢气泡上浮至铝液表面，得以清除。为了提高真空除气的效果，缩短真空处理的操作时间，对铝的液流除气进行了研究。图 7-20 所示为 ASV 公司铸轧带材熔炼的真空除气装置。此装置通过带孔的真空槽将熔体以液滴状喷射到炉内的真空气氛中，使之瞬时达到除气效果。同时，此装置采用从炉底吹入氩气或氮气的方法，还能进行脱钠。真空处理最大的优点是没有污染环境的问题，但是，在炉内处理后浇铸终了，铝液停留的时间较长，这一点不如炉外连续处理的效果好。

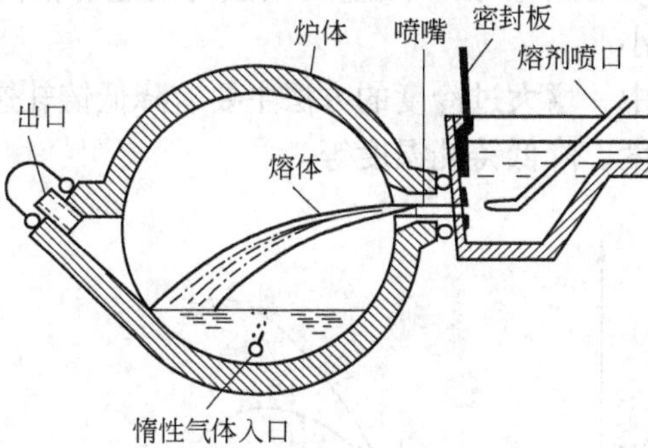

图 7-20 真空处理炉结构示意图

7.3 铸轧坯的晶粒控制技术

晶粒细化是提高铝及铝合金板带材强度和塑韧性的重要手段之一，是改善铝材质量的重要途径。随着铝材的广泛应用，尤其是在高新技术领域的应用，对后续深加工工艺中的组织提出了严格的要求，而控制其组织和性能的关键之一是在熔炼铸轧过程中，获得最佳的铸轧晶粒组织。晶粒尺寸和形态是铸轧组织的最重要特征，细小均匀的等轴晶是其最佳的铸轧组织。铸轧带材具有细小等轴组织，可以使制品的各向异性小，加工时变形均匀，且易使偏聚在晶界上的杂质、夹杂物及低熔点共晶组织分布更均匀，铸轧带材力学性能和加工性能良好。要得到这种组织，必须通过多种手段来细化晶粒，即结晶组织的微细化处理，凡是能促进形核、抑制晶粒长大的处理，都能细化晶粒，包括铸轧时工艺参数的调整，也包括液态时加入各种中间合金细化剂或借助外来能量（如机械振动、电磁搅拌、对流、超声波处理等）使 α-Al 基体细化，在铝及铝合金铸轧生产中，常用以下几种方法。

7.3.1　控制过冷度

形核率与长大速度和过冷度有关，过冷度增加，形核率与长大速度都增加，但两者的增加速度不同，形核率的增长率大于长大速度的增长率，如图 7-21 所示。在一般金属结晶时的过冷范围内，过冷度越大，晶粒越细小。

铝铸轧生产中，增大过冷度的方法主要有降低铸轧速度、提高液态金属的冷却速度、降低铸轧温度等。

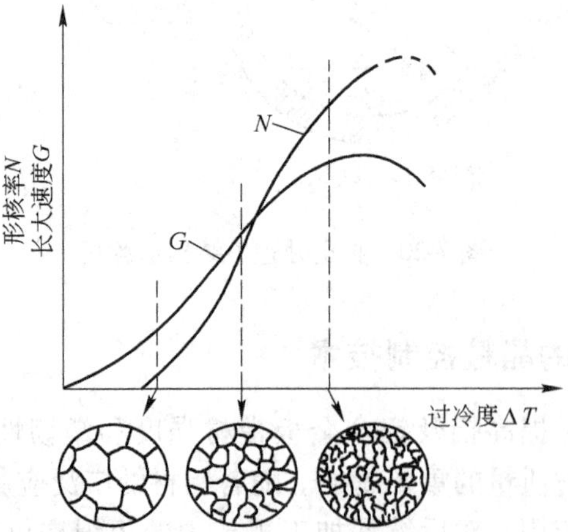

图 7-21　金属结晶时形核率、长大速度与过冷度的关系

大量的研究工作证明，铸轧带材具有细小晶粒的有效条件是：熔体中有大量的相当弥散的 $TiAl_3$、TiB_2 或是 TiC 粒子；提高合金在结晶范围的冷却速度；熔体要有一定的成分过冷；金属间化合物粒子在结晶时的熔体内均匀分布。

7.3.2 形核变质处理

形核变质剂作用机理是向铝熔体中加入一些能够产生非自发晶核的物质，使其在凝固过程中通过异质形核达到细化晶粒的目的，在铝铸轧生产中也称晶粒细化剂。

7.3.2.1 晶粒细化剂的发展

在 20 世纪 60 年代中期，出现了专门生产铝中间合金的加工厂。在研究和使用 Al-Ti 中间合金的过程中，发现硼存在时细化效果显著提高。最初是通过 K_2TiF_6 和 KBF_4 氟盐向熔体中添加 Ti、B 的，但由于细化效果差和难以稳定控制，目前已基本被淘汰。

为克服铝及铝合金直接加入盐类化合物的缺点，人们研究并采用了中间合金形式的细化剂。为了提高钛剂的细化效果，常添加微量硼，即铝钛硼中间合金，但在熔炼炉中加入铝钛硼中间合金容易搅拌不均匀，存在着细化效果衰退、TiB_2 粒子集聚、Zr 中毒现象，造成产品成分不均、细化效果不佳等。随着连续铸轧的发展，20 世纪 70 年代中期，美国研制出新的 A1-Ti-B 细化技术，即以丝（线）状形式连续加入到炉外流槽的熔体中。最早由美国专利 3857705 报道为 (2% ~5%) Al-(0.8% ~1.4%) Ti-B 铝基合金。该技术得到了很大发展，国外有许多公司，如美国的 KBM 公司、英国的 ISM 公司、荷兰的 KBM 公司等已研究和生产出线状 Al-5Ti-1B 细化剂。这种线状细化方式正逐步取代炉内细化技术，成为铝加工企业可接受的方法。其优点是：细化效果好，Ti 和 B 利用率高，可减少细化剂用量，细化剂均匀分布，细化效果较稳定连续，可实现细化处理的自动化、改善劳动条件。

虽然 Al-Ti-B 细化剂具有较优异的细化晶粒能力，但 Ti 以可溶的 $TiAl_3$ 的形式进入熔体，相反 TiB_2 在铝熔体里却不溶解，易聚集沉淀，当 TiB_2 质点聚集成团块，特别是密集的团块时，不但影响晶粒细化效果，而且还会影响铝合金产品的质量，且 TiB_2 易受 Zr、Cr 等毒化而失去细化晶粒作用。所以，它能造成熔体污染，流动性差，易衰退等。为此，人们一直在寻找研究更有效的细化剂及处理技术。

而 Al-Ti-C 晶粒细化剂则避免了这种现象。最近的研究证明，Al-Ti-C 晶粒细化剂不存在与 Al-Ti-B 丝中 TiB_2 有关的缺点，TiC 聚集倾向小，对锆、铬中毒免疫。因此专家极力推荐使用 Al-Ti-C 丝作为晶粒细化剂，但 Al-Ti-C 晶粒细化剂细化能力还低于 Al-Ti-B 中间合金，且表现出明显的衰减性，但含 TiC 的 Al-Ti-C 晶粒细化剂，对于凝固前温度梯度的敏感性不同于 Al-Ti-B 晶粒细化剂，要求在凝固面之前有尽量小的温度梯度（即最低铸轧温度）才能发挥效果。所以又促进新型 Al-Ti-C-B 细化剂的研制，该细化剂被认为是一种高效、长效的细化剂。与此同时，近年国内研究者发现含有稀土的Al-Ti-B使细化相不易沉淀，提高了细化效果和抗衰减性，稀土元素包括化学周期表中第三副族元素的镧系 15 个元素和第四、第五周期的钪和钇。稀土元素属于典型的金属，它的活性仅次于碱金属和碱土金属，比其他金属元素活泼得多。还开发了相应的新型细化剂 Al-Ti-B-RE 中间合金，为生产高效、稳定、成本较低的细化剂开辟了一条途径。

但对这些新型细化剂的效果和稳定性等还缺乏系统深入的研究，应用范围仍有限；在铝晶粒细化机理方面远不能令人满意，值得人们深入研究探讨。

7.3.2.2　晶粒细化剂的要求及种类

A　晶粒细化剂的要求

要求所加入的细化剂或其与铝反应生成的化合物具有以下特点：晶格结构和晶格常数与被变质熔体相适应，稳定、熔点高，在铝熔体中分散度高，能均匀分布在熔体中，不污染铝合金熔体。

B　晶粒细化剂的种类

变形铝合金一般选用含 Ti、B、C 等元素的化合物作为晶粒细化剂，其化合物的特征见表 7-9。

表 7-9 晶粒细化剂化合物的特征

化合物名称	密度/$g \cdot cm^{-3}$	熔点/℃
$TiAl_3$	3.11	1337
TiB_2	3.2	2920
TiC	3.4	3147

7.3.2.3 Al-Ti-B 丝的细化机理

A 钛的细化机理

钛是铝及铝合金铸轧时常用的晶粒细化剂，也是晶粒细化最有效的元素之一，对于某些铝合金还是一个微量的合金化元素。生产中通常加入 0.01% ~0.05% Ti 就有明显的细化效果，加入 0.1% ~0.3% Ti 效果最佳。若同时加入 0.01% B，则只要有 0.05% Ti 就能获得满意的细化效果。

钛对铝合金的细化机理因其含量不同而异。

当 Ti 含量大于 0.12% 时，Ti 与 Al 反应生成 $TiAl_3$，在 665℃ 时，$TiAl_3$ 与铝熔体发生包晶反应生成 α-Al，此时 α-Al 以 $TiAl_3$ 作为晶核而长大。在这种情况下，Ti 的细化机理是 $TiAl_3$ 的非均质晶核作用。

当 Ti 含量小于等于 0.12% 时，α-Al 直接从熔体中析出。在这种情况下，如果中间合金的 $TiAl_3$ 尚未完全熔化或溶解，则 α-Al 也以 $TiAl_3$ 为非均质晶核而长大。生产实践证明，加入 Al-Ti 中间合金后，若保温时间长或温度高，则其细化晶粒效果明显降低，或是消失。这证明 $TiAl_3$ 起非均质晶核作用，也是单独以钛作为晶粒细化剂的弱点。由此可见，Al-Ti 中间合金中的 $TiAl_3$ 粒子的数量、大小和分布对细化效果都有很大影响。

当熔体中无 $TiAl_3$ 时，微量的 Ti 细化 α-Al 晶粒的机理主要是阻碍晶体长大。从钛的电学性能看，微量钛的细化可能是阻碍晶体长大和起非均质晶核两种作用的结果。由此可见，钛细化铝及铝合金晶粒的机理是：形成 $TiAl_3$ 时，以非均质晶核作用为主；无 $TiAl_3$ 时，以阻碍晶体长大作用为主。后者是在晶核形成之后才发生的，仅对晶体成长过程有影响，促进晶体游离，从而使晶核增殖。

B 铝钛硼细化机理

这个问题自20世纪40年代起就受到国内外冶金铸造界的广泛注意。在铝及其合金中加入微量Ti和B能显著细化晶粒，且含有B的细化剂的细化效果比不含B的Al-Ti好得多，能延长衰减时间。近年来，在一些国际铸造学术会议上也将Al-Ti-B细化机理问题作为专题讨论。人们对于晶粒细化现象的认识也不断深化，提出了不少观点和理论，试图阐明Al-Ti、Al-Ti-B等晶粒细化机理。但细化过程既与熔炼条件有关，又与铸造条件有关，而且铝熔体中不可控制杂质、铝合金中的某些元素的相互作用也有影响，它们增强或是减弱晶粒细化效果。目前提出的一些机理也只能解释细化过程中的某些现象，各机理之间的有些说法甚至相矛盾，迄今还没有一种观点和理论能完全解释所有的晶粒细化现象和细化行为。这说明铝及铝合金的晶粒细化机理是极其复杂的。

目前，有关晶粒细化机理的观点主要有相图理论、包晶反应理论、硼化物理论（TiB_2粒子）、亚稳相理论、TiC核心理论（粒子理论）、α-Al晶体增殖理论（或称晶体分离理论）、相图和粒子双重理论、碳化物-硼化物粒子理论、原子结构理论、相图-粒子理论等等。其中较有代表性的是包晶反应理论、碳化物-硼化物粒子理论等。

包晶反应理论是以Al-Ti相图中的包晶反应为基础的，一般认为，添加钛与硼后，会发生包晶反应：$L + TiB_2$或$(Al,Ti)B_2 + TiAl_3 \rightarrow \alpha\text{-}Al$。对作为α-Al的非均质晶核来说，$TiB_2$或$(Al,Ti)B_2$比$TiAl_3$或$TiAl_9$更为有效，所以Ti+B二元细化剂的细化效果优于单一的Ti细化剂。也有人认为，α-Al并不是以TiB_2或$(Al,Ti)B_2$为非均质晶核，而是以最先自熔体析出的TiB_2（熔点2900℃）为非均质晶核，其结晶过程：$TiAl_3$以TiB_2为晶核，α-Al再以$TiAl_3$为晶核。还有人认为，微量硼加强钛的偏析作用，促使枝晶产生缩颈与游离，因而晶核大量增殖，晶粒显著细化。硼含量过多时，钛的偏析过强烈，会过早地包住晶核，抑制稳定晶核形成，减少有效晶核数，晶粒粗化。而碳化物-硼化物粒子理论认为，加入少量Al-Ti后，将与熔体中的微量杂质碳反应生成TiC质点；加入Al-Ti-B将使熔体中分布着TiB_2质点，TiC和TiB_2是不溶于铝熔体的，可作为异质核心。随保温延长而出现的细化效率衰退则是由于 TiC 或 TiB_2 质点聚集、沉淀的结果。近来有研究者提出 TiC 质点在铝熔体中是不稳定的。

大量研究工作基本上都肯定了一个重要的结论，即 Ti 可细化铝晶粒，而硼的存在能显著增强 Al-Ti 中间合金的细化晶粒效果，并可延长衰减时间；同时还肯定了 $TiAl_3$ 和 TiB_2 的作用，认为它们是 α-Al 潜在的结晶核心。Guzowski 等人的研究还指出，当 $TiAl_3$ 和 TiB_2 形成复相时，可使 Al-Ti-B 细化剂表现出优异的细化能力，但还未能给出合理的解释。

近来 Mohanty 等人的研究指出，TiB_2 相并不能单独使 α-Al 晶粒成核，它在铝熔体中是稳定的化合物，易被 α-Al 推向最后凝固区域的晶界处，它不是 α-Al 的异质晶核，因 α-Al 与 TiB_2 的晶格缺少相似关系，而是 TiB_2 阻挡了 α-Al 的长大，从而使 α-Al 得到细化。在 Al-Ti-B加入熔体后，TiB_2 分布于整个熔体中，同时 $TiAl_3$ 的溶解会提供过剩的 Ti，当存在溶解 Ti 时，TiB_2 给 Ti 带来了活动性梯度，使 Ti 原子向 TiB_2/熔体界面上偏析，在 TiB_2 上形成了 $TiAl_3$ 沉淀薄层，此层经包晶反应而使 α-Al 成核。这个理论看来很有前途。

最近国内的研究进一步表明，Al-Ti-B 细化剂中，$TiAl_3$ 相并不是单纯的 $TiAl_3$ 相，而是在 $TiAl_3$ 相中固溶了一定量的 B，并以某种结构形式存在于 $TiAl_3$ 相中，在适当的温度下，过饱和的 B 又以 TiB_2 粒子的形式析出，而形成了在 $TiAl_3$ 相中的 TiB_2 粒子。$TiAl_3$ 相中含有较多的 TiB_2 粒子时，对铸轧带坯的晶粒细化效果好。当 $TiAl_3$ 相中存在的 TiB_2 粒子很少，或 $TiAl_3$ 相与 TiB_2 分离存在时，对铸轧带坯的晶粒细化效果很差，甚至于无晶粒细化效果。也就是说，$TiAl_3$ 相和 B 都不能单独影响细化过程，而是 B 富集在 $TiAl_3$ 相中对细化过程产生重要影响，即含 B 的 $TiAl_3$ 才是最有效的形核质点。图 7-22*a*、图 7-22*b*、图 7-22*c* 分别为 Al-Ti-B 丝中的 $TiAl_3$ 相的状态。

7.3.2.4 Al-Ti-B 丝细化剂的选择

在铝熔体中加入 Ti、B 元素能使晶粒明显细化，从而提高组织的均匀性和加工性能。对铝板材来说，它可提高铝板的力学性能，改善板材的表面质量，使合金成分均匀，氧化着色均匀，减少板的变形织构，提高板材的深冲性能和成品率。在生产中，Al-Ti-B 丝细化剂中

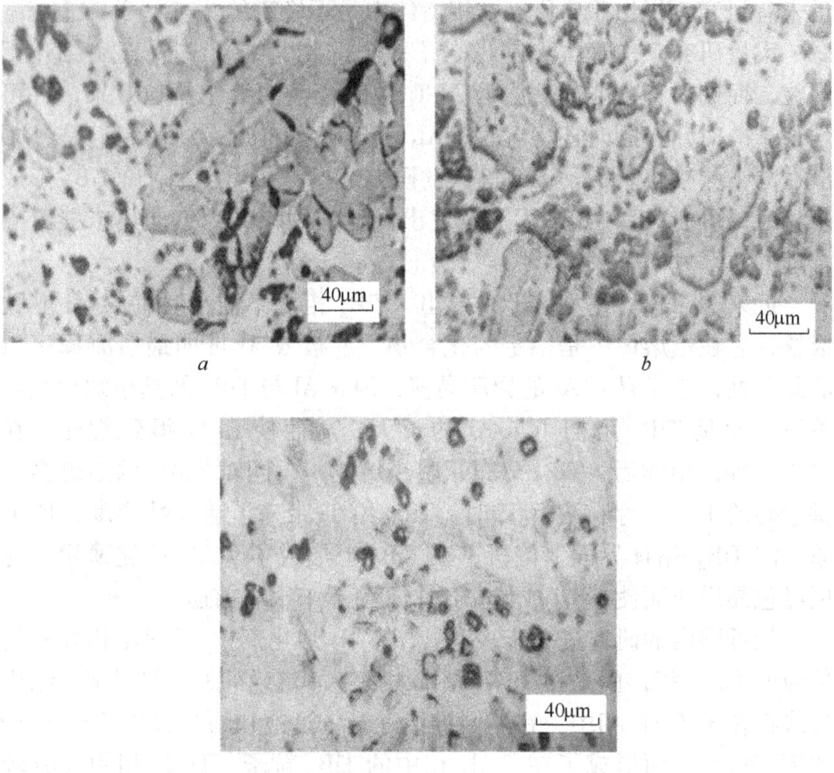

图 7-22　Al-Ti-B 丝中的 $TiAl_3$ 相

a—$TiAl_3$ 相中含有密集的 TiB_2 粒子　×250；*b*—$TiAl_3$ 相中含少量 TiB_2 粒子　×250；*c*—$TiAl_3$ 相呈针状，TiB_2 粒子与 $TiAl_3$ 分离存在　×250

Ti、B 元素含量，Ti、B 元素比，细化相的数量和形态都是关系到细化效果的重要因素。

A　Ti/B 比值的选择

欧美、加拿大对 Ti/B 比值的研究表明，其比值在 5/1～30/1 的范围内都有效，即 Al-5Ti-1B 和 Al-3Ti-0.1B 丝都可。Al-Ti-B 细化剂的化学成分见表 7-10，其中 Al-5Ti-1B 一般用作纯铝、Al-Mn 系，

Al-Mg-Si系及Al-Zn-Mg-Cu系合金用作变质剂。Al-5Ti-0.5B、Al-5Ti-0.2B和Al-6Ti主要用作残有钛和硼的纯铝重熔时的晶粒细化剂。试验证明，当Ti/B比值为5/1时，细化效果最好，当含量比变大或变小时，细化效果下降。

表7-10　Al-Ti-B细化剂的化学成分

组　元	Al-5Ti-B系列				Al-3Ti-B系列			
Ti	5	5	5	5	3	3	3	3
B	1	0.5	0.2	0.1	1	0.5	0.2	0.1
颜色、标志	绿	绿/黄	黑	绿/红	绿/蓝	绿/橙	绿/褐	绿/紫

B　Ti、B含量的选择

在Al-Ti-B丝中，有些专利推荐钛的含量为3%～10%，因为钛含量过高会引起合金脆化，使合金成形困难。硼的含量为0.2%～1.2%，当硼的含量小于0.2%时，硼的细化效果会降低，大于1.2%时，不仅无助于细化效果的提高，反而会增加生产成本。

C　Al-Ti-B丝中的金属间化合物的选择

Al-Ti-B丝能改变纯铝及其合金的晶粒组织，主要是靠中间合金中的金属间化合物的作用实现的。现已发现Al-Ti-B丝中的主要金属间化合物有铝化物$TiAl_3$、有硼化物AlB_2、TiB_2及亚稳定相TiAlX、$(AlTi)B_2$等。其中两种关键的有效晶核是$TiAl_3$和TiB_2。有效的异质晶核分布于铝熔体中，这些大量的晶点在冷却过程中起作用，使铝液在凝固过程中依附于有效晶核长大，异质晶核的数量越多，晶粒会越多，同时晶粒也越细小。

$TiAl_3$和TiB_2是两种关键的有效晶核，但是它们对细化效果的影响也不一样。$TiAl_3$的晶体因生产工艺上的差别在合金中有三种形态，即片状（flake-like）、花瓣状（petal-like）和块状（block-like），颗粒的尺寸一般为30～100μm。这三种形态的晶体结构相同，只是结晶条件不同而使其堆叠方式不同。块状$TiAl_3$几乎是三维尺寸生长的等轴晶，它有许多晶面面向熔体，它的溶解速度快，孕育期（接触时间）短，因此细化作用持续时间不长，但细化效果好，适于做成线状在炉外流槽中连续加入，一般在30～60s内就起细化作用；片状

$TiAl_3$ 是二维枝晶方式生长，因此溶解速度慢，孕育期长，细化效果差，适合做成块状加入；花瓣状 $TiAl_3$ 的溶解和细化特征基本上介于片状和块状之间。

Al-Ti-B 丝中的硼化物主要有 AlB_2 和 TiB_2 两种，它们都是六方晶体，TiB_2 的形状为团块状，有密集型和疏松型之分，一般认为 TiB_2 的颗粒越小越好，当 TiB_2 的粒子尺寸大于 10μm 就不能成为铝结晶的核心，采用小于 5μm 的难溶弥散粒子的中间合金作变质剂，其效果最好。理想的情况是每个 TiB_2 粒子均为球状，直径为 0.5 ~ 3μm。TiB_2 粒子以细小的颗粒分布于晶界或晶内，它的形态不随温度、保温时间、制造方法而变化，但当生产工艺不当时，会聚成团块。有文献认为，只有在 $TiAl_3$ 相中含有 TiB_2 的"二重"粒子时才是最有效的。

7.3.2.5　Al-5Ti-1B 丝的使用

A　Al-5Ti-1B 丝的技术要求

根据《铝及铝合金晶粒细化剂第Ⅰ部分　铝-钛-硼合金线材》（YS/T 447）标准，Al-5Ti-1B 丝细化剂的化学成分应符合表 7-11 中的规定，线材的尺寸偏差应符合表 7-12 中的规定，铝钛硼丝室温伸长率 $\delta_{50} \geqslant 30\%$。

表 7-11　细化剂的化学成分

牌　号	化学成分（质量分数）/%							
	Si	Fe	Ti	V	B	其　他		Al
						单　个	合　计	
Al-5Ti-1B	≤0.20	≤0.30	4.5 ~ 5.5	≤0.20	0.8 ~ 1.2	≤0.03	≤0.01	其　余

注：单个杂质包括 Zn、Cr、Cu、Mg、Mn、Ni 和 Zr 等表中未规定的其他元素。

表 7-12　线材的尺寸偏差

线材直径/mm	卷外径/mm	卷内径/mm	卷高/mm
ϕ9.5 ± 0.2	ϕ750 ± 25	ϕ360 ± 25	280 ± 25

铝钛硼丝表面应光滑清洁，不允许有肉眼可见的裂纹、起皮及扭折。铝钛硼丝表面允许有轻微的发暗和局部的氧化色及深度不超出线

材直径允许偏差的斑点、划伤等缺陷。铝钛硼丝在细化后，晶粒的平均直径不大于350μm。

铝钛硼丝中不允许有影响使用的固体夹杂，对于铝熔体的要求为每百克铝中的氢含量不大于0.5mL。每卷铝钛硼丝由一根绕成，但允许有焊接头，接头不得超过2个。

铝钛硼的显微组织应达到一级和二级，如图7-23*a*、图7-23*b* 所示。组织中 TiB_2 单个质点直径不大于2μm的应在90%以上，分布大致均匀弥散，允许有尺寸不大于25μm的 TiB_2 团块存在。$TiAl_3$ 相应呈块状或杆状，分布大致均匀，平均尺寸为30μm×50μm，$TiAl_3$ 相尺寸不大于150μm的应在95%以上。显现三级显微组织为不合格，

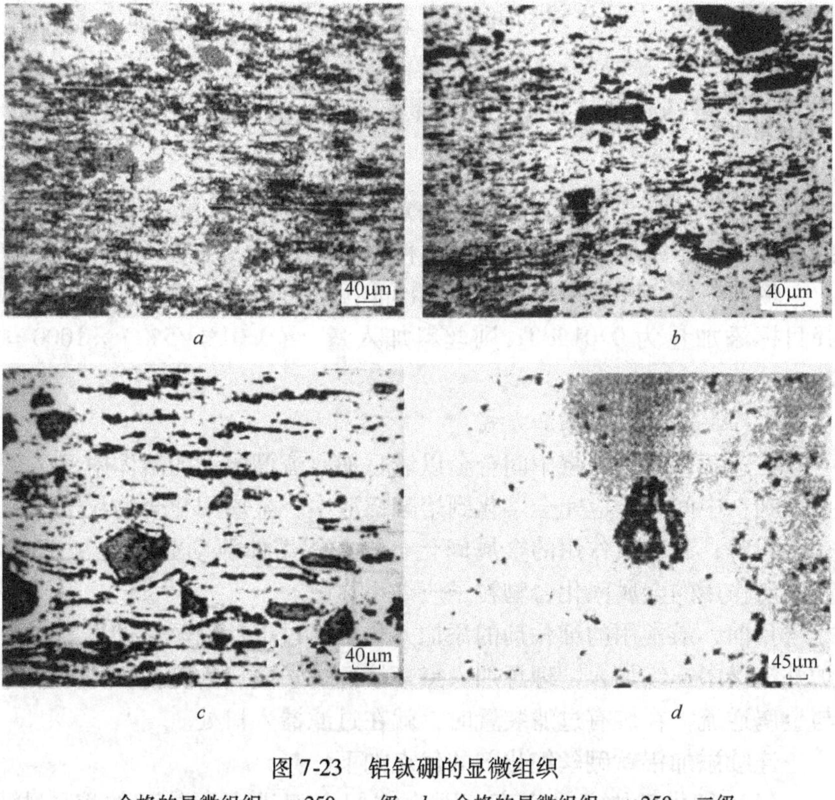

a　　*b*

c　　*d*

图7-23　铝钛硼的显微组织

a—合格的显微组织　×250，一级；*b*—合格的显微组织　×250，二级；
c—不合格的显微组织　×250，三级；*d*—密集 TiB_2 团块　×650

且组织中不允许有TiB_2的密集成块存在，如图7-23*c*、图7-23*d*所示。

B Al-5Ti-1B 丝添加量

变质剂的添加量不同，细化效果也不同。有资料表明，对于用Al-Ti-B丝以线状加入流槽进行连续铸轧，添加量为0.005% Ti时，就起到了细化作用，随着Ti含量的增加，细化效果提高，添加量为0.02% Ti时，细化效果最好；但添加量达到0.03% Ti时，细化效果提高不大，还加大了生产成本。

对于工业纯铝和防锈铝，在铸轧中，Al-5Ti-1B丝的添加量为0.0025% ~0.005% Ti，即每吨铝液加入Al-Ti-B丝的量为0.5 ~2kg。

对于板带连续铸轧，炉内加入量为0.008% ~0.02% Ti。

一般采用以下公式对每吨铝合金中Al-Ti-B丝的加入量进行计算。

$$\text{丝料加入量(kg)} = (\text{目标元素含量}\%/\text{细化剂中 Ti 的浓度}) \times 1000 \tag{7-11}$$

式中，目标元素含量即生产中要确定产品中的Ti含量；细化剂中Ti的浓度即生产中所选择的细化剂的种类。

例如：用Al-5Ti-1B丝，即细化剂中含5% Ti，按照上述的原则选择目标添加量为0.01% Ti，则丝料加入量 =（0.01%/5%）×1000 = 2kg/t。

C Al-5Ti-1B 丝添加方式

在连续铸轧中，将中间合金以线材加入流槽流动的熔体中，必须要做到：中间合金应完全熔化到熔融铝液中，金属间化合物粒子也应完全溶解；起变质作用的金属间化合物在铝熔体流动截面均匀分布；起变质作用的金属间化合物粒子应细小弥散。

目前，最常用的细化剂的添加方式是通过铝钛硼丝送进装置，在炉外流槽中连续加入，理想加入点是接近炉子流口的流槽，加入方向与金属逆流，在装有过滤装置时，就在过滤器入口处。

连续添加铝钛硼丝细化剂的优点如下：

(1) 细化剂的实收率高，因为它们全部进入所处理的熔体中，细化效果显著，添加量可为炉内锭块加入量的1/3 ~1/2；

（2）使 TiB_2 粒子不会产生结块、沉淀和造渣现象，不仅节省了清理时间，而且避免了污染；

（3）细化质量始终均匀一致，在连续铸坯时间较长的情况下，不受时间限制；细小等轴组织材料各向异性小，加工时变形均匀，且易使偏聚在晶界上的杂质、夹杂物及低熔点共晶组织分布更均匀，因此具有细小等轴晶组织的铸轧带材，其力学性能和加工性能均较好。

D Al-5Ti-1B 丝的添加速度

为了保证中间合金能充分溶解，其加入速度应与铸轧速度相适应。例如：在铸轧温度为 750℃、熔体流量为 1200kg/min 时，ϕ9.5mm 的 Al-5Ti-1B 丝添加速度可达到 387mm/min，此时，铸轧带材中含有 0.002% Ti。用喂料机加料，就会涉及到 Al-Ti-B 丝的加入速度问题，一般采用以下公式进行计算：

$$\text{细化剂加入速度(cm/min)} = \text{铸轧流量(t/h)} \times \text{细化剂含量(kg/t)} \times 8.68 \quad (7\text{-}12)$$

式中，系数 8.68 是按 ϕ9.5mm、1m 长、质量为 0.192kg 的 Al-Ti-B 丝计算的。

在熔体流量和铸轧带材中的钛含量确定后，也可选择添加速度，参见图 7-24。

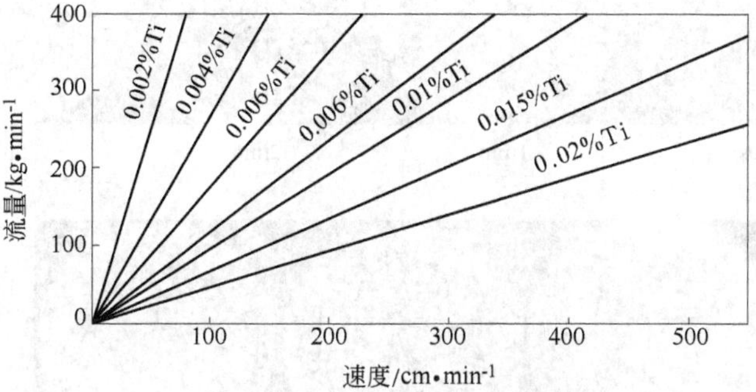

图 7-24 铝钛硼丝细化剂的添加速度

E Al-Ti-B 丝的变质时间

在连续铸轧铝时，在铝熔体中添加变质剂后，将发生物理化学变化，中间合金线材熔化形成金属间化合物粒子的悬浮体，悬浮体随金属流动到结晶前沿。最终成为结晶核心。结晶核心不仅有粒子大小和形状的选择，还有粒子大小相对的最佳接触时间的选择，使粒子有效地起到结晶晶种的作用。这主要是通过铝钛硼丝浸入熔体点到结晶凝壳的距离来控制的。

根据孝去祯等人的研究结果，取0.01% Ti添加量作为标准添加量，考察细化剂加入熔体后随时间的变化情况。熔体为99.7%的纯铝，在730℃下按标准添加量保持为30s、1min、2min、5min、15min、30min、60min，可以看出，加入细化剂后晶粒明显细化，晶粒由未加入时的2000μm细化到500μm以下，随着保持时间的增加，细化效果增强，最短在30s之内就可见细化效果，超过30min细化效果就减退。所以最佳接触时间应大于30s，以1min为最好，若接触时间不足，应加大加宽流槽，试验结果如图7-25、图7-26所示。

大量的研究工作证明，铝及铝合金产品具有细小晶粒的有效条件是：熔体中有大量的相当弥散的$TiAl_3$及TiB_2粒子，作为晶粒细化剂

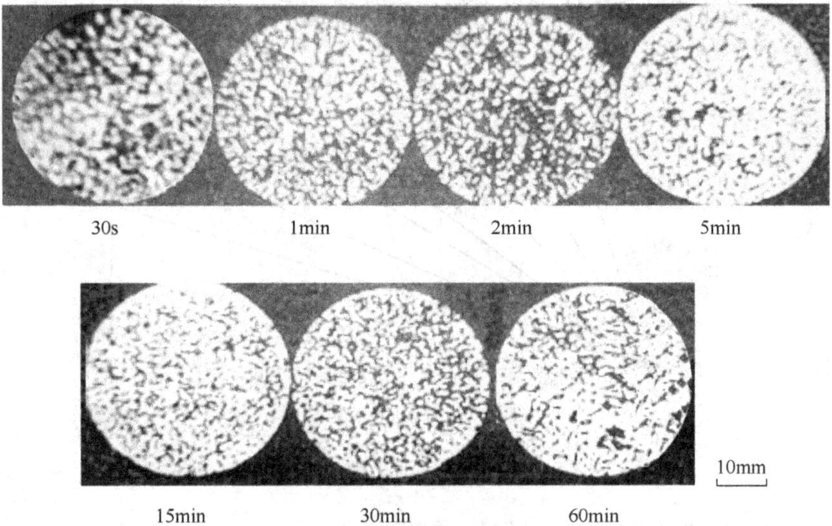

图7-25 标准添加量下不同保持时间的细化效果（KBI环模试样照片）

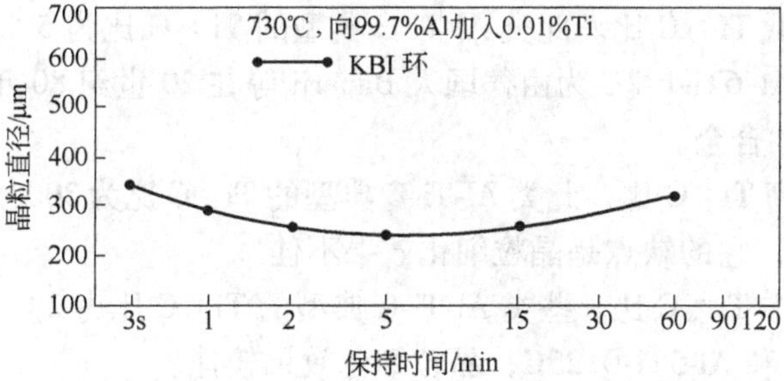

图 7-26 标准添加量和保持时间与晶粒大小的关系

的三元 Al-Ti-B 丝，钛的含量与硼的含量要达到一定的比例。提高合金在结晶范围的冷却速度；要有一定的成分过冷，金属间化合物粒子在结晶时熔体内成分均匀分布。可以把细化处理理解为增加外来晶核数量及改变晶体成长线速度的处理。

F Al-Ti-B 丝的变质温度

细化剂加入温度降低时，前箱液体温度降低，形核率增加，有利于晶粒细化，但温度太低加入 Al-Ti-B 丝时，由于 Al-Ti-B 不能均匀地分布于铝熔体中，不能充分发挥 $TiAl_3$、TiB_2 的形核作用，也就失去了晶粒细化的效果。加入温度过高，晶核的损失大，形核率减小，使晶粒粗大。从实验和生产中得到：细化剂的加入温度一般控制为 730～760℃，$TiAl_3$、TiB_2 的形核效果最好。

7.3.2.6 Al-Ti-C 晶粒细化剂

Al-Ti-C 是一种新型的晶粒细化剂，它具有减少 Al-Ti-B 的不利因素，但由于铝熔体不润湿碳，使之合金化很困难。英国 Anglo-Blackwells 公司 1986 年生产出 Al-6Ti-0.02C，但使用效果不完全令人满意，有时出现粗大金属间化合物颗粒和孪生柱状晶及柱状晶。美国 SMC 公司已成功地开发出了 Al-3Ti-0.15C 晶粒细化剂，并在 1996 年应用到美国 Alcao 公司工业生产厂。据报道，Al-3Ti-0.15C 中 TiC 颗粒平均直径为 0.59μm，在 1974μm² 面积内 TiC 颗粒为 199 个，为相同面积内 Al-6Ti-0.02C 合金的 3 倍。使用 Al-3Ti-0.15C 加入 Al-6Ti-0.02C 合金三分之一的 Ti 量有效地控制了晶粒组织，未出现孪生柱状晶。

Al-Ti-C 晶粒细化剂按 Ti：C 比可分为低、高、中三种类型：

（1）低 Ti：C 比。此类 Al-Ti-C 典型的 Ti：C 比为 5：1 。如 Al-5Ti-1C 和 Al-6Ti-1. 2C 为由德国人 Banerji 等在 20 世纪 80 年代中期发明的试验性合金。

（2）高 Ti：C 比。此类 Al-Ti-C 典型的 Ti：C 比为 300：1 ，如 Al-6Ti-0. 02C，它的缺点是晶粒细化效果不佳。

（3）中 Ti：C 比。些类 Al-Ti-C 典型的 Ti：C 比为 20：1 ，如 Al-3Ti-0. 15C 和 Al-5Ti-0. 25C，晶粒细化效果较佳。

国内 Al-Ti-C 中间合金晶粒细化剂已取得了发明专利，如 Al-5Ti-0. 2C 晶粒细化剂，含较多的过剩钛。众所周知，晶粒细化包括晶粒形核和限制晶粒生长速度两个方面。Ti 能强烈地限制晶粒生长速度，可以提高成分过冷，给新的晶粒形核创造有利的条件。溶解在铝中的 Ti 不服从于混合物规则，在低温下 Ti 是有序的。在过剩 Ti 的合金中，细化剂加入之时，这些有序区可以存在，它们可能接近 $TiAl_3$ 的浓度，这对提高晶粒细化效果会起作用。由于有序区表面张力低，则在 TiC 质点和这些升高序列的区之间可能相互吸引，有利于晶粒形核。

在细化机理上，Al-Ti-C 丝区别于 Al-Ti-B 丝的是 TiC 单独能使 α-Al 形核，它具有与铝相同的面心立方晶体结构，其晶格常数非常近似于铝；而 TiB_2 为六方晶格，不起铝的形核作用，只有在 TiB_2 上有表面铝化物层时才能起形核作用。另外，TiC 熔点很高，在适当的温度下是比较稳定的。在 750 ~ 1000℃ 保持很长时间，可能引起 TiC 晶核中毒现象，降低最终铸造产品的晶粒细化效果。这是因为长时间保温会引起不希望的化学反应和表面活性元素在 TiC 周围偏聚，减弱或破坏使铝晶体有效形核能力。这种中毒效应是由在 TiC 周围生成的 Al_4C_3 和 Ti_3AlC 化合物包覆层所引起的。出现这种情况，如果在铸轧之前将熔体于 1300 ~ 1400℃ 保持 5 ~ 10min 便可解除。

铝箔生产试验证明，因 TiC 聚集倾向小和颗粒尺寸小，可以减少铝箔针孔数。例如，采用 Al-5Ti-0. 2C 晶粒细化剂，在 0. 0062mm 的 1235 合金的双零箔中，针孔数分别为 31 个/m^2 和 102 个/m^2，针孔数减少了 3/4。

7.3.2.7 细化剂效果的对比

有关文献研究对比了以上三种晶粒细化剂的显微组织和细化效果。所用Al-Ti、Al-Ti-B和Al-Ti-C中间合金的化学成分分析：Al-Ti合金为Ti含量5.03%，其他杂质元素含量小于0.25%；Al-Ti-B丝为Ti含量4.03%、B含量1.04%，其他杂质元素含量小于0.25%；Al-Ti-C为C含量5.17%，其他杂质元素含量小于0.27%；Al余量。

图7-27是三种细化剂的SEM照片。

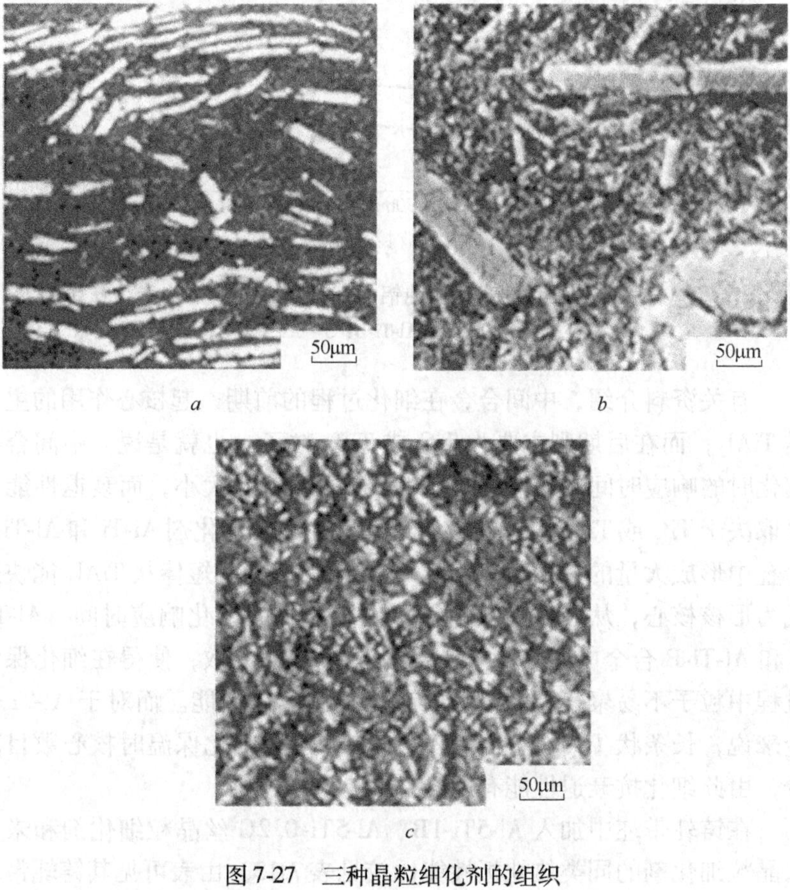

图7-27 三种晶粒细化剂的组织

a—Al-Ti合金；*b*—Al-Ti-B合金；*c*—Al-Ti-C合金

观察表明，三种合金的 $TiAl_3$ 基本呈长条状或短棒状。中间分布团簇状的 TiC 和 TiB_2 粒子，分布趋于分散。

三种晶粒细化剂对工业纯铝的细化曲线见图 7-28，由图可见，Al-Ti、Al-Ti-C、Al-Ti-B 丝对工业纯铝的细化效果，在 1 ~ 5min 之内随着时间的延长，细化效果降低，而在 5min 后，其细化效果有所恢复。

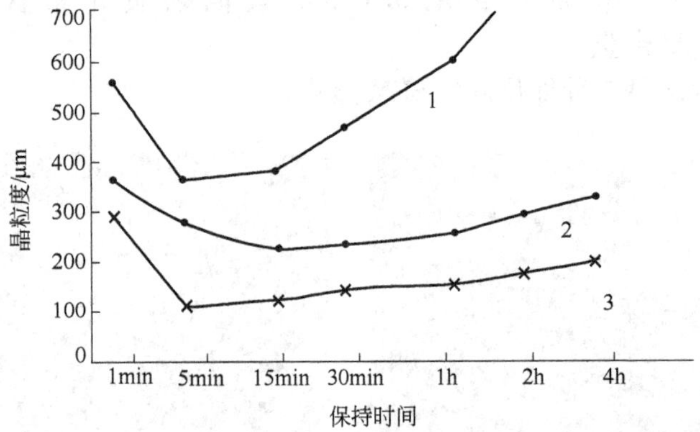

图 7-28　三种晶粒细化剂对工业纯铝的细化曲线（Ti 加入量为 0.02%）

1—Al-Ti；2—Al-Ti-B；3—Al-Ti-C

有关资料介绍，中间合金在细化过程的前期，起核心作用的主要是 $TiAl_3$，而在后期则主要为 TiC 或 TiB_2 粒子。也就是说，中间合金细化时的响应时间主要取决于 $TiAl_3$ 相的形状和大小，而衰退性能主要取决于 TiC 或 TiB_2 粒子的聚集程度。在晶粒细化剂 Al-Ti 和 Al-Ti-C 合金中形成大量的短棒状 $TiAl_3$，在细化初期这些短棒状 $TiAl_3$ 能快速成为形核核心，从而较明显地缩短中间合金的细化响应时间。Al-Ti-C 和 Al-Ti-B 合金中团簇状 TiC 和 TiB_2 粒子的分散，使得在细化保温过程中粒子不易聚集沉淀，从而改善了其衰退性能。而对于 Al-Ti 合金来说，长条状 $TiAl_3$ 的溶解速度加快，使得细化保温时核心数目减少，由此细化抗衰退性能有所降低。

在铸轧带坯中加入 Al-5Ti-1B、Al-5Ti-0.2C 丝晶粒细化剂和未加入晶粒细化剂的同类热轧板性能比较见表 7-13。由表可见其铸轧带坯的力学性能基本相近，铸轧带坯的各向异性基本消失。

表 7-13 力学性能比较

种类＼方向	合金	厚度/mm	0°方向		90°方向		45°方向	
			σ_b/MPa	δ/%	σ_b/MPa	δ/%	σ_b/MPa	δ/%
加英国铝钛硼丝	1060	7.5	93.4	36.0	92.2	37.9	87.7	35.0
未加晶粒细化	1060	7.5	73.6	36.6	103.1	11.9	66.3	39.8
热轧板	1050A	8.0	86.0	35.1	84.9	29.4	80.8	28.2
加铝钛碳丝	1235	7.3	91.0	36.1	95.3	37.1	94.75	34.7
加进口铝钛硼	1235	7.3	90.2	34.5	91.2	36.1	90.2	36.2

7.3.3 动态晶粒细化

引入外来晶核，或多或少地污染了成品合金，采用动态晶粒细化，则可避免这种污染现象。动态晶粒细化就是对凝固的金属进行振动和搅动，一方面依靠从外面输入能量促使晶核提前形成，另一方面使成长中的枝晶破碎，增加晶核数目。目前常用的方法有机械搅拌、电磁搅拌、音频振动及超声波振动等。利用机械或电磁感应法搅动液穴中的熔体，增加了熔体与外部的热交换，液穴中的熔体温度降低，过冷带增大，破碎了结晶前沿的骨架，出现大量可作为结晶核心的枝晶碎块，从而使晶粒细化。特别是电磁铸轧法，为高性能铝板带材坯料生产提供了一种新的装备与技术。

7.3.3.1 电磁铸轧的发展

传统的铝及铝合金连续铸轧技术，依赖于铝钛硼丝提高带坯的组织和性能，在电磁铸造的基础上形成的电磁铸轧技术，将电磁场应用于铝合金连续铸轧中，代替铝钛硼丝细化晶粒。电磁铸轧通过材料组织形成的能量规律，寻找常规铸轧技术缺陷的本质原因，通过创造新的载能装备。向铸轧过程注入新的能量，改变铸轧区的能场结构，使铸轧过程出现新的材料微流变机制，以获得优良的组织结构和性能，为高性能铝板带材提供性价比高的铝带坯。

电磁铸轧技术是一项集机、电、铸和加工工艺等多学科和新技术于一体的探索性研究课题。20 世纪 80 年代初实验发现，在特定频段上的电磁场能量易为铝熔体吸收，转化为形核、流变能量，改善微观组织，同时研究了特殊电磁场载能装备原理和结构的可行性。在上述研究基础上形成了将电磁场施加到连续铸轧中的技术构思。电磁铸轧的关键技术为研制一套能产生特殊复合磁场的电磁感应装置和一套能适应各种磁场要求的供电与过程控制系统。

1989 ~1990 年在试验室模拟连续铸轧工艺的主要环节进行了多次试验，查明了铝及铝合金在电磁铸轧条件下的行为机理和基本参数、基本磁场形态，为工业试验提供了理论依据。从 1990 年开始，在我国铝业西北铝加工分公司进行了多次工业试验，并最终应用于工业生产。

7.3.3.2　电磁铸轧技术的原理

电磁铸轧技术是应用电磁感应原理，在铝及铝合金连铸轧的关键环节施加特殊形态的电磁场，创造一种强外场的凝变条件，使粗大的柱状晶向微细化等轴晶转化，并可改变带坯原始晶粒取向，达到全面改善和提高铸轧带坯性能的目的。

电磁感应器结构原理见图 7-29，将工频电通过交-交变频和计算机控制，产生在 2 ~ 20Hz 的频率范围内可随机换频的特殊低频交流电源；用特殊结构的横向磁通感应装置，在铸轧区产生以行波磁场为主的复合磁场，并通过电磁感应作用在铸轧区，产生平行于轧辊轴线

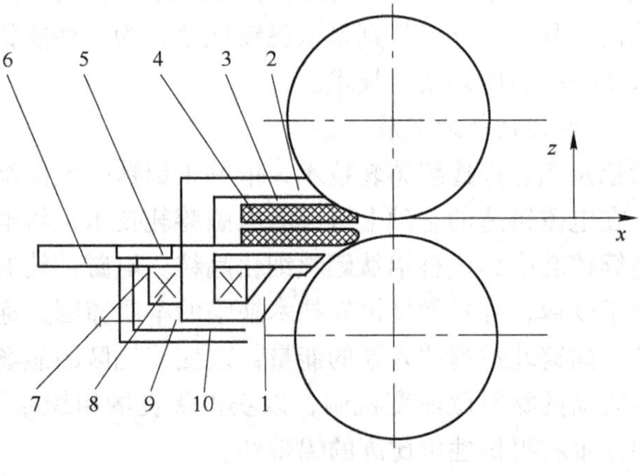

图 7-29　电磁感应器结构原理图

1—下铁芯；2—上铁芯；3—压板；4—供料嘴；5—隔磁板；6—底板；7—冷却水套；8—线圈；9—滑动座；10—支撑座

方向的水平搅拌力；不断改变行波磁场方向，以改变搅拌力的方向。通过上述技术措施，使凝固前沿黏糊区产生非定常、小幅值的迁移流动，改变熔体的温度场、流场和浓度场，对凝固前沿长大的枝晶产生机械剪切和冲刷，使枝晶碎断、剥落，造成晶核增殖。

生产中，将供料嘴置于电磁感应器的上、下铁芯空隙中，当电磁感应器线圈中通入交流电，而铝液中通入直流电时，铸轧区中的流场除受分流块和上、下轧辊形成的两个冷却面的影响之外，同时还要受电磁力的影响。试验在 ϕ650mm × 1600mm 双辊连续铸轧机上进行。试验除了增配电磁感应器和将供料嘴中分流块的位置偏移一定的角度外，其余均按正常生产工艺进行。分流块的位置偏移一定的角度后，因加大了边部铝液的流量而增高了铝液边部的温度，使两侧边部的液固相界面后移，避免了电磁场产生的作用力对液固界面两侧边部刚刚凝固的金属薄壳的冲击。

7.3.3.3 电磁铸轧试验的结果

图 7-30 为 1235 合金有、无电磁场作用下的组织转变金相图，从图中明显可见，在铝合金的凝固-变形过程中施加电磁场能有效细化晶粒，使粗大的柱状晶向细小的等轴晶转变。图 7-31 所示为无磁场和未加晶粒细化剂的 1060 铝合金带坯金相组织。图 7-32 所示为在行波与脉振组合磁场作用下，1060 铝合金带坯的金相组织。在组合磁场的作用下，铝带坯的金相组织由原来的 5 级晶粒度转变为细小的 1 级晶粒度，并获得全部等轴化的晶粒形态。

图 7-30 电磁场铸轧与常规铸轧在截换过程中的组织转变

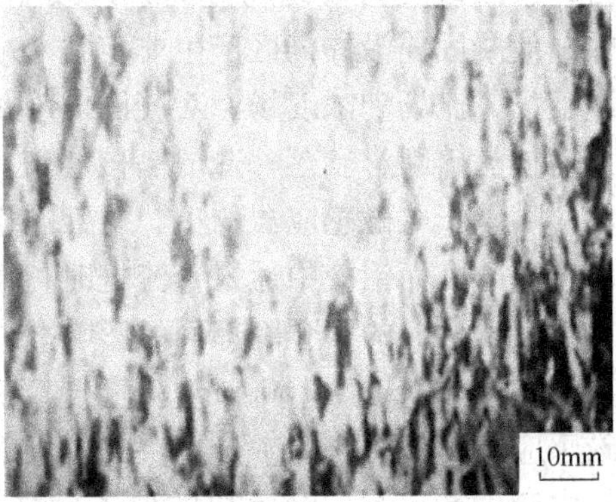

图 7-31　无磁场和未加细化剂 1060 铝合金带坯的金相组织

图 7-32　在组合磁场的作用下 1060 铝合金带坯的金相组织

试验结果表明：1060 合金纵切面宏观组织，在无电磁场的条件下，晶粒粗大，柱状晶发达，平均晶粒数为 82 个/cm^2，而在电磁场条件下，晶粒显著细化，平均晶粒数为 480 个/cm^2。这说明在电磁场的铝流体中有明显的破碎搅拌作用，而对柱状晶起到明显的抑制作用。纵切面低倍组织，在无电磁场的条件下，纤维组织夹角为 20°～22°，在电磁场作用下，纤维组织夹角为 30°～38°，由此可证实，施加电磁场后使液穴的深度减小，所以在铝液中施加电磁场能够改变流体的流动场，在液体中产生搅拌、掺混作用，抑制了柱状晶长大，并且将熔体中的溶质搅拌均匀。因此，界面处的温度梯度减小，系统的内能增加，当铝液进入到液固界面处受到激冷时，能够在界面处均匀形核。

电磁场铸轧铝带坯晶粒微细、等轴、均匀分布，晶界上金属间化合物细小弥散，织构与成形性优于常规铸轧板带。电磁铸轧、常规铸轧、热轧板性能比较见表7-14。

表7-14 电磁铸轧、常规铸轧、热轧板性能比较

类型	铝带坯7.1mm						0.5mm成品板制耳率/%	0.007mm铝箔针孔数/个·m^{-2}
	σ_b/MPa			δ/%				
	0°	45°	90°	0°	45°	90°		
电磁场铸轧	91	90	90	33.8	34.5	34.0	1.85~1.93	30~50
普通铸轧	88	89	87	36.1	34.3	32.2	4.0~4.5	200~300
热轧	88	89	88	35.7	34.4	33.4	1.86~2.1	300~400

7.3.3.4 电磁铸轧技术的优势

电磁铸轧技术具有以下优势：

（1）在铝铸轧区中施加电磁场是一种无污染、提高带坯质量的新技术，只要有适当的工艺参数和电磁参数，就能获得细小的等轴晶组织。晶粒细化达到添加进口铝钛硼丝的效果（一级晶粒度）；

（2）在相同的冷轧、退火工艺条件下，添加铝钛硼细化剂的铸轧带坯制耳率为4.0%~4.5%，而电磁铸轧可铸轧出接近无织构的带坯[58]，制耳率降至1.85%~1.93%，使铸轧带坯的深冲性能得到突破性提高；

（3）通过调整电磁参数可以控制晶粒的取向，铸轧出接近无织构的带坯，对于改善偏板、消除通条缺陷和马蹄形裂纹有良好的效果，为扩大铸轧的铝合金品种提供了极为有利的条件；

（4）由于不采用晶粒细化剂添加工艺，消除了由此带来的合金化污染；

（5）电磁铸轧是一种无污染的提高铸轧带坯质量的“绿色工程”新技术，应用与推广前景良好；

(6) 用电磁铸轧的带坯已顺利产出0.007mm合格铝箔。采用该技术生产的铸轧带坯的深拉性能明显优于普通铸轧板带。

自1997年以来电磁场铸轧试验样机一直在西北铝加工厂运行。多次工业试验和生产考核表明：采用电磁场铸轧装备和技术可生产1~8系的多种铝合金品种，铸轧带坯组织性能明显优于常规铸轧带坯，并能拓宽铸轧带坯的应用范围。由电磁场铸轧带坯所加工成的0.007mm铝箔，其金相组织和力学性能均优于加常规晶粒细化剂的铝箔产品，且避免了细化剂产生的合金污染，成品率平均提高8.8%。目前，电磁场铸轧技术已在国际通用的两种结构铸轧机（亨特式、3C式）上获得工业应用。

8 铸轧带材板形和质量控制技术

8.1 铸轧带材板形控制技术

8.1.1 衡量铸轧板板形的指标

铸轧板的断面形状，对冷轧板带材的产品板形影响极大，冷轧机尽管有弯辊、倾斜和冷却位置控制等板形调节手段，但也只能有限地改善铸轧板坯的板形，不能从根本上消除铸轧工艺所留下的板坯板形缺陷。只有对铸轧板坯等比例的压下，才能使冷轧生产获得良好的板形。所以产品质量首先要从铸轧工艺着手，解决好板形问题。铸轧带材的横向厚差（包括同板差和凸度）、纵向厚差及厚度的控制构成了铸轧带板形的重要因素。

8.1.1.1 传统衡量铸轧带材的板形指标

A 同板差

同板差的控制是铸轧板板形最关键的一项指标，同板差是指距离左右边部50mm的两点厚度差值的绝对值，行业标准《铝及铝合金铸轧带材》（YS/T 90—2002）中规定，铝及铝合金铸轧带材的同板差不大于厚度的0.6%。在冷轧时轧制材的横向延展很小，主要是纵向延伸，所以铸轧板若同板差太大，卷材在进一步冷轧时就会出现单边波浪的缺陷。

B 凸度

凸度是指中间点的厚度与距离左右边部50mm的较薄一点的厚度差值，铸轧板也不允许出现平板和负凸度。冷轧过程中轧制变形抗力使得轧辊不可避免地产生中部挠曲，导致两边辊缝变小，中间辊缝变大。若铸轧板坯为平板坯或负凸度板坯就会出现两边波浪的现象。同样，铸轧板凸度太大也会出现中间波浪。所以在行业标准YS/T 90—2002中规定，铝及铝合金铸轧带材任一横断面的中凸度不允许为负值，但不得大于板厚的1%。

C 纵向厚差

纵向厚差也是衡量板形优劣的一个指标，在行业标准《铝及铝合金铸轧带材》（YS/T 90—2002）中规定，铝及铝合金铸轧带坯的纵向厚度差应不大于0.15mm。冷轧工艺可以较大地消除铸轧板坯厚度超差的现象，但是厚度超差势必引起冷轧张力波动，此外铸轧板坯厚度变化反过来会影响冷轧板的同板差和中凸度，使得冷轧板的同板差和中凸度难以保证。所以对铸轧板的纵向厚度差也必须严格控制在一定范围内。

纵向厚差中又分为一卷内的厚差和对应铸轧辊周长上的厚差。图8-1所示为实际测得的铸轧板轧辊周长上的铸轧板纵向厚差曲线。从图中可见，它的厚度平均值为7.59mm，±1%的上限为7.66mm，下限为7.51mm。铸轧板存在厚度的局部突然变化，这种变化在铸轧辊周长上是重复出现的。

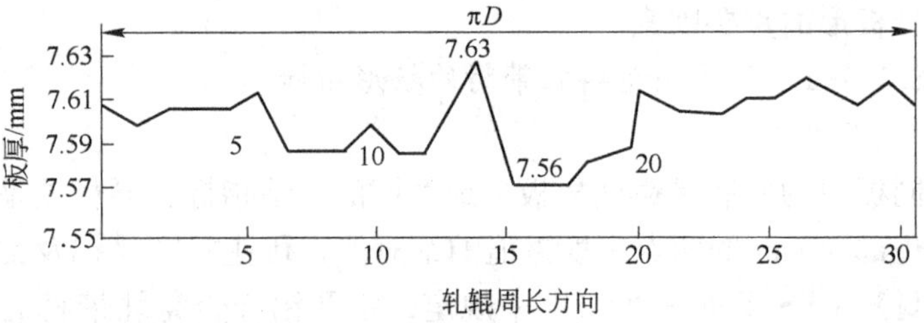

图8-1 实际测得的铸轧板轧辊周长上的厚度分布

D 铸轧板的厚度

铸轧板板厚在纵横向的分布是不均匀的。即使在同一铸轧机上铸轧出的铸轧板，第 n 圈和第 $n+1$ 圈上的厚度分布也不是简单的重复，见图8-2。

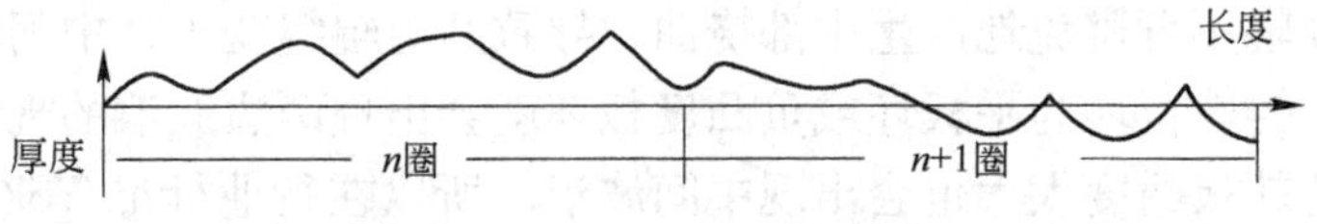

图8-2 第 n 圈和第 $n+1$ 圈上的板带厚度分布

8.1.1.2 衡量铸轧板板形指标的新规定

在行业标准《铝及铝合金铸轧带材》中新规定了以下术语及定义。其值应符合表8-1中的规定。

表8-1 铝及铝合金铸轧带材的纵向厚差、任一横断面的中凸度值、两边厚差、相邻两点差

项　目	高精级	普通级
纵向厚差/mm	≤0.10	≤0.15
中凸度/%	0~1	
相邻两点差/mm	≤0.02	≤0.04
两边厚差/mm	≤0.04	≤0.06
同板差/%	≤0.6	

A 纵向厚差

纵向厚差是指在一个轧辊周长或整卷铸轧带材沿同一纵向长度上测得的任意两点厚度的最大差值。

B 中凸度

中凸度是指带材任一横断面（如图8-3所示）中心点厚度与两个边部厚度平均值的差值相对于中心点厚度的百分比。一般按式（8-1）计算：

$$中凸度 = \frac{H_0 - (H_1 + H_2)/2}{H_0} \times 100\% \qquad (8\text{-}1)$$

式中 H_0——中心测量点的厚度，mm；

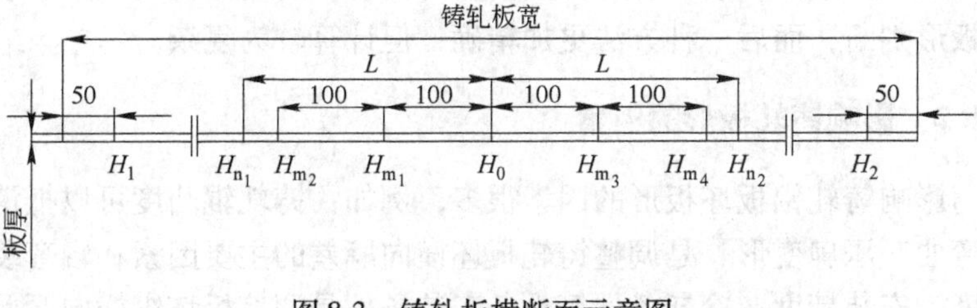

图8-3 铸轧板横断面示意图

（图中单位：mm）

H_1，H_2——边部测量点的厚度，即带材宽度方向距两个侧边50mm处的厚度，mm。

C 同板差

同板差是指在带材任一横断面上沿宽度方向，与中心对称两点的厚度差的绝对值与中心点厚度的比值（两边部测量点 H_1、H_2 除外）。一般按式（8-2）计算：

$$同板差 = \frac{|H_{n_1} - H_{n_2}|}{H_0} \times 100\% \quad (8-2)$$

式中 H_{n_1}，H_{n_2}——与中心点 H_0 对称（即与中心点等距离 L）的任意两点的厚度，mm。

D 两边厚差

两边厚差是指带材任一横断面上沿宽度方向距两边部50mm所测得厚度的差值（以绝对值表示）。一般按式（8-3）计算：

$$两边厚差 = |H_1 - H_2| \quad (8-3)$$

E 相邻两点厚差

相邻两点厚差是指带材任一横断面上沿宽度方向相邻两点（间隔100mm）的厚度差（以绝对值表示，两边部测量点 H_1、H_2 除外）。一般按式（8-4）计算：

$$相邻两点厚差 = |H_{m_1} - H_{m_2}| \quad (8-4)$$

式中 H_{m_1}，H_{m_2}——横断面上间隔为100mm的相邻两点的厚度，mm。

以上同一种名称而不同的衡量板形的计算公式，在使用时应该是一种过渡及适用。前一种计算方法较为简易，适用于铸轧生产现场进行板形判断，而后一种方法更加精确，但计算较为复杂。

8.1.2 影响铸轧板形的因素

影响铸轧铝板坯板形的因素很多，例如：铸轧辊凸度可以抵消轧辊弯曲、压扁变形，是调整铸轧板坯横向厚差的主要因素；辊套装配精度、安装精度、冷却条件等设备工装条件是调控板坯纵横向厚差的重要因素。轧制力、轧制速度、轧制区长度等工艺参数对铸轧带材板形也有重要影响。

8.1.2.1 轧辊辊径对铸轧板形的影响

在生产中，轧辊直径影响板坯尺寸。一般来说，辊径越大，板坯尺寸精度越好，板形越好；反之越差。某厂的名义辊径为 ϕ640mm，但随着轧辊的磨削，其实际直径变小，在不同的直径下，铸轧板的同板差统计见表8-2，凸度统计见表8-3。从表中可见，随着轧辊直径的减小，铸轧板的同板差不小于0.07mm 的卷数增加，凸度不小于0.10mm 的卷数也增加，说明板形质量恶化。

表 8-2 不同轧辊辊径生产的板坯同板差的卷数

铸轧辊辊径/mm	合 金	板坯规格 /mm × mm	同板差/mm									合计/卷
			0	0.01	0.02	0.03	0.04	0.05	0.06	0.07	>0.07	
639.67 639.69	1060 1035	7.2 × 1280 7.5 × 1280 7.5 × 1060	4	4	12	4	12	9	1			46
630.03 629.88	1060,1035 1070A, 1050A, 1200	7.5 × 1280 7.5 × 1280	1	10	6	7	7	6	5	6	6	54
618.76 618.70	1060 1035	7.5 × 1280 7.5 × 1260 7.5 × 1060	3	9	8	9	2	6	2	1	10	50

表 8-3 轧辊辊径与板坯凸度的关系

铸轧辊辊径/mm	合金	板坯规格 /mm × mm	凸度/mm															合计
			0.02	0.03	0.04	0.05	0.06	0.07	0.08	0.09	0.10	0.11	0.12	0.13	0.14	0.15	>0.16	
639.67 639.69	1060 1035	7.2 × 1280 7.5 × 1280 7.5 × 1280			1	8	8	7	11	6	3							46
630.03 629.88	1062 1035	7.5 × 1060 7.5 × 1260	1	1	6	11	12	7	4	5	2	2	3					54
610.76 618.70	1060 1035	7.5 × 1200 7.5 × 1260 77.5 × 1060	1	4	2	9	5	2	1	2	3	3	2	2	5	1	8	50

在生产中，虽然随着辊径的减小，已经增加了铸轧辊原始磨削的机械凸度，但轧辊凸度增加后，板坯凸度还是明显增加，其原因是小直径轧辊刚度较小，易发生压扁现象；抗弯能力低，挠度增大。

8.1.2.2　铸轧辊预磨凸度对铸轧板形的影响

轧辊的辊型要求中凸，且两端直径差小于0.02mm，在确定轧辊的预磨凸度时，要考虑到轧辊热凸度对板形的影响。

铸轧区轧辊受热膨胀，其膨胀量可按式（8-5）计算：

$$T = \int_0^{\delta}\left(\frac{t_2 - t_1}{\delta}\cdot x + t_1\right)\alpha \cdot \mathrm{d}x \tag{8-5}$$

式中　T——膨胀量，mm；

δ——辊套厚度，mm，以轧辊直径650mm为例，其厚度为45mm；

t_2——铸轧区轧辊辊面温度，测定为500℃；

t_1——辊套内部温度，等于加水温度37℃；

α——辊套的线膨胀系数，查机械手册得$\alpha = 17\times10^{-6}$/℃。

将已知参数代入式（8-5），可得$T = 0.205$mm，则在辊径为650mm时，轧辊在铸轧区的径向膨胀为0.205mm，即由此板坯厚度会减薄0.41mm。

当铸轧区轧辊表面温度均匀时，只影响板厚，但轧辊表面温度并不均匀，而且铸轧区轧辊温差会更大，假设铸轧区内轧辊两端的温度为450℃，那么代入式（8-5）计算得$T = 0.18$mm。即当铸轧区轧辊中间和两端温度差为50℃时，会出现0.025mm的凸度。由于铸轧区两端的温度差，也会造成板坯的同板差为0.01mm左右。

所以，要在进行轧辊磨削时考虑热膨胀对板厚、板凸度和同板差的影响。

8.1.2.3　冷却条件对铸轧板形的影响

轧辊冷却强度也会影响铸轧带材的板形，冷却强度太大会造成轧制变形抗力变大。但轧辊冷却强度也不能太小，因为轧辊中部的热量比两边的热量更不易被冷却水带走，它使轧辊中部热膨胀大于两端，也就是热凸度太大，使轧出的板坯变成平板或负凸度。所以必须使冷却强度控制在一定范围内。

据有关资料测定，沿辊身方向，辊面温度近似对称分布，中间高，两边缓慢降低，尤其是富余辊面出现陡降，在板宽范围内，辊面温度相差不大；绕辊周方向，辊面温度在靠近铸轧出口处最高；随着离铸轧出口越远，辊面温度呈明显下降趋势；但在铸轧入口附近，随着离铸轧入口越近，辊面温度反而升高。铸轧中，铸轧辊中央热变形大，在铸轧板边部热变形较小，与辊面温度分布规律基本相符，这决定了铸轧板的板形。

但由于铸轧生产的连续性和辊芯经多年磨损和修复，使原来就不大的冷却水槽通道更小，此时由于冷却水易结垢，轧辊辊芯水槽更易堵塞。造成热传导不良。轧辊表面冷却温度差值过大，此处的轧辊表面温度高出轧辊周向相邻处50℃以上，轧辊局部温度过高。轧辊局部热膨胀，导致轧出的板形复杂，表8-4所示为铸轧辊堵塞时的周向辊面温度和铸轧辊堵塞时对应的轧辊一周的铸轧板纵向板形。辊芯堵塞处铸轧板厚度突然变薄，此温差在铸轧区还会增大，将影响板坯的同板差、凸度及板坯纵向厚差。

表8-4 铸轧辊表面温度和铸轧板厚度分布

序号	轧辊一周表面温度/℃					轧辊一周的铸轧板纵向厚度/mm				
	A	*B*	*C*	*D*	*E*	*A*	*B*	*C*	*D*	*E*
1	158	209	156	161	140	6.82	6.69	6.89	6.95	6.98
2	151	216	153	158	140	6.86	6.71	6.91	6.96	6.99
3	128	201	143	146	140	6.91	6.85	6.97	7.02	7.05
4	125	156	140	142	140	7.00	7.02	7.09	7.08	7.06
5	126	136	134	139	140	7.07	7.10	7.14	7.12	7.09
6	125	130	135	138	139	7.10	7.15	7.17	7.13	7.09
7	120	128	136	134	139	7.13	7.18	7.22	7.17	7.11
8	120	127	137	138	138	7.16	7.24	7.26	7.21	7.13
9	120	125	135	134	138	7.20	7.29	7.30	7.23	7.14
10	116	124	136	129	134	7.19	7.29	7.31	7.22	7.14

注：*A*～*E*分别为铸轧辊轴向和铸轧板厚度横向的均分点（铸轧辊温度测量点为距轧辊中心连线500～700mm处），序号1～10为铸轧辊一周及轧辊一周的铸轧板纵向厚度的均分点，*A*为操作侧，*E*为传动侧。

针对这一问题，可以通过对冷却水进行软化处理，每一次换辊后立板前对铸轧辊套内进行酸洗，使铸轧辊周向相邻处温度差控制在20℃以内，并使铸轧板厚度突变现象得以改善。由于铸轧机的冷却用循环水进、出口均在操作侧，在同一辊缝下，铸轧板的厚度操作侧比传动侧厚，且厚度变化稍大些，因此生产中要适当控制循环水的出口温度，减小进、出口水温的温差。

8.1.2.4 辊缝对铸轧板形的影响

在铝板带坯连续铸轧生产中，经常出现板材沿宽度方向的厚度偏差和不良板形，为了减小厚度偏差，获得良好板形，辊缝调节系统不断地进行调节，并保持恒压力轧制。辊缝调节系统有两种方式：一种是压上式辊缝调节，另一种是压下式辊缝调节，见图8-4。

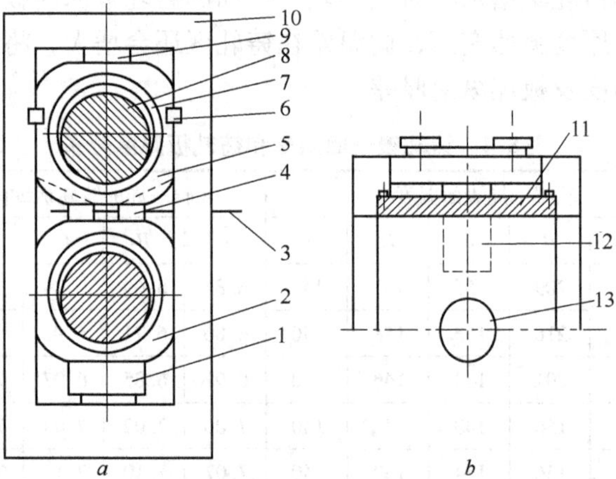

图8-4 铸轧机辊缝调节

a—压上式辊缝调节；*b*—压下式辊缝调节

1—压上缸；2—下轴承箱；3—丝杠；4—调整斜铁；5—上轴承箱；6—键；7—轴承；8，13—轧辊；9—上斜铁；10—机架；11—牌坊；12—压下油缸

以压上式辊缝调节为例，见图8-4*a*，顶起压上缸1，使下轴承箱2受力，再由调整斜铁4把力传递到上轴承箱5（上轴承箱5由键6和上斜铁9在机架10横梁上预紧，根据上辊直径调整轧制线），然

后，测量上、下轧辊操作侧和传动侧辊缝。压上缸产生的预置力，消除了工作时轧制变形抗力引起的机架伸长。

辊缝调定后，上、下轧辊处于自由状态，此时轧辊 8 只承受自重。由于轴承径向间隙的存在，轧辊 8 和轴承 7 之间存在间隙。正常轧制时，由于轧制变形抗力的作用，上辊上移，间隙移到上轧辊下面，下轧辊位置不变，这样，板厚将由此增加 0.06 ~ 0.12mm。也就是调定的辊缝和工作辊缝相差 0.06 ~ 0.12mm，由此板坯也将增厚 0.06 ~ 0.12mm。

而且由于轧辊轴承间隙的测量误差和轴承隔离环磨削误差的不同，会使轧辊轴承实际间隙产生约 0.01mm 的差值。由此板坯会出现约 0.01mm 的同板差。所以辊缝调节对于厚度和同板差都有影响。

8.1.2.5 辊套装配精度对于铸轧带材横向厚差的影响

铸轧辊的辊套与辊芯装配是在很高温度下进行的，辊套内径与辊芯的装配过盈量要适度，过盈量太小时，辊套与辊芯之间会产生一定的间隙，铸轧生产中随着铸轧辊的转动，辊芯与辊套之间发生相对错动，使铸轧辊的变形不均匀，造成铸轧板的板形无规律。只有采用合理的过盈量进行装配，才能轧制出良好的板形。

8.1.3 工艺参数对铸轧板形的影响

8.1.3.1 轧制力对板坯横向厚差的影响

铸轧过程中，带坯在冷却区和铸造区内为液态，轧辊不承受轧制力，进入轧制区后，轧辊受力后开始变形。只要能控制轧制区长度，即可控制轧制力，控制轧辊变形程度，从而有效地控制板坯的横向厚差。试验证明，当轧制力 P 增大时，铸轧板对于铸轧辊的反作用力 P_1 也增大。其结果：一是机架的弹性变形增大；二是轧辊发生弹性变形；三是引起轧辊的挠度增大，见图 8-5。这几种因素综合，最终增大铸轧板的凸度，但因辊缝不变，改变铸轧区不能改变两端压力，故同板差不变。所以凡使轧制力增大的因素都使中凸度有所增大。

8.1.3.2 铸轧区长度对板形影响

铸轧区长度增大，则轧制区增长，轧制力增大，板坯中凸度增大。

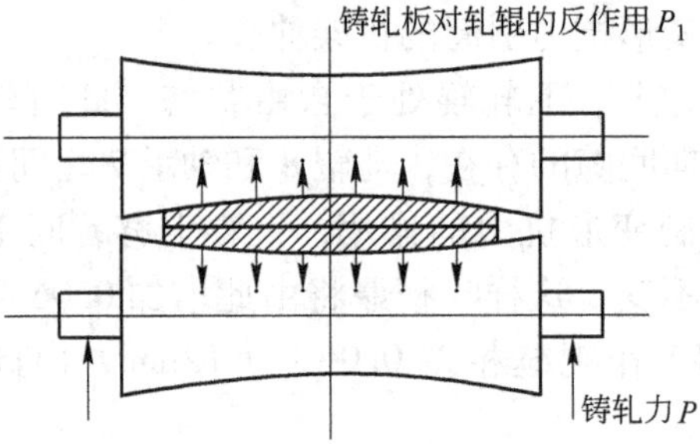

图 8-5　铸轧过程中作用力与反作用力示意图

铸轧中经常会出现板凸度太小，甚至为负值和二肋薄的板形。在其他参数稳定的条件下，主要是由铸轧区过小造成的。在其他条件不变的情况下，增大铸轧区，冷却区与铸造区长度基本不变，而轧制区长度有较大增加，轧制区的平均单位压力也明显增大；二者均使轧制力增大，金属变形抗力同时增大，使轧辊变形增大，板坯中凸度增大。但因板坯两边受力相同，虽共同减薄但厚差不变。铸轧区与板坯中凸度的对应关系如图 8-6 所示。

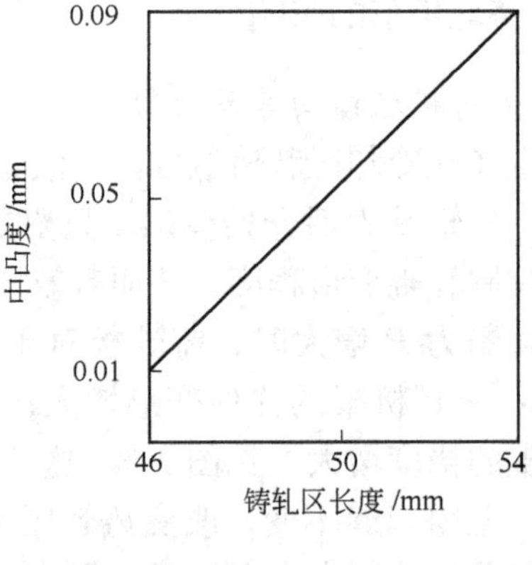

图 8-6　铸轧区与板坯中凸度的对应曲线

8.1.3.3　铸轧速度和铸轧温度对板形的影响

在其他工艺条件不变的条件下，在铸轧速度提高后，在铸轧区内，液穴的深度增加，则轧制区变短，减小了轧制弧长，减少了受压面积，从而使轧制力减小，板的中凸度减小。相反，减慢铸轧速度或降低铸轧温度，使冷却区、铸造区后移，增大了轧制区，使中凸度增大，板坯厚度增加，如图 8-7 所示。

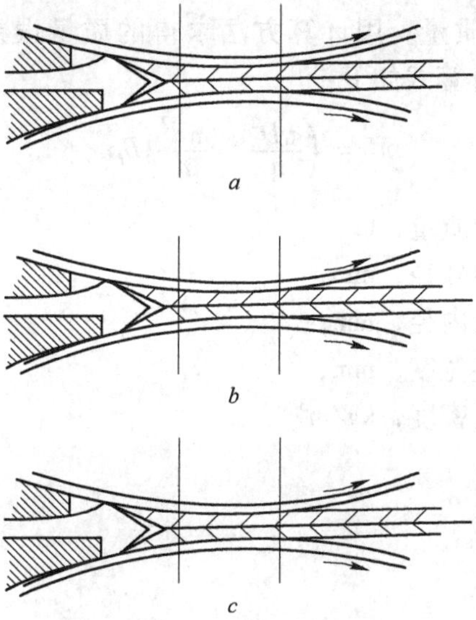

图 8-7 铸轧速度对轧制区的影响

a—低速轧制；*b*—中速轧制；*c*—高速轧制

8.1.3.4 前箱液面高度

在正常生产中，前箱液面高度以嘴子和轧辊间不发生返铝为准，适当地提高前箱液面，则轧制区减小，轧制力减小，熔体静压力增大，辊缝张大，板坯厚度增加，两边厚度差不变，对板坯中凸度调节能力也较小。在生产过程中最好不通过此参数调节中凸度，只在配合其他参数调整时做相应调整。

8.1.3.5 铝熔体温度波动对板形的影响

在铝熔体温度过高而冷却条件不变的情况下，轧制时会出现粘辊现象。据测量，每当出现粘辊现象时，粘辊处板坯的厚度将增加 0.2mm 左右。这时板形的其他指标也难以保证。

8.2 铸轧带坯质量的计算

铸轧带坯的卷重决定于冷轧允许的卷宽和直径，一般卷重为5~20t。为了计算铸轧机的产量和运输量，需要知道带坯的质量，可以在固定衡、地中衡或电子秤上称取带卷质量。也可以根据带卷的内、外径计算带卷的质量。用计算方法求得的质量误差为实际质量的1%~1.5%。其计算式如下：

$$M = \left(\frac{\pi D^2}{4} - \frac{\pi d^2}{4}\right)B\rho_1 \tag{8-6}$$

式中 M——带卷质量，t；

D——带卷外径，mm；

d——带卷内径，mm；

B——带坯宽度，mm；

ρ_1——带卷密度，kg/m^3。

9 铸轧带坯的冶金组织及性能

铸轧带坯料的质量好坏是决定所生产的铝板、带、箔材质量优劣的关键因素。在铸轧过程中，精确控制合金成分，采用在线精炼，特别是加入细化剂细化晶粒等一系列工艺措施，可以改善铸轧板的组织和性能，提高铸轧坯料的质量，最终生产出满足要求的合格铸轧卷。因此，有必要研究铸轧带坯的结晶特点、金属变形特点，组织（高低倍组织）及性能，晶粒特点及其影响因素，确定其最佳生产工艺。

9.1 铸轧带坯的结晶特点

9.1.1 铸轧带坯纵截面上、下层的组织

铸轧带坯纵截面上、下两层的结晶组织呈近似对称形状，图9-1*a* 所示为铸轧带坯在铸轧区内的结晶情况。金属熔体从铸嘴出来后，在入口处被 A_1—A_2、B_1—B_2 两自由表面限制住，直接流入铸轧腔内与冷的铸轧

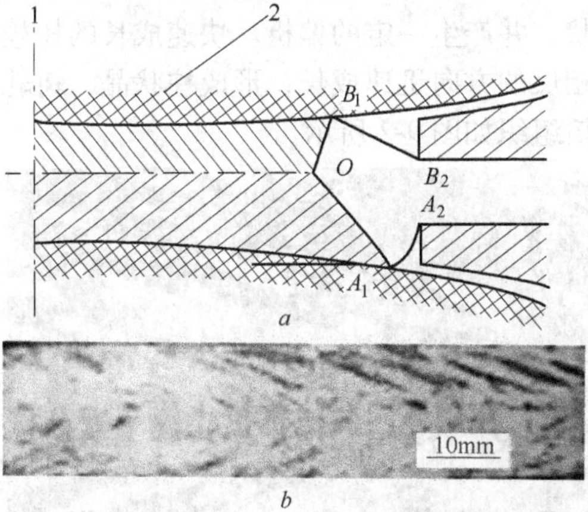

图 9-1　铸轧带坯内结晶情况及纵截面低倍组织

a—铸轧区内结晶情况；*b*—铸轧带坯纵截面低倍组织

1—铸轧辊中心线；2—铸轧辊

辊接触，并在两铸轧辊表面开始凝固形成薄壳。随着铸轧辊的转动和凝固的继续进行，上、下两层凝固的薄壳不断加厚并逐渐接合在一起，形成以A_1OB_1为界的结晶前沿。A_1OB_1左边为已凝固的铸轧带坯，A_1OB_1右边为液相区（即液穴）。上、下两层凝固层接合后，经过变形区时受一定量的轧制变形，后被牢牢锻接在一起形成一个整体。从宏观组织来看，在整个铸轧带坯坯断面的上、下两侧均呈明显的柱状晶，并与中心交界线呈一定的角度，以“人”字形有规则排列，这个角度被称为结晶角。铸轧带坯纵截面低倍组织见图9-1*b*，由图可见铸轧带坯纵截面上、下两层的结晶组织沿中心线牢牢锻接在一起，两层组织呈近似对称形状。

铸轧带坯能生产的合金主要为工业纯铝或低合金化合金，都含有一定数量的铁、硅等杂质或合金元素锰、镁。铸轧时，铸轧区内熔体的热量主要通过铸轧辊套传给辊芯内的冷却水带走，其余热量由带坯带走。在铸轧辊压力下，刚刚凝固的薄壳产生的塑性变形很小，带坯与轧辊间的接触是紧密的，不会形成间隙，保持着良好的导热状态。因此，熔体在铸轧区内受到强烈的冷却，冷却速度可达$10^2 \sim 10^3$℃/s，比常规水冷半连续铸锭的冷却速度约高两个数量级。因此，铸轧时的凝固为快速定向导热结晶，所以铸轧条件下的凝固实际上是在有成分过冷的情况下产生的，必定带有这种凝固条件下的一些特点，铸轧组织呈树枝状，并产生一定的偏析。快速成长的树枝状晶的一次轴朝与导热方向相反的方向迅速成长，形成柱状晶，铸轧带坯纵截面典型的柱状晶低倍组织如图9-2所示。

图9-2 铸轧带坯纵截面上的柱状晶组织 ×12.6

在刚开始凝固时，柱状晶轴与主导热方向一致，粗大的一次枝晶朝热流反方向定向长大，形成纵断面的“人字形”特点。带坯中各晶粒的 <100> 方向大致与其中心线呈 60°~70°角，有较明显的择优取向。晶粒越粗，这一特点越明显。当铸轧辊转动到变形区发生轧制作用时，柱状晶轴与带坯中心线呈 45°角，说明变形区中心区域有向后的挤压力，并作用到两侧的凝固硬壳内，柱状晶发生转动，至带坯离开辊缝时，柱状晶与带坯中心线呈 16°~20°角，柱状晶与带坯中心夹角变化示意图见图 9-3。这些纤维组织在铸轧区大、铸轧速度低时，相对于铸轧方向发生更大的倾斜。

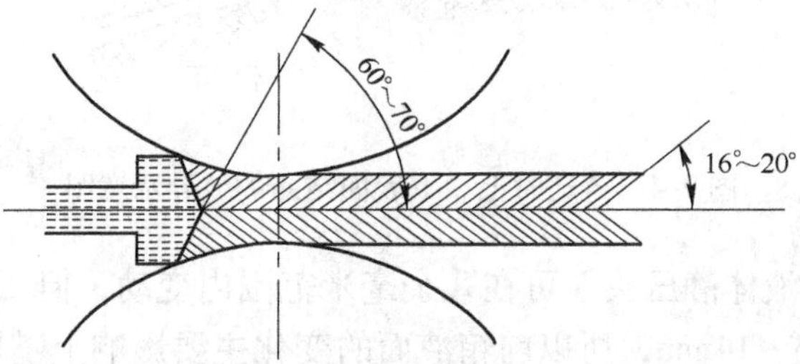

图 9-3　柱状晶与带坯中心夹角变化示意图

9.1.2　铸轧带坯上、下表面组织的差异

由于铸轧时带坯上、下表面的液体静压力是不同的，因而上、下表面结晶条件有差异。上、下嘴子片与铸轧辊间隙处，熔体氧化膜曲率大小不同，因而铝熔体和铸轧辊接触的早晚不一致，造成结晶条件有差异，见图 9-4。

上嘴唇铝氧化膜的曲率半径 R 为：

$$R = \frac{2\sigma}{h\rho} \tag{9-1}$$

下嘴唇铝氧化膜的曲率半径 r 为：

$$r = \frac{2\sigma}{(h + \Delta h)\rho} \tag{9-2}$$

式中　σ——表面张力；

h——上表面液体静压头；

Δh——上、下表面液体静压头差；

ρ——铝熔体密度。

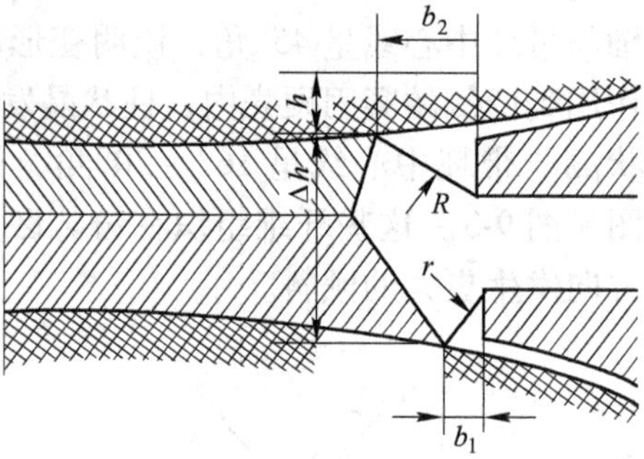

图 9-4　铸轧时上、下表面结晶的差异示意图

上表面液体静压头 h 可在几个毫米范围内变动，但 Δh 基本上不变化，为 13 ~ 14mm，所以前箱液面的变化主要影响上嘴唇铝氧化膜半径 R，对下嘴唇铝氧化膜半径 r 的影响较小。h 越小，R 与 r 差别越大，因而 b 与 b_1 差别越大，上表面液体静压头 h 变化引起的 R 和 r 的变化如表 9-1 所示。

表 9-1　曲率半径 R 和 r 与 h 的关系

h/mm	$h+\Delta h$/mm	R/mm	r/mm	b_2/mm	b_1/mm
20	34	3.7	2.2	3.7	2.2
10	24	7.3	3.1	5.2	3.0
8	22	9.1	3.3	7.2	3.3
6	20	12.2	3.7	8.5	3.7
5	19	13.2	3.9	9.8	3.9
4	18	15.2	4.1	10.3	4.0
2	16	18.2	4.6	15.6	4.5
1	15	36.5	4.9	22.3	4.8
0	14	73.0	5.2	40.0	4.9

由表 9-1 可见，随着 h 值的减小，上自由表面曲率半径 R 的变化大于自由表面 r。这就使上表面结晶前沿朝着远离铸轧嘴方向移动，即图 9-4 中的 b_2 增大，上表面熔体和辊面接触时间比下表面熔体与辊面接触时间越来越迟，则上表面熔体冷却强度与下表面熔体冷却强度不同，使得铸轧带坯上、下表面结晶条件发生差异，其结果是铸轧带坯上、下凝固层的接合面向上偏移，上、下结晶层厚度不同，结晶组织不同。结晶前沿不对称就成为铸轧缺陷大多出现在铸轧上表面的主要原因。

为减少和改善上、下表面熔体的结晶条件上的差异，可以尽量将液面提高一些；再就是适当改变嘴子结构，使它的上嘴皮比下嘴皮短 3 ~ 5mm，也可减少上、下表面组织的差异，见图 9-5。当上嘴皮短时，结晶前沿变得比较对称。倾斜式铸轧机比水平式铸轧机的 Δh 要小一些，也有助于这一不对称性。但是不管采用什么措施，上、下表面静压力差总是存在，结晶前沿的不对称性多少还会保留的。

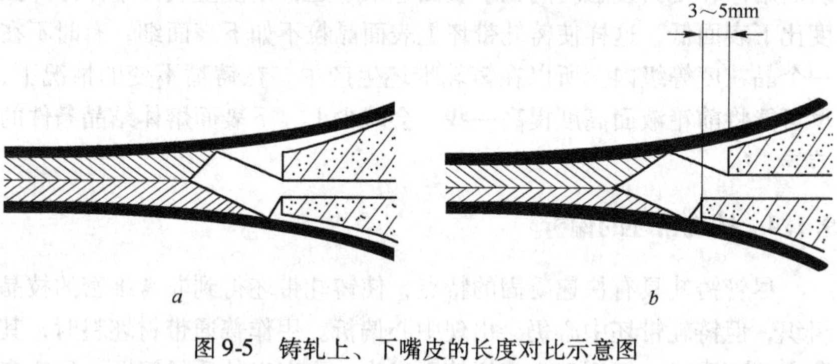

图 9-5 铸轧上、下嘴皮的长度对比示意图
a—铸轧上、下嘴皮一样长；*b*—铸轧上嘴皮比下嘴皮短

9.1.3 铸轧带坯上、下表面的成分

铸轧带坯的化学分析结果表明，铸轧带坯上、下表面的成分、晶粒度均有差异，如表 9-2 所示为光谱法分析不同试样成分的平均值。

表 9-2 铸轧带坯上、下表面成分的对比

试样号	表 面	晶粒度	Fe(质量分数)/%	Si(质量分数)/%	Ti(质量分数)/%
1	上	五 级	0.29	0.12	0.016
	下	二 级	0.305	0.12	0.023
2	上	五 级	0.44	0.11	0.014
	下	五 级	0.45	0.11	0.0155
3	上	二 级	0.295	0.13	0.007
	下	二 级	0.30	0.13	0.008

表中数据有这样的规律，即同一铸轧板试样，下表面的 Fe、Ti 含量总是比上表面高，下表面的晶粒度总是比上表面细，即使都是同一级细晶粒，下表面的晶粒也比上表面细。上、下表面晶粒不同级，且下表面的晶粒比上表面的晶粒细的现象经常出现。从表 9-1 中的数据不难理解为什么会有此种现象。随着 h 的减小，b_2 值越大，即上表面熔体和辊面接触时间比下表面越来越迟，则使上表面熔体冷却强度比下表面低，这样使铸轧带坯上表面晶粒不如下表面细，有时不在一个晶粒度等级内。所以在铸轧带坯生产中，在铸嘴不变的情况下，尽可能将前箱液面高度提高一些，会减少上、下表面熔体结晶条件的差异。

9.1.4 铸轧带坯的偏析

尽管铸轧具有快速凝固的特点，使铸轧带坯得到非常细密的枝晶组织，但铸轧带坯中心仍会出现中心偏析。用作普通带材坯料时，其危害还不明显，但用于生产铝箔则成为一个突出的质量问题。研究表明，中心偏析随着铸轧速度、熔体温度及溶质含量的增加而加重，在一定铸轧速度下，随溶质含量的增加，中心偏析增加；一定合金成分下，铸轧速度增大，中心偏析增加。

铸轧带坯中心层化合物较多、尺寸较大，因为铸轧带坯边部冷却强度大，结晶速度快。同时，由于结晶对合金成分的选择性，边部基体固溶度大，化合物量较少，尺寸较小，中心层基体固溶度较小，化

合物量较多，而尺寸较大，这就形成了铸轧带坯的中心偏析。

但是，用铸轧法生产的铝及铝合金带材，结晶温度区间较窄，合金化程度较低，即熔体为低浓度熔体，结晶时一次枝晶发达，而不存在高次枝晶轴；铸轧区的液穴中温度梯度高；两相区很窄，上述三个条件决定了铸轧带坯结晶补缩性好，因而组织致密，同时凝固后的金属还经受一定的轧制变形，因此没有半连续铸锭中的疏松缺陷。

9.2　铸轧金属变形的特点

铸轧过程中，凝固金属在铸轧区内的轧制变形与铸锭热轧变形都是在高温下进行的，因此大体相似。不过，铸轧是无锭轧制，又有其不同的特点。铸锭热轧和连续铸轧轧制过程变形特点如图 9-6 所示。

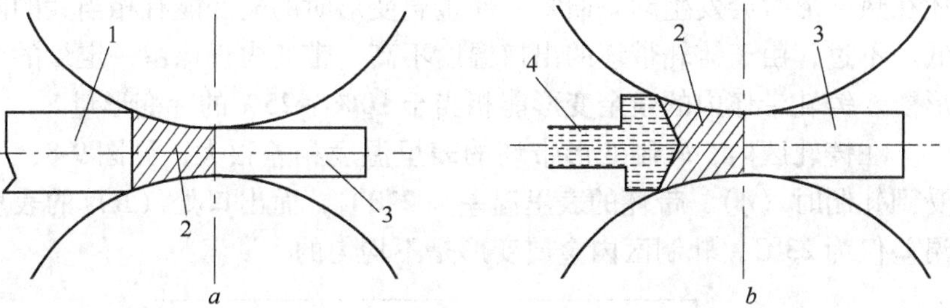

图 9-6　铸锭热轧和连续铸轧轧制过程变形特点

a—铸锭热轧；*b*—连续铸轧

1—未变形刚端；2—变形区；3—变形刚端；4—熔体

如图 9-7 所示，在铸轧区内的入口侧为熔体，当熔体与上、下辊面接触时，开始凝固。随着铸轧辊的转动，凝固壳不断增厚，于 *A*

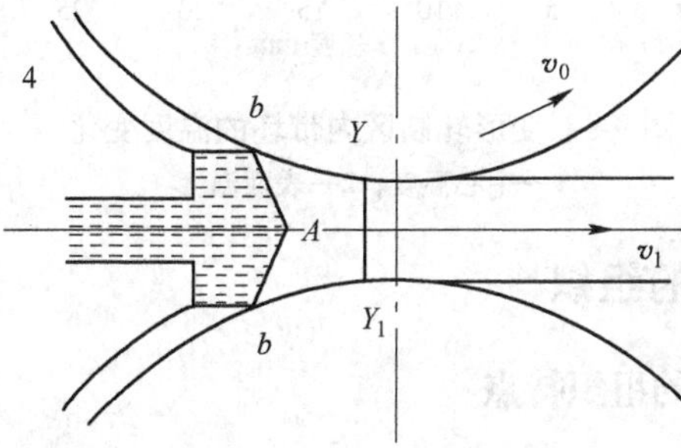

图 9-7　铸轧过程示意图

点相遇开始受热轧作用。

由于铸轧辊辊径大，表面粗糙，摩擦系数大，入口侧无阻力，所以在辊面上凝固的金属温度高；金属与轧辊表面相互黏着，以相同的速度前进，使轧件变薄被拉向轧辊出口侧，从而带坯在出口处的速度 v_1 比铸轧辊表面线速度 v_0 要大。bY 弧长为黏着面，YY_1 横截面为带坯出口速度开始大于轧辊表面线速度的地方。

铸轧带坯完全凝固后，进入变形区承受一定的轧制变形。考虑铸轧辊辊径的大小、铸轧区的长短、液穴的长度等因素，轧制率一般控制在20%～30%。

铸轧带坯离开铸轧辊的表面温度为320～360℃，可见，铸轧变形是在320～360℃区间以上的温度发生的，即属于热变形。铸轧带坯在热变形时会发生动态回复，使金属变形时的畸变能有相当大的降低。不过，由于铸轧带坯的出口温度不高，带坯内仍保留一定量的变形能。铸轧带坯内的残余变形能相当于10%～25%的冷变形量。

在铸轧区内，轧制变形带坯的表里温度相差很大，见图9-8，刚受到轧制时（A），带坯的表里温差为220℃，而出口处（B）的表里温差仅为23℃，轧制区内金属变形是不均匀的。

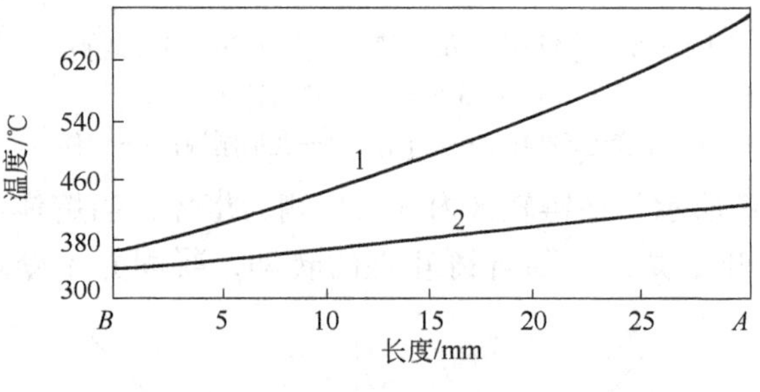

图9-8　变形轧制区内带坯的温度变化

1—中心温度；2—表面温度

9.3　铸轧带坯的组织

9.3.1　铸轧带坯的组织特点

与热轧坯料相比，铸轧带坯的组织具有如下特点。

9.3.1.1 具有很细的显微组织

铸轧结晶时具有很高的冷却速度，凝固时间短，凝固速度快，因此铸轧带坯具有很细的显微组织。不同铸造方法、液穴中温度梯度、冷却速度、枝晶尺寸的比较见表9-3。

表9-3 不同铸造方法、液穴中温度梯度、冷却速度、枝晶尺寸的比较

铸造方法		温度梯度 $/K \cdot mm^{-1}$	冷却速度 $/K \cdot s^{-1}$	枝晶网格尺寸 /μm
半连续铸造	DC 铸造	0.2~2	0.1~5	30~100
	无模 DC 铸造	0.2~5	0.2~20	20~60
薄板连续铸轧	亨特铸轧机	10~20	50~500	5~10
	3C 铸轧机	5~20	20~400	5~20

从表9-3可以看出，DC 铸造要比铸轧带坯的枝晶网格大5倍。铸轧带坯虽然有时也能见到个别粗大的枝晶网格，但这只不过是个别浮游晶造成的结果。中间金属化合物颗粒也是很细小，大多数约为1μm。细小的枝晶网格和小的中间金属化合物颗粒对材料性能极有好处，它可使材料在不降低塑性的情况下，提高强度。细小弥散的质点有助于得到细小的再结晶晶粒。

铸轧坯料中，中间金属化合物尺寸小，适合轧制特薄板及箔材，箔材针孔度小。但并非任何情况下都是有利的，3004 合金铸轧坯轧制生产 H19 易拉罐用薄板，因为没有足够尺寸的金属化合物起固体润滑作用，变薄拉伸过程中细小的中间金属化合物会使铝黏附在冲模上，造成表面擦伤，这是铸轧坯料生产 3004H19 薄板的一个主要障碍。因此对材料必须进行适当的均匀化处理，以求获得合适的组织。

9.3.1.2 具有过饱和的固溶体

高的凝固速度使铝中的合金元素（或杂质元素）被强制固溶在铝固熔体中，形成强烈的过饱和固溶体，这不仅对锰、铬、锆等元素，即使是工业纯铝中的杂质元素铁、硅等也是这样。曾经对工业纯铝（1200 合金）铸轧带坯均匀化前后的金相组织和晶格常数进行比较，其结果见表9-4。结果表明：铸轧带坯均匀化前为枝晶组织，有晶内偏析现象；均匀化后，枝晶网格和晶内偏析消失，有大量过饱和固溶体分解质点，即使是工业纯铝其过饱和固溶也是很明显的。

表 9-4 纯铝 550℃/8h 均匀化前、后的晶格常数变化

均匀化前	均匀化后
$a_0=4.04560\times10^{-10}$m	$a_0=4.04916\times10^{-10}$m

H. Westengent K. Nes 用电阻法测定了铸轧的 3004 合金（1.0% Mg、1.0% Mn、0.13% Si、0.35% Fe）中锰和铁的过饱和固溶度，发现 Mn + Fe 的过饱和固溶度竟高达 0.92%。过饱和固溶的存在对铸轧带坯的性能有明显影响。高的凝固速度还使固溶在铝中的元素在晶粒内部分布很不均匀，形成晶内偏析。

对铸轧带坯进行均匀化处理，可使过饱和固溶体分解，消除晶内偏析，改善加工性能，同时使中间化合物球化，可明显提高坯料的使用性能。

在铸轧带坯均匀化后，在轧制箔材过程中，不易断带，减小箔材的针孔度，1200 合金铸轧带坯均匀化处理前后的显微组织见图 9-9*a*、图 9-9*b*。图 9-9*a* 中水波纹样的线条就是晶内偏析的表现，图 9-9*b* 为 550℃、8h 均匀化后组织，枝晶网格和晶内偏析现象消失，但有大量过饱和固溶分解质点析出，在基体中弥散分布，降低了固溶体的固溶度，提高了塑性和固溶体的均匀性。原来断续呈线状的中间金属化合物，断开了，球化了。有资料明确指出，低合金化的 Al-Fe、Al-Si 合

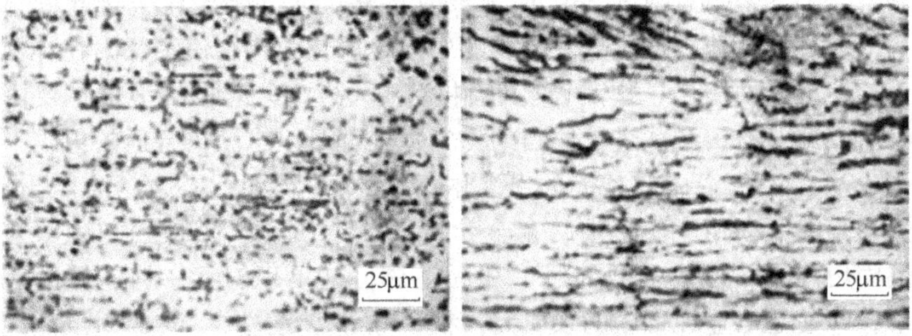

a *b*

图 9-9 1200 合金铸轧带坯均匀化处理前、后的组织 ×400

a—均匀化前为枝晶网格组织；*b*—550℃、8h 均匀化后组织

金铸块中树枝状晶的间隔越小，变形制品中的结晶粒子分布越密，越有利于促进再结晶，易得到细晶粒，并可抑制再结晶晶粒的粗化，结晶粒子分布越密，效果越显著。由此可见，铸轧坯料经过均匀化处理，消除晶内偏析，通过合理的变形和热处理，会提高板带箔材的产品质量。

9.3.1.3 铸轧带坯织构强

铸轧时，强烈的定向导热使晶体成长具有明显的方向性，从结晶体看，立方晶体树枝状主轴朝 <110> 方向成长，因此晶体 <110> 方向和一次柱状晶的方向一致，铸轧带坯的人字形柱状晶定向排列，并于中心线呈 60°~70°角，这样形成了择优取向。通过变形区的轧制后，这一取向虽有变化，但还保留某种程度的强构。

图 9-10 为 3004 合金铸轧带坯表面的（111）级和（200）级图，可见其中存在较强的织构，它们对板材的冷轧织构及再结晶有影响。铸轧带坯冷轧时，变形量较小，粗大的一次轴向晶定向排列不易充分破碎，则其冷轧板的织构也相当强，如不做特殊的工艺处理，冷却板不易做冲制品，其制耳率较大，而且流线也很明显。

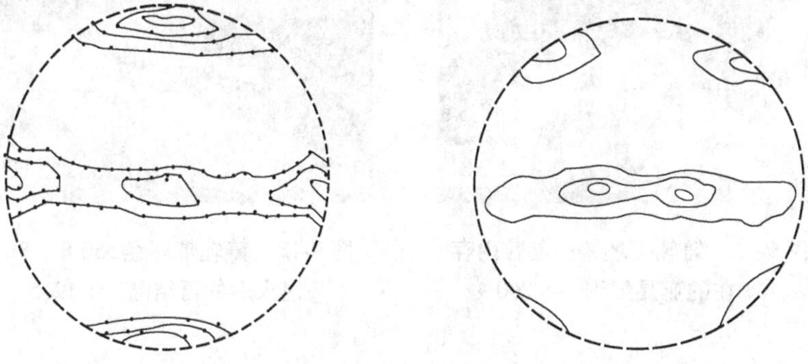

a　　b

图 9-10　3004 合金铸轧带坯表面的（111）级和（200）级图

9.3.2 铸轧带坯的显微组织组成

铸轧带坯的显微组织由铸造晶粒、变形晶粒和再结晶晶粒组成，既不是完整的铸态组织，也不是完全的变形组织，而是铸态组织和经少量热变形并部分发生了动态回复和少量再结晶的组织，越靠中心部位越明显。因此，显微组织的外观像铸造组织（铸造晶粒未充分破碎），但铸造晶粒内部的亚晶块则是在热变形中发生动态回复和再结晶的组织，见图9-11。所以，铸轧铝带坯的显微组织由铸造晶粒、变形晶粒和再结晶晶粒组成。实践证明：铸轧带坯的晶粒度不同，将影响其冷轧后成品板材的最终组织。晶粒粗大时，铸态组织较明显，晶粒越细，回复再结晶组织所占比例越大。铸轧带坯在高温下退火后，由于存在少量的变形能，且变形时较小，会有再结晶发生，而且会形成粗大的再结晶组织，见图9-12。带坯的晶粒越细，再结晶晶粒越多，柱状晶越少，则所轧出薄板的晶粒越细，表面越光亮细致。

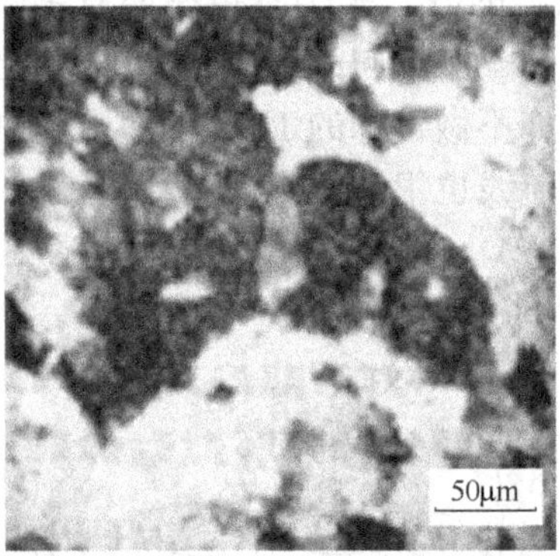

图9-11 铸轧带坯铸态晶粒内存在的亚晶组织 ×200

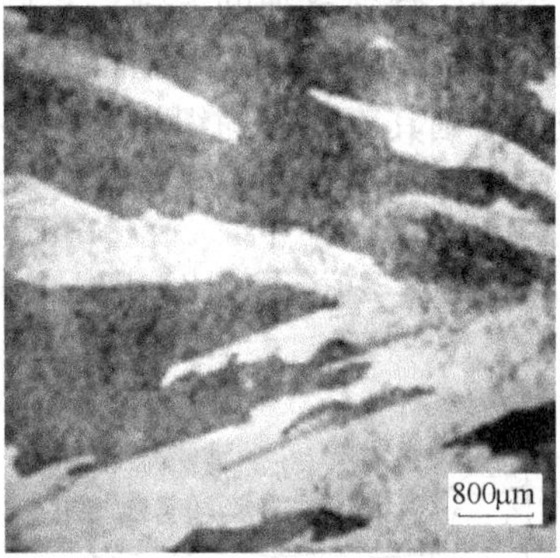

图9-12 铸轧带坯经550℃、8h退火后的再结晶 ×12.5

9.3.3 铸轧带坯与热轧坯料退火组织的比较

从宏观组织来看，热轧坯料在退火后的组织要比铸轧带坯的退火组织细小，可是铸轧带坯的显微组织（图9-13*a*）比热轧坯料的显微组织（图9-13*b*）细小，中间金属化合物的分布也比热轧坯料均匀，不存在大的化合物相。

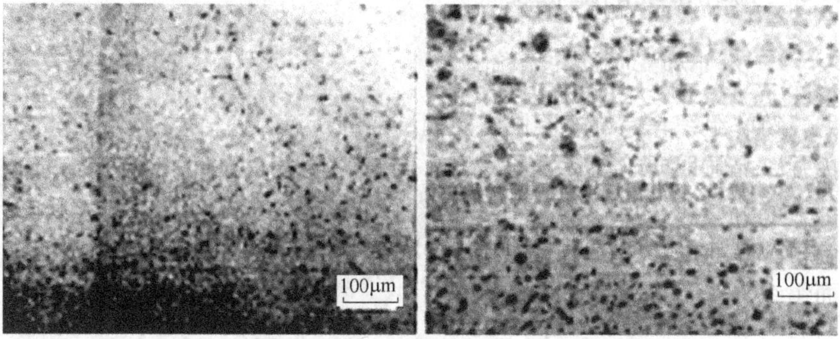

a b

图 9-13 1050A 铸轧带坯与铸锭热轧坯料的退火组织
a—铸轧带坯的退火组织 ×100；b—铸锭热轧坯料的退火组织 ×100

9.4 铸轧带坯的高倍组织

铸轧带坯的高倍组织检验结果见表 9-5。

表 9-5 铸轧带坯高倍组织检验结果

铸轧卷号	低倍组织（8 级标准）	高倍组织 第二相尺寸/μm	备 注
1 号	2 级晶粒度	40×25、30×3、25×5、50×7、110×4、60×10	分布于中心,呈丝状,个别呈块状
2 号	1 级晶粒度	30×5、25×10、40×25、25×10、70×3	纵横向第二相分布较均匀
3 号	1 级晶粒度	25×20、10×7.5、15×7.5、25×10、25×15、30×15	纵横向第二相分布较均匀
4 号	1 级晶粒度	20×10、35×25、40×5、45×5、35×15、30×5	纵横向第二相分布较均匀

铸轧带坯高倍组织检验要求第二相尺寸要细小、弥散，且分布均匀。

9.5 铸轧带坯的晶粒度

9.5.1 未添加变质剂的晶粒

铸轧组织具有快速凝固与定向结晶的特点，使铸轧晶粒成长方向极强，晶粒取向于导热方向（几乎与铸轧辊表面垂直），指向熔体内部，晶粒度能达到5级。图9-14*a* 所示为未加晶粒细化剂时1060合金铸轧带坯的5级晶粒度，图9-14*b* 所示为1060合金铸轧带坯纵断面组织，有明显的结晶角。

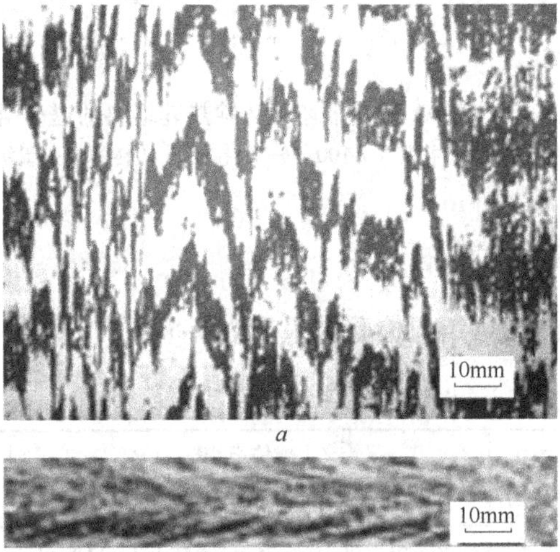

图9-14 未加晶粒细化剂时铸轧带坯板

a—带坯板面组织；*b*—带坯纵断面组织

从图9-14*a* 可见，5级晶粒的铸轧带坯面多呈麦状晶，晶粒边界尤其是纵向晶界特别平直，铸轧板坯的粗大晶粒具有孪晶特性。表层为片状结构，片状结构下层至中心部分为羽毛状结晶组织。铸轧时，因铝熔体进入液穴达到结晶前沿，在此造成了很大的温度梯度，使金属无法以树枝状方式结晶，而以片状胞形式结晶。在表层结晶后，随着铸轧辊的转动，表层有小量的变形，此时表层组织继续长大时，有可能形成层错。在层错基础上成长的片状组织就是羽毛状结晶组织，即孪晶组织。

从图 9-14*b* 横截面观察，除中心有零星等轴晶外，表层约 2mm 的属于胞状组织的扁晶层，还有一种是依附于胞状组织产生的羽毛状组织。纵向截面组织与横向截面组织相似。粗大晶粒的铸轧带坯经冷轧至 0.5mm 退火后，晶粒仍然粗大，并且组织不均匀，表面显现出“白条”。如用来轧制铝箔，将使铝箔的针孔增多；羽毛状晶组织在变形时很难破碎，其变形率小，再结晶退火时该部位形成粗大晶粒。因此铸轧生产中应尽量避免粗大晶粒的产生。

9.5.2 添加变质剂的晶粒

如果向熔体内添加 Al-Ti 或 Al-Ti-B 晶粒细化剂，则熔体内存在着大量的异质晶核。在这种情况下，则不仅仅在辊套上成核，在整个熔体的各部分几乎同时成核，于是会形成细小的近似等轴晶的细晶粒组织，原来的粗大柱状晶组织消失，其晶粒度根据细化剂的细化程度可达到 1 ~ 3 级晶粒度，图 9-15*a*、图 9-15*b* 为 1060 合金经过细化后的板面组织和纵断面组织。

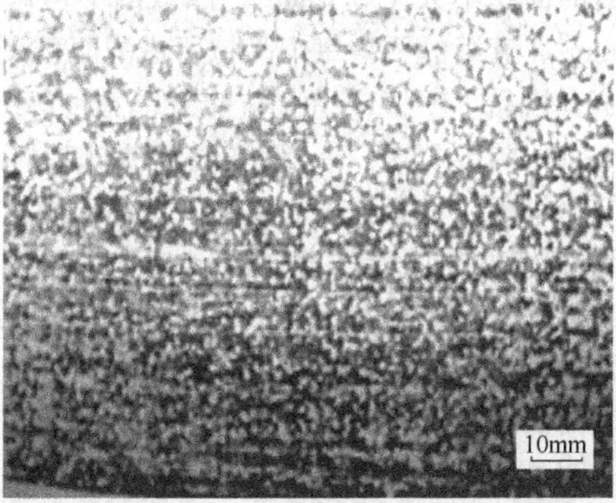

a

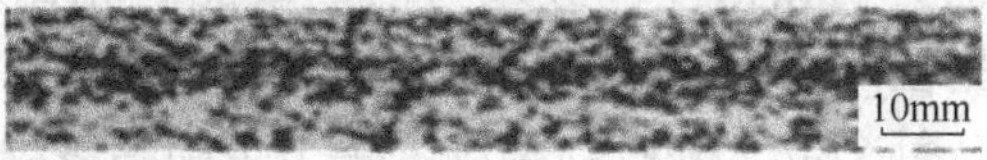

b

图 9-15 添加晶粒细化剂时铸轧卷组织

a—卷板面组织；*b*—带坯纵断面组织

9.5.3　铸轧带坯晶粒特点

铸轧带坯具有以下晶粒特点：

(1) 铝熔体结晶凝固后，随即经受轧制变形，铸轧带坯从辊缝轧出后尚有250～300℃的高温，会产生热恢复，在常温下，铸轧带坯尚保留部分残留变形，由此决定了铸轧带坯的晶粒组织，既有完整的晶粒外形，又分为若干亚晶块，是一种热恢复组织。这种组织因有残能存在，在高温下可发生再结晶，形成完整的粗大的晶粒组织。

(2) 铸轧带坯的晶粒组织取决于铸轧条件，如铸轧速度、铸轧区、板厚等，但影响最大的是合金成分和晶粒细化剂，采用细化剂可获得更细的晶粒。

(3) 晶粒度通常用晶粒的平均面积或平均直径来表示。铸轧带坯的晶粒度等级分为五级，一级的平均每个晶粒所占的面积不大于0.4mm^2、二级的平均每个晶粒所占的面积不大于1.0mm^2、三级的平均每个晶粒所占的面积不大于2.0mm^2，四级的平均每个晶粒所占的面积不大于10mm^2、五级的平均每个晶粒所占的面积大于10mm^2，四级与五级均为不合格品。图9-16为铸轧带坯晶粒度等级对照图。

从图9-16*a*～图9-16*e*可见，一级晶粒度铸轧带坯组织细小、均匀，观察表面低倍组织，看不到大的晶粒，从纵剖面上观察为细小拉长的等轴晶，纵向边部是柱状晶、纵向中心部位为等轴晶、纵向中心为一条直线；二级与一级晶粒度相比，除铸轧带坯晶粒尺寸稍大一些外，没多大区别；三级与二级晶粒度相比，也是铸轧带坯晶粒尺寸较大；四级观察表面低倍组织，细长晶粒，且有明显的边界，纵断面上晶粒与中心线有明显的角度，纵断面边部的高倍组织晶粒粗大、中心部位较小，但也有明显角度；五级与前四级晶粒相比，具有明显差别，前四级是晶粒尺寸上的差别，而五级有其特殊的组织，即表面为纵向带状花纹，每个带又分极细条纹，每个带中细条纹的晶粒位向基本一致，两相邻带则有明显位向差。横断面由表面至中心分为三层：表层为片状组织，中心为等轴晶，中间为羽毛状晶。

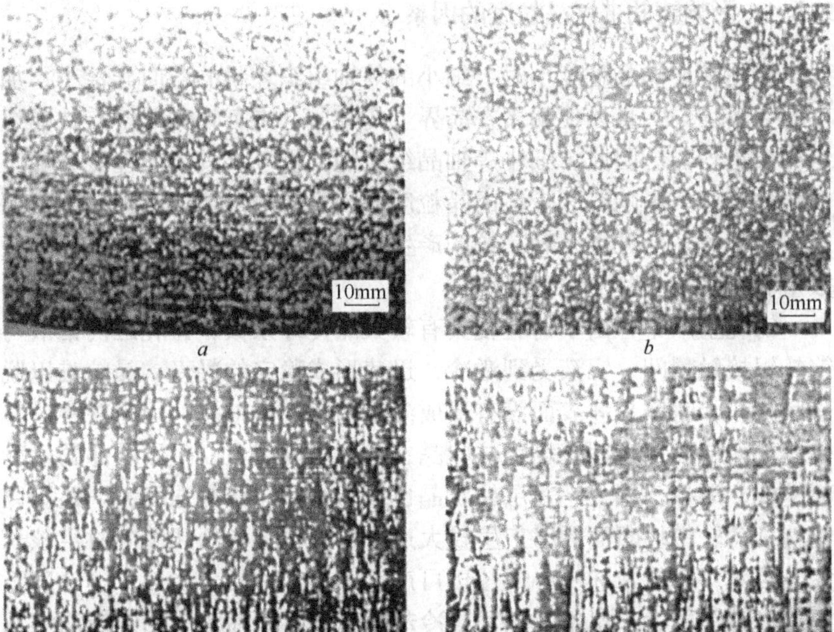

图 9-16　铸轧带坯晶粒度等级对照图

a——一级　×1；*b*—二级　×1；*c*—三级　×1；
d—四级　×1；*e*—五级　×1

9.5.4 影响铸轧带坯晶粒度的因素

铸轧带坯的晶粒度小时，细小的等轴组织坯料的各向异性小，加工时变形均匀，且易使偏聚在晶界上的杂质、夹杂物和低熔点共晶组织分布更均匀。因此，细小等轴晶组织的铝板坯，其力学性能和加工性能均较好。影响铸轧带坯的晶粒度的因素有很多，但就工艺因素而言，铸轧带坯晶粒大小和晶粒的产生方式取决于金属液体内部的晶核数量和凝固结晶时的冷却条件。

铸轧生产中，由于铸轧辊具有较大热传导系数，铸轧区内铝液与铸轧辊接触瞬间，铝液受到激冷，迅速形成稳定的凝壳，晶粒难以脱落和游离，铸轧带坯表面没有形成激冷的细小等轴晶，因此观察铸轧带坯纵向剖面，表面层均为柱状晶，冷却强度越大，凝固结晶的过冷度越大，形核率越大，表层柱状晶也就越细小。冷却强度大，还可以使整个铸轧带坯断面同时产生较大过冷，晶粒在各处几乎同时生核长大。因此，铸轧带坯中心部位仍可产生细小等轴晶。当然，过冷度不同，等轴晶的大小也不一样。当冷却强度不足以使整个铝液断面实现较大的过冷，而仅能保持胞状晶生长所需的液体温度梯度时，铸轧带坯就会出现粗大晶粒。为了避免出现粗大晶粒，在保证正常铸轧的条件下，应增大冷却强度。

铸轧的冷却主要是靠在铸轧区内固、液铝与铸轧辊的热交换来实现，而通过接触表面的热流量 Q 取决于接触表面上铝与轧辊表面的温差 ΔT 以及接触表面热阻 R，可用公式 $Q=\Delta T/R$ 计算。为了增大冷却强度，必须增大温差 ΔT，减小热阻 R，ΔT 可以通过降低冷却水温度、减小辊套厚度、降低铸轧速度、增加石墨喷涂来增大；R 可以用加大冷却水流量的办法来减小，防止 R 增大，就要防止冷却水道结垢生锈和辊面氧化铝层增厚。

对于特定的铸轧设备，铸轧辊的辊套材质在安装使用前已定，辊套的厚度固定，冷却水温度、流量受环境及设备条件的限制，做不到随意降低水温和加大流量，而且，对冷却强度增加不大，却会造成泵的消耗功率增大很多。从上述分析可见，影响铸轧带坯晶粒的主要因素有：降低铸轧速度，可以增大冷却强度，细化晶粒；减小铸轧带坯厚度；适量、均匀、稳定地向辊面喷涂石墨或其替代物，防止辊面氧化铝层增厚；定期清洗铸轧辊冷却水道，去除铁锈与水垢。

金属液体内部的晶核数量、大小也与合金的化学成分、熔体温度、静置时间等有关，越纯的铝合金其晶核少，越容易产生粗大晶粒，如纯铝比 3003 合金更易产生粗晶；熔炼温度高、静置时间长，可使晶核变少，产生粗晶的机会增多，例如电解铝液直接铸轧就会出现这样的问题。

进入铸轧区的铝水温度，也就是前箱温度对铸轧带坯晶粒度的影响也很大，进入铸轧区的铝水温度高，与铸轧辊接触后会造成大的温度梯度，而且不易使整个铸轧带坯断面同时产生过冷，使凝固结晶时有利于胞状晶生长，使铸轧带坯表面晶粒粗大；因此在保证正常铸轧的情况下，前箱温度应控制低些。

9.5.5 铸轧带坯的低倍检查方法

检查方法包括：

（1）试样按标准规定切取，尺寸为(300 ~ 400)mm ×（40 ~ 50）mm，将需要检查的面进行铣削加工，加工表面粗糙度不大于1.6μm，加工后保持试片清洁。

（2）试片浸蚀：

1）蚀洗。在室温下，用 NaOH 水溶液（浓度为 15% ~25%）浸 20 ~30min，浸后在流动的清水中清洗。

2）光亮洗：在室温下，用 HNO_3 溶液（浓度为 20% ~30%）除去表面黑色腐蚀产物，以试片表面洁白为准，最后清洗。

（3）低倍检查。浸蚀好的试片，用目测检查，找出存在的缺陷，根据组织特性进行正确判断及评定。

（4）晶粒度侵蚀。检查晶粒度试片，用侵蚀剂侵蚀，$HF:HNO_3:HCl = 1:5:15$，可反复清蚀，在流动的清水中清洗，以能清晰显现晶粒为准。

9.6 铸轧带坯性能

铸轧带坯上述的结晶特点和组织特点，决定了它与热轧带坯的力学性能存在某些差别。

9.6.1　铸轧带坯及热轧带坯的力学性能

《铝及铝合金铸轧带材》（YS/T 90—2002）标准中规定了铝及铝合金铸轧带坯的纵向室温力学性能，见表 9-6，表 9-7 所示为实测铸轧带坯的平均力学性能。

表 9-6　铝及铝合金铸轧带坯的纵向室温力学性能（YS/T 90—2002）

牌　号	带坯厚度/mm	抗拉强度（R_m）/MPa	断后伸长率（A_{50mm}）/%
1070	5.0～10	60～115	≥30
1060	5.0～10	60～115	≥25
1050	5.0～10	65～120	≥25
1145	5.0～10	70～120	≥25
1235	5.0～10	70～125	≥25
1100	5.0～10	90～150	≥25
3003	5.0～10	115～170	≥15
3004	5.0～10	155～230	≥10
3005	5.0～10	145～200	≥10
3102	5.0～10	80～130	≥20
3105	5.0～10	120～175	≥15
5005	5.0～10	120～175	≥15
5052	5.0～10	200～250	≥18
8011A	5.0～10	90～150	≥20
8011	5.0～10	105～160	≥20
8079	5.0～10	100～155	≥15

表 9-7　实测铸轧带坯的平均力学性能

合金牌号	带坯厚度/mm	抗拉强度（R_m）/MPa	伸长率（A_{50mm}）/%
1060	7.5	74	28.9
1050A	7.5	84	27.5
1035	7.5	93	25.2
1200	7.5	95	23.0

铸轧带坯及热轧带坯的力学性能检验结果对比列于表9-8。从表可见，铸轧带坯的力学性能普遍高于同类热轧板的性能。显然，这是由铸轧带坯有相当高的元素（Fe、Si）过饱和引起的。铸轧带坯通常不经均匀化处理就进行冷轧，较大的元素过饱和使铸轧带坯冷轧成各种厚度的板材后，其强度均高于同类热轧带坯轧成的板材。也由于同样原因，铸轧带坯冷加工时，随冷加工变形量增大，其加工硬化率增加较大。

表9-8 铸轧带坯及热轧带坯的力学性能检验结果对比

合 金	卷 号	方 向	抗拉强度/MPa	伸长率/%
1145	铸轧1号	0°	91.0	40.6
		90°	89.2	45.8
		45°	90.5	48.7
	铸轧2号	0°	90.5	45.8
		90°	90.2	46.2
		45°	89.4	49.5
1050A	热轧1号	0°	86.0	35.1
		90°	84.9	29.4
		45°	80.8	28.0

9.6.2 铸轧带坯的各向异性

铸轧带坯的结晶具方向性，性能也具有各向异性，45°的深冲制耳率为3%~4%；铸轧条件对各向异性影响较小。铸轧加工率越大，带坯的<100>方向丝织构强度就越低，从而使冷轧板退火后的立方织构减少，轧制织构增强。这两种织构的变化可导致板材制耳率的不同。控制铸轧加工率，可调整立方织构与轧制织构的比例，降低板材制耳率。立方织构比例越大，0°、90°制耳就越强，轧制织构所占的比例越大，45°制耳就越强。铸轧加工率对铸轧带坯和最终半成品的各向异性都有明显影响。

9.6.3 铸轧带坯的再结晶温度

1060及1050A铸轧带坯的开始再结晶温度为500℃，在此温度下保温1h，试样的边部仅有一层再结晶组织，它们的再结晶终了温度为600℃。退火温度对1060合金铸轧带坯的力学性能的影响如图9-17所示，在200～400℃力学性能与组织均无变化；从450℃开始，抗拉强度有下降趋势，伸长率有所上升；在500℃退火后，强度及伸长率变化明显，说明已开始再结晶，到550℃及600℃退火后，抗拉强度下降到70MPa，伸长率也明显上升。

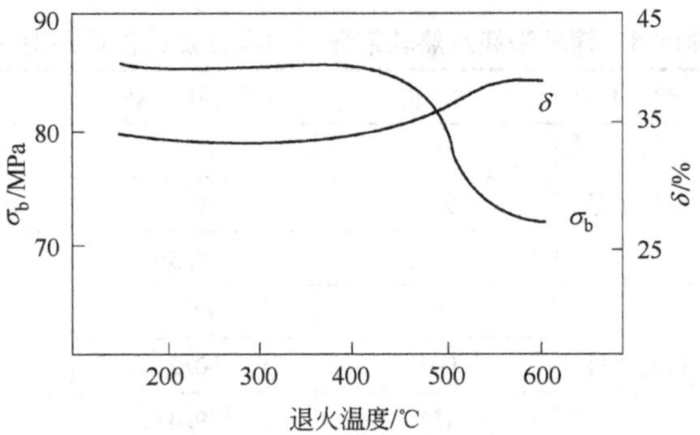

图9-17　1060合金铸轧带坯（7.5mm）的力学性能与退火温度的关系

10 铸轧坯冷轧后的组织及性能

由于铸轧带坯的组织与性能和热轧坯料的组织与性能有所不同，因此，用这两种坯料轧制的带材在再结晶特性、工艺性能、力学性能及化学性能等方面都有所区别。

10.1 冷轧板的组织及性能

10.1.1 冷轧板的再结晶特性

热轧坯料一般为变形组织，而铸轧带材有 10% ~25% 冷变形量的铸造组织；同时由于铸轧带材合金元素的强烈过饱和固溶、晶内偏析以及铸轧定向结晶，铸轧法铝板材比热轧法铝板材的再结晶过程明显滞后，再结晶终了温度也提高很多，再结晶温度区间也有明显扩大。有资料报道，这种再结晶温度的提高可达 50 ~150℃，据测定，再结晶温度的提高最高为 70℃（见表 10-1）。铸轧坯料生产的板材之所以再结晶温度高，是因为 Mn、Cr、Zr、Ti 及 Fe 等元素固溶到铝基体中，会明显提高铝及铝合金的再结晶温度，使合金的再结晶区间变宽。而且金属纯度越高，其再结晶过程越快，再结晶温度越低。

表 10-1 用不同坯料轧制的冷轧板的再结晶温度

坯 料	冷轧板厚度 /mm	加工率 /%	再结晶开始温度/℃	再结晶终了温度/℃	再结晶温度区间/℃
铸轧料	1.0	86	260	400	140
热轧料	1.2	90	240	330	90

生产中经常会出现这样的现象：纯铝热轧坯料，冷变形达 80% 以上，330℃可完全再结晶；而铸轧带坯不经过均匀化处理，再结晶终了温度有时高到 400℃，不经过均匀化处理的 3A21 合金板材，再

结晶终了温度往往高到470℃。而充分均匀化后，再结晶终了温度可降到330℃左右。可见坯料经过均匀化处理，可降低变形制品的再结晶温度。同时，因为固溶度低而且均匀，加热过程中同时成核，则能使变形制品晶粒细化。对于1050合金，如果不进行均匀化处理，冷轧后，在可比的厚度范围内，铸轧法生产的铝板材强度比热轧法生产的铝板材高10%～15%，硬度高10%～20%。而经均匀化处理后再冷轧，铸轧法板材的强度不低于热轧法板材，其伸长率也相近。

用7.5mm的铸轧带坯生产1050及1050A冷轧板的再结晶温度分别列于表10-2和表10-3。由于1050的杂质含量比1050A的低一些，所以它的再结晶终了温度相应低一些，再结晶温度区间也小一些，可是它们的再结晶开始温度却相同，而在加工率大于75%以后，它们在再结晶温度方面的差异也就消失了。

表10-2　用7.5mm的1050合金铸轧带坯冷轧的板材的再结晶温度

加工率/%	板厚/mm	再结晶开始温度/℃	再结晶终了温度/℃	再结晶温度区间/℃
20	6.0	340	440	100
36	4.8	340	420	80
50	3.8	300	400	100
60	3.0	300	380	80
70	2.3	300	365	65
78.6	1.6	280	365	85
84	1.2	280	350	70
86.6	1.0	280	350	70
90	0.7	265	340	75
93.3	0.5	265	340	75

表 10-3　用 7.5mm 的 1050A 合金铸轧带坯冷轧的板材的再结晶温度

加工率/%	板厚/mm	再结晶开始温度/℃	再结晶终了温度/℃	再结晶温度区间/℃
20	6.0	340	460	120
36	4.8	340	440	100
50	3.8	300	420	120
60	3.0	300	400	100
70	2.3	300	380	80
78.6	1.6	280	365	85
84	1.2	280	350	70
86.6	1.0	280	350	70
90	0.7	265	340	75
93.3	0.5	265	340	75

图 10-1 示出了用 1050、1050A 铸轧带坯冷轧的板材的再结晶温度与加工率的关系。应指出的是，用铸轧带坯轧制的板材再结晶开始温度提高并不多，但再结晶终了温度却提高很多，再结晶温度区间也有扩大。这种现象是与铸轧带坯中的溶质元素、杂质元素有强烈的过饱和固溶度、晶内偏析，以及铸轧带坯在冷加工中定向排列的柱状晶

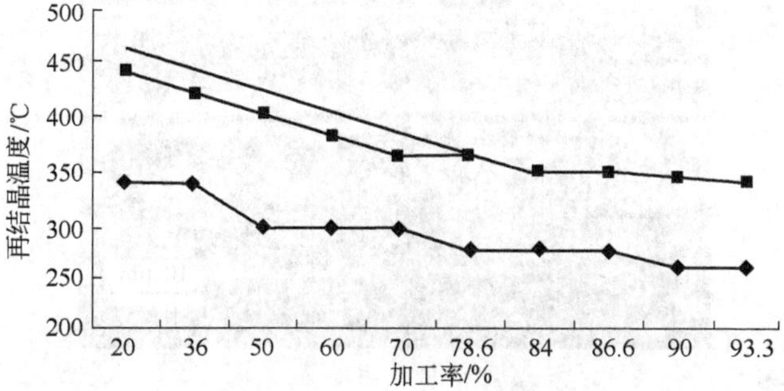

图 10-1　用 1050、1050A 铸轧带坯冷轧的板材的再结晶温度与加工率的关系

—◆— 1050、1050A 再结晶开始温度；—■— 1050 再结晶终了温度；—— 1050A 再结晶终了温度

更易倾向于平行板的轧制方向拉长排列而不易破碎有着直接关系。因此，用铸轧坯料轧制的冷轧板在退火过程中易形成不均匀的再结晶组织。如果铸轧带坯的原始晶粒比较粗大，这种不均匀性就更加明显。

由于再结晶温度区间的扩大，用铸轧带坯轧制的冷轧板的退火软化曲线显得比较平缓，铸轧带坯的高温强度也比热轧材料略高些。铸轧结晶时，上、下表面结晶不同，对冷轧板的再结晶组织也有遗传性的影响，即上、下两表面的再结晶晶粒尺寸有差别，用这类板材冲压制品时，大晶粒面的外表质量更粗糙一些。

对铸轧带坯进行均匀化，可使过饱和固溶体分解，消除晶内偏析，冷加工时的变形会更加均匀，既可缩小冷轧板材的再结晶温度范围，又可获得均匀的再结晶组织。

铸轧时添加晶粒细化剂，可减少铸轧带坯上、下表面的晶粒组织的差别。冷轧板的厚度小于1mm 时，两种板材的显微组织几乎无差别了。

1.0mm 的 1050A 合金冷轧板在 280℃退火 1h，刚开始再结晶组织，如图 10-2 所示。而在 350℃退火 1h 则形成完全再结晶组织，见图 10-3。

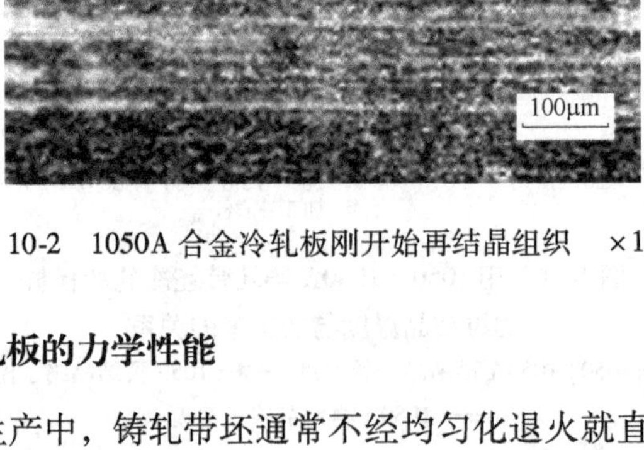

图 10-2　1050A 合金冷轧板刚开始再结晶组织　×100

10.1.2　冷轧板的力学性能

在实际生产中，铸轧带坯通常不经均匀化退火就直接送去冷轧，

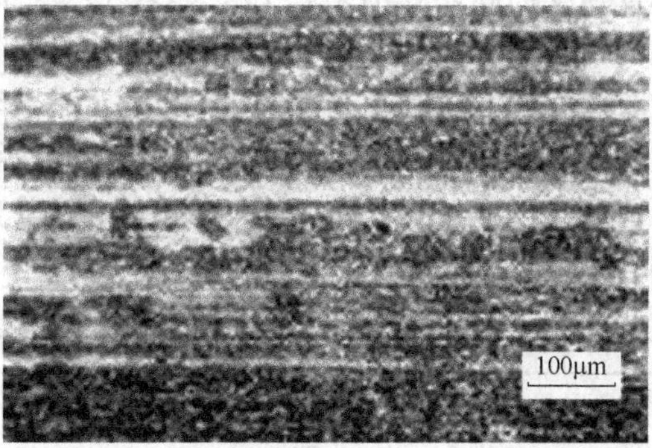

图 10-3 1050A 合金冷轧板完全再结晶组织 ×100

较大的合金元素和杂质元素过饱和度使冷轧板的强度性能均高于用热轧坯料轧制的冷轧板材，见表 10-4。因此，冷加工铸轧带坯时，其加工硬化率较高，即随着冷加工率的加大，铸轧带坯的强度性能增加很快。由表 10-4 可见，铸轧带坯由 2.4mm 冷轧到 0.4mm 时，其抗拉强度增加 48.0MPa，而相应热轧材料的抗拉强度仅增加 27.0MPa。

表 10-4 1060 合金铸轧带坯及热轧冷料冷轧后的各种厚度板材力学性能

试样厚度	铸轧带坯						热轧坯料					
	0°		45°		90°		0°		45°		90°	
	σ_b /MPa	δ /%	σ_b /MPa	δ /%	σ_b /MPa	δ /%	σ_b /MPa	δ /%	σ_b /MPa	δ /%	σ_b /MPa	δ /%
2.4	155.0	5.0	159.0	4.6	169	4.4	154.0	7.3	144	6.8	153.6	6.8
1.2	180.0	4.8	182.0	3.3	190	4.4	169.2	6.3	165.3	2.1	171.3	3.8
0.85	181.3	6.9	178.4	3.1	196.0	3.1	176.0	7.5	163.7	5.3	169.3	4.0
0.4	203.1	3.9	202.7	3.2	218.7	3.4	180.9	6.2	164.1	5.8	175.6	4.5

注：坯料厚度为 10.4mm，某厂生产，含 1.0% Mg、0.10% Si、0.23% Fe、小于 0.02% Ti，其余为铝。

铸轧带坯比热轧板强度高，变形抗力大，轧制过程中硬化速度快，强度提高也快，板面亮，即使退火后固溶体发生分解，使两种坯料冷轧的板材在力学性能方面的差距减小，但仍有一些差别，铸轧坯料生产的冷轧板强度仍高，分别见表 10-5 和表 10-6。退火后的板材继续轧制，二者的差别又显示出来，见表 10-7。铸轧带坯仍然硬化快，轧制箔材时操作者应注意这一特点，否则易于造成断带。这是由铸轧坯料的过饱和固溶体引起的，坯料完全退火，因为温度较低，过饱和固溶体不能完全分解，所以退火后，铸轧坯料仍比热轧坯料强度高，继续轧制，仍比热轧坯料硬化快。

表 10-5 铸轧和热轧坯料冷轧后的板材充分退火的力学性能

性 能	1.45mm 铸轧带坯	1.45mm 热轧带
σ_b/MPa	77.2	73.2
δ/%	46.0	45.5

表 10-6 0.4mm 铝箔坯料（M 状态）的性能比较

试样方向	0°		90°		45°	
	σ_b/MPa	δ/%	σ_b/MPa	δ/%	σ_b/MPa	δ/%
铸轧坯料	77.42	47.8	79.38	44.5	79.38	48.4
热轧坯料	79.97	32	73.30	36.6	69.97	50.1

表 10-7 采用铸轧带坯和热轧带坯轧制的箔材性能的对比

厚度/mm	铸轧带坯		热轧带坯	
	σ_b/MPa	δ/%	σ_b/MPa	δ/%
0.22	154.8	2.4	118.0	5.0
0.11	175.4	1.4	147	2.5
0.05	182.3	1.1	161.7	2.5
0.025	190.1	1.3	168.0	1.5
0.013	203.4	1.1	186.3	1.5

冷加工率对铸轧带坯的力学性能的影响见表 10-8，1050 合金的原始铸轧带坯厚度为 7.5mm，是用 ϕ650 × 1300mm 铸轧机生产的，带坯宽 1150mm，铸轧温度为 690 ~ 700℃，铸轧速度为 800 ~ 1000mm/min，循环水温为 25℃，水压为 2.5×10^5MPa，前箱熔体水平高度为 10mm，铸轧区长度为 47mm。

表 10-8 用铸轧带坯轧制的冷轧板的力学性能

厚度/mm	加工率/%	1060 合金		1050A 合金	
		σ_b/MPa	δ/%	σ_b/MPa	δ/%
6.0	20	118.6	7.6	120.5	7.6
4.8	36	138.2	7.2	140.1	6.6
3.8	50	149.0	6.4	152.9	6.6
3.0	60	159.4	5.8	161.7	5.7
2.3	70	164.6	4.8	168.6	5.2
1.6	78.5	175.4	4.6	179.3	5.0
1.2	84	179.3	4.5	181.3	4.9
1.0	86.6	179.3	4.4	185.2	4.8
0.7	90	185.2	4.5	190.1	5.0
0.5	93.3	194.0	4.3	197.0	5.0

1050A 冷轧板（带坯厚 7.5mm）不同温度退火 1h 后的力学性能列于表 10-9。

表 10-9 1050A 冷轧板（带坯厚 7.5mm）以不同温度退火 1h 后的力学性能

退火温度/℃	3.0mm(60%)		2.3mm(70%)		1.6mm(78.6%)		1.0mm(86%)		0.5mm(93.3%)	
	σ_b/MPa	δ/%	σ_b/MPa	δ/%	σ_b/MPa	δ/%	σ_b/MPa	δ/%	σ_b/MPa	δ/%
200	157.8	6.4	163.7	5.8	173.5	5.6	182.3	4.8	189.2	3.7
250	154.8	7.9	157.8	6.2	162.7	6.0	166.6	5.4	159.7	5.2
300	139.2	8.8	141.2	8.1	129.4	9.2	125.4	13.0	96.0	16.8
350	94.1	19.9	80.4	29.9	77.4	36.1	75.5	40.6	78.4	40.5
400	76.4	38.9	76.4	38.0	77.4	38.6	75.5	41.5	78.4	40.8
450	74.5	40.3	73.5	41.0	76.4	39.8	74.5	41.6	76.4	45.3
500	71.5	40.3	70.5	41.1	74.5	39.0	73.5	44.4	75.5	43.1

1050A 合金冷轧板（铸轧带坯厚 7.5mm）的布氏硬度与加工率的关系见图 10-4。

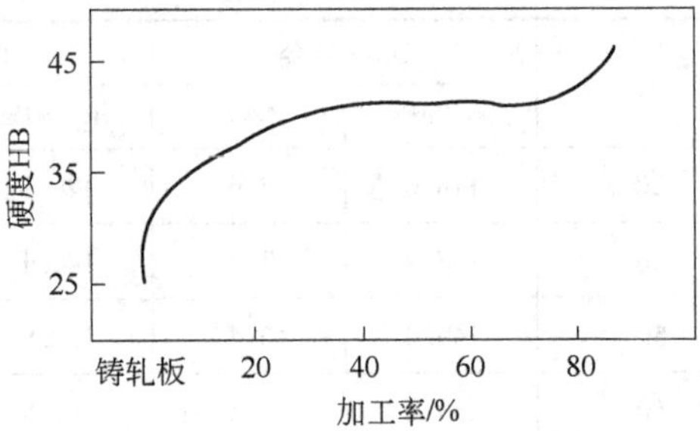

图 10-4 1050A 合金冷轧板(铸轧带坯厚 7.5mm)
的布氏硬度与加工率的关系

10.1.3 冷轧板的深冲性能

用铸轧法生产冷轧板材的深冲制品具有如下特点：制品易出现较为明显的纤维状条纹，降低表面质量；制耳率较大，易加工硬化；加工硬化速度较快，塑性较低，易冲裂。纯铝板的制耳率与晶体中的择优取向有关，有效地控制产生45°制耳和0°、90°制耳的织构，并使其达到平衡，可以降低和消除制耳。影响冷轧带坯的制耳率的因素很多，如铸轧加工率、化学成分、冷轧加工率和中间退火等因素都对其有影响。制耳率 ε 按公式（10-1）计算，冷轧板45°制耳和0°、90°制耳示意图见图 10-5。

$$\varepsilon = \frac{H_2 - H_1}{H_1} \times 100\% \qquad (10\text{-}1)$$

式中 H_2——最高制耳处高度，mm；

H_1——最低制耳处高度，mm。

10.1.3.1 铸轧过程对冷轧板深冲性能的影响

铸轧带坯晶粒度具有一定的取向性，在冷轧过程中，具有一定取向性的晶粒倾向于沿轧制方向拉长，而未得到充分破碎，铸轧带坯的原始织构对其后的轧制织构、退火织构又有复杂的影响，特别是对冷轧板深冲性能的影响更大。

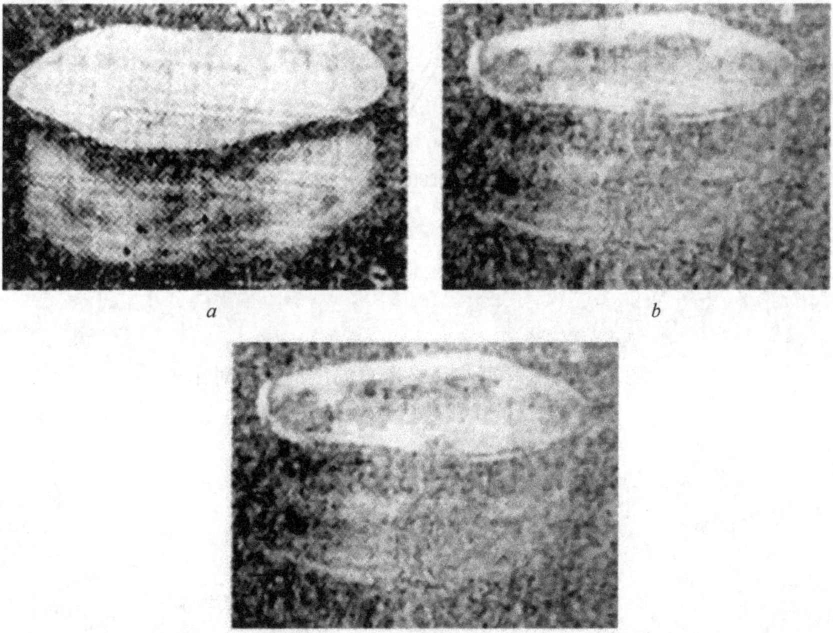

图 10-5　冷轧板制耳示意图
a—45°制耳；*b*—0°制耳；*c*—90°制耳

A　铸轧板化学成分对冷轧织构的影响

对于1060和1035合金铸轧板，当冷加工率为87%时，在各种不同温度下退火后冲杯，计算制耳率，图10-6所示为两种合金制耳率与最终退火温度的关系曲线，图10-7所示为两种合金的制耳率与冷加工率的关系曲线。

由图10-6可见，在87%的加工率和保温4h条件下，1060合金和1035合金在低温区45°制耳率无太大差别，但在高温区，1035合金的0°、90°制耳率明显低于1060合金。从图10-7可见，在420℃/4h退火条件下，随着冷加工率的增高，1060和1035合金的制耳率逐渐由0°、90°转向45°，并且在0°、90°制耳率的范围内，1035合金的制耳率总是低于1060合金的制耳率；在45°制耳率的范围内，1035

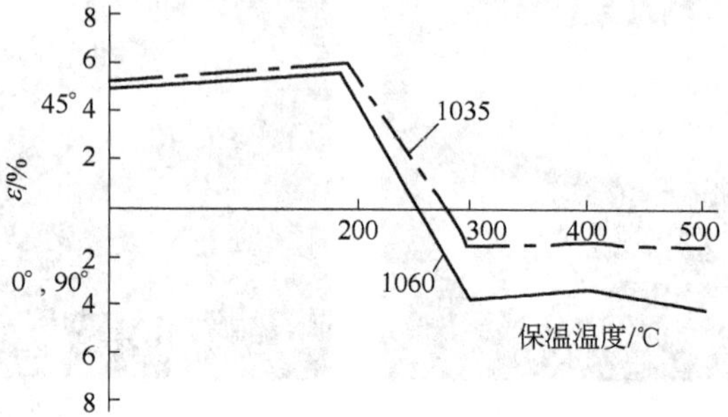

图 10-6　制耳率与最终退火温度的关系对比

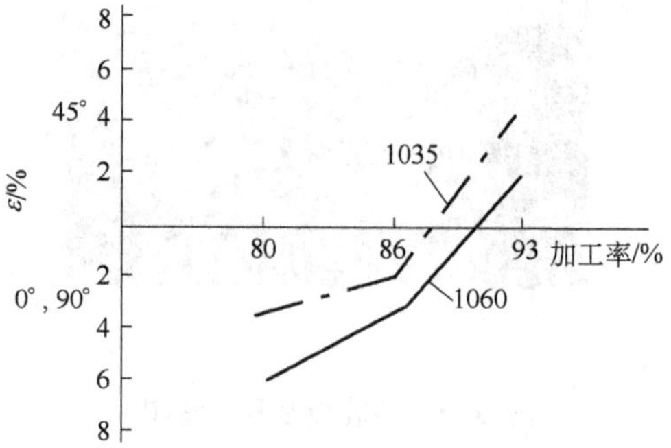

图 10-7　制耳率与冷加工率的关系对比

合金总是高于 1060 合金的制耳率。

Fe 和 Si 对铸轧纯铝板的深冲性能有不同的作用效果，这和热轧纯铝板的情况一致，即 Fe 倾向于导致 45°制耳，Si 倾向于导致 0°、90°制耳。其原因在于 Fe 和 Si 在助长和抑制立方织构方面表现不同。在纯度极高的铝中，其再结晶织构不仅仅是立方织构，加入少量的 Fe，即产生第二种织构成分——R 织构（轧制型织构）。而立方织构和 R 织构分别倾向于导致 0°、90°和 45°制耳。在工业纯铝板的铸轧板中，除了上述两种织构外，在 $FeAl_3$ 化合物周围，还存在着混乱织构，它使铝板不产生各向异性。因此，随着 Fe 含量的增多，一方面，所形成的化合物对立方织构晶粒生长的抑制增加，另一方面，使 R

织构和混乱织构含量相应增多，从而导致45°制耳成分提高；Si的作用，可能是由于和Fe生成化合物而削弱了Fe对织构的影响。因此Fe/Si比是控制制耳率的重要因素，大的Fe/Si比倾向导致45°制耳，小的Fe/Si比倾向导致0°、90°制耳。

B 铸轧板加工率对冷轧织构的影响

铸轧加工率是指轧制区入口厚度与铸轧区出口厚度差与轧制区入口厚度的比值的百分数。生产中可以通过调整轧制区入口厚度来实现。

由于铸轧过程中的加工率不一样，其结晶角也不一样，在织构和各向异性上也会表现出不同，图10-8是在不同铸轧加工率下纵向断

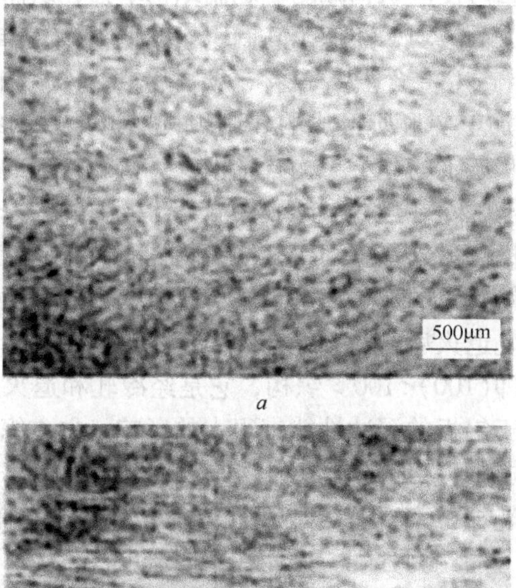

a

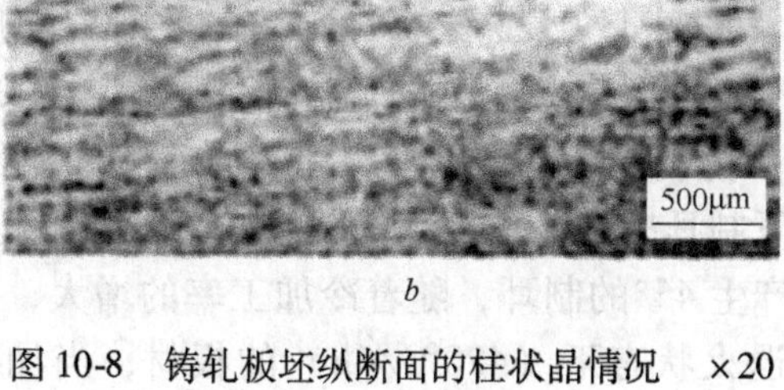

b

图10-8 铸轧板坯纵断面的柱状晶情况 ×20

a—铸轧加工率40%；*b*—铸轧加工率50%

面的柱状晶情况。在铸轧区中的冷却区和铸造区，由于不存在变形，因此形成的柱状晶主要具有<100>丝织构，其丝平行于结晶方向，当凝固的纯铝进入轧制区时，由于产生一定量的热变形，因此丝织构开始发生变化，生成轧制织构。所以不同的铸轧加工率，其织构的变化也不同。关于铸轧板坯的织构及织构在整个厚度上的分布，在一定条件下的试验结果表明：工业纯铝的铸轧板坯具有明显的轧制织构，且织构在厚度上分布是不均匀的，连续铸轧过程是使丝织构向轧制织构转变的过程，并且随着铸轧加工率的增大，这种转变的倾向也随之增大。铸轧板坯中的丝织构越强，经冷轧退火后的立方织构也越强。增加铸轧变形量可使丝织构减弱、轧制织构增强，从而使再结晶织构中的立方织构大为减弱，类似于轧制织构的R织构增强。

对1060合金（Fe含量0.23%，Si含量0.11%）的7.3mm铸轧坯经80%的冷加工变形所形成的轧制织构及退火后的结晶织构相比较可知：轧制状态下的立方织构含量极少，铸轧板坯的丝织构经冷轧变形后已基本消除，在经过420℃保温4h后，可以发现再结晶织构主要是立方织构。另外，相当于轧制织构的R织构也有一定的强度。适当调整连续铸轧时的加工变形量，可以获得不同程度的织构，同时会强烈影响冷轧退火后的立方织构的强度，进而影响冷轧板的深冲性能。立方织构即(100)<100>织构，它是经冷轧和退火后晶体的主要取向之一，对于铝板的深冲性能有很大的影响，立方织构主要导致产生0°、90°方向制耳，而轧制织构，如(110)<112>，导致产生45°制耳。改变铸轧加工率，就可改变立方织构和类似轧制织构的R织构在结晶状态下的比例分配，进而在不同厚度产生无耳板。

C 铸轧坯织构对冷轧板制耳的影响

1060合金（Fe含量0.23%，Si含量0.11%）铸轧坯经过80%、86%、94%的冷轧变形后，在不同温度下退火，会出现不同的制耳率，图10-9所示为轧制状态下制耳率和冷加工率的关系。图10-10所示为退火状态下制耳率和冷加工率的关系。由图可知，轧制状态下的板材在深冲时产生45°的制耳，随着冷加工率的增大，制耳率变化不显著；再结晶退火状态下（420℃/4h）的板材，当加工率在80%～90%范围内时，主要产生0°、90°制耳，这是因为再结晶织构中立方

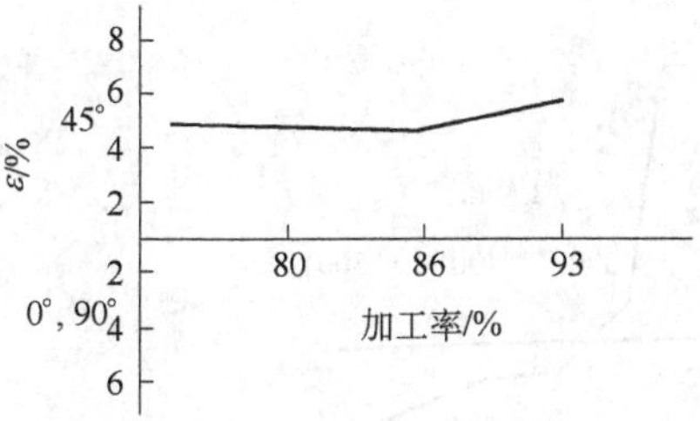

图 10-9 轧制状态下制耳率和冷加工率的关系

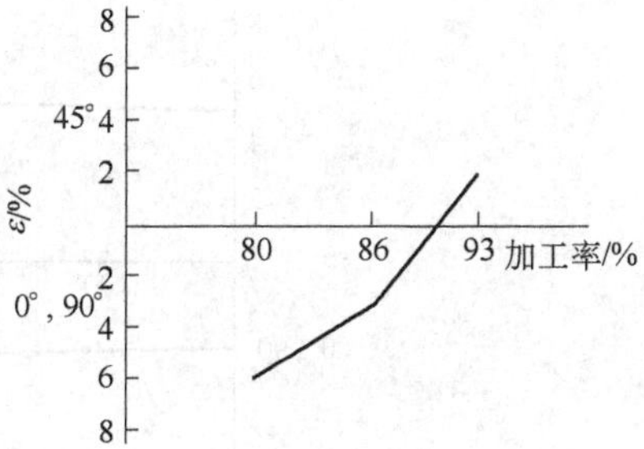

图 10-10 退火状态下制耳率和冷加工率的关系

织构占优势。随着冷加工率增大，板材的制耳率开始转向 45°，这说明 R 织构在逐步增强。

10.1.3.2 中间退火对制耳率的影响

1235 合金 7.6mm 铸轧板坯，工艺一为冷轧至 2.0mm，在 400℃/1h 高温退火，冷轧到不同厚度后成品退火；工艺二为冷轧至 3.3mm，在 245℃/1h 低温退火，冷轧到不同厚度后成品退火。

图 10-11 所示为高温中间退火和无中间退火的制耳率与最终退火温度和最终冷加工率的关系曲线（最终冷加工率为 30%，最终退火温度为 420℃，保温 4h）。从图 10-11*a* 可见，无中间退火的 A_1，随着温度的增高，其制耳率由 45°向 0°、90°转变；但有高温中间退火的 A_2，在整个温度区间内均表现出 0°、90°制耳，且随着温度的变化也很小。从图 10-11*b* 可见，无中间退火 A_1，随着加工率的增大，其制耳率是减小的，高温中间退火的 A_2，0°、90°的制耳率随着最终加工率的增大非但不降低，反而增加，这和无中间退火的情况相反。

10.1.3.3 冷加工率对制耳率的影响

如图 10-11*b* 所示，冷加工率对制耳类型有很大影响，除了高温中间退火外，一般的规律是：大加工率倾向产生 45°制耳，小冷加工率倾向产生 0°、90°制耳，这是由不同的冷加工率使铝板中的立方织构、R 织构和混乱织构比例不同所造成的。在有少量的 Fe 和 Si 的情况下，随着 Fe、Si 含量增高，由于形成较为粗大的 $FeAl_3$ 化合物而导致其周围产生混乱织构。这三种织构随着变形程度而变化，在低变形

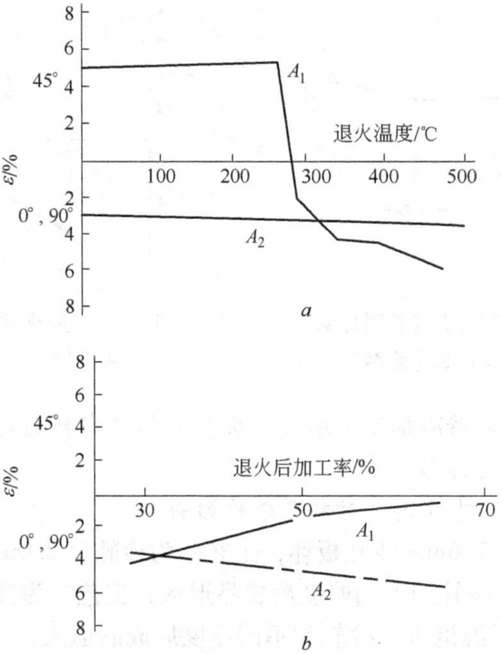

图 10-11 高温中间退火和无中间退火的制耳率与最终退火温度和最终冷加工率的关系曲线

a—制耳率与最终退火温度的关系；b—制耳率与最终冷加工率的关系

A_1—无中间退火；A_2—高温中间退火

程度（30%左右）下，混乱织构和立方织构的密度较高，R织构密度较低；在中等变形程度（50%左右）下，混乱织构密度达到最大值；在高变形程度（85%以上）下，R织构密度显著提高，混乱织构密度显著降低。这些不同的织构密度随冷加工率变化的规律说明制耳是随冷加工率增大而逐步增加。

从以上分析可知，铸轧板的加工率、铸轧板的化学成分（Fe、Si）、中间退火温度及冷加工率对工业纯铝铸轧板的制耳率有着不同程度的影响。一般影响规律是：

（1）Fe是产生45°制耳的因素，Si是产生0°、90°制耳的因素；

（2）中间退火倾向导致0°、90°制耳，但低温中间退火要比高温中间退火弱得多；

(3) 除高温中间退火外，一般随着冷加率的增大，再结晶退火后的制耳率逐渐由0°、90°转向45°；而经过高温中间退火后，随最终冷加工率的增大（由30%增加到70%），则是向0°、90°增大方向转变。

从控制制耳率角度看，适当增加Fe含量可以降低再结晶状态下的制耳；增加Si含量可降低硬状态下0°、90°的制耳率和经高温最终退火后较薄板的制耳率；在一定厚度下进行高温中间退火，可降低一定厚度铝板硬、软状态下的制耳率。

10.1.3.4 铸轧与热轧方式对冷轧板深冲性能的影响

用不同坯料冷轧的0.85mm、0.4mm板材以不同温度退火1h后的制耳率列于表10-10，铸轧坯料的厚度为7.5mm，热轧坯料的厚度为12mm，前者含0.11% Si、0.24% Fe，后者含1.0% Fe、0.14% Si，其余杂质含量都小于0.03%。用ϕ60mm的圆片经两次冲成ϕ28mm杯，然后测定制耳率。

表10-10 冷轧板材以不同温度退火后的制耳率

退火温度/℃	铸轧带坯冷轧板材		热轧带坯冷轧板材	
	0.85mm板制耳率/%	0.4mm板制耳率/%	0.85mm板制耳率/%	0.4mm板制耳率/%
250	5.09	6.67	8.97	9.25
300	4.52	5.12	1.09	4.42
330	4.51	2.65	0.84	3.32
360	4.71	2.99	3.24	2.52
400	5.48	2.96	2.34	2.93
500	4.61	2.56	3.62	1.86

1050A合金板材的杯突试验值及其力学性能列于表10-11，不管是冷加工硬化的0.4mm板材还是退火的软状态的0.4mm板材的杯突值，铸轧带材都比热轧坯料板材的小1mm，但1mm厚的这两种板材在退火后的杯突值都相同，皆为9.0~9.5mm。

表 10-11 不同坯料轧制的 1050A 合金板材的杯突值与力学性能

坯料种类	状　态	厚度/mm	σ_b/MPa	δ/%	杯突值/mm
铸　轧	R	7.2	78.4	2.9	—
热　轧	R	7.5	96.0	36.0	—
铸轧冷轧板	Y	3.0	176.4	6	—
	Y	0.4	215.6	3	5
热轧冷轧板	Y	3.0	166.6	6.5	—
	Y	0.4	205.8	3	6
铸　轧	M	7.2	77.4	38	—
	M	3.0	73.5	30	—
	M	0.4	88.2	35	8
热　轧	M	3.0	73.5	32	—
	M	0.4	93.1	35	9

从制耳产生的部位来看，用铸轧带坯冷轧的两种板材，在 250℃退火后，制耳产生在与轧制方向呈 45°角的方向上；退火温度为 350℃、400℃、500℃时，制耳都产生在 0°与 90°方向上；0.85mm 板材的制耳位置改变后，制耳率无明显变化，0.4mm 板材的制耳位置改变后，其制耳率略有减小；退火温度高于等于 330℃后，0.4mm 板材的制耳率比 0.85mm 板材的制耳率小一些。

用热轧坯料轧制的 0.85mm、0.4mm 板材在 250℃、330℃退火后，制耳位置也是产生在与轧制方向呈 45°角的方向上；退火温度为 350℃、400℃、500℃时，0.85mm、0.4mm 板材的制耳出现于 0°、90°方向上；它们的制耳率都比较小。

稀土元素及杂质 Fe、Si 等对制耳率有一定的影响。稀土元素及 Fe 是产生 45°制耳的因素，适当提高 Fe、稀土元素含量可降低退火板材的 0°、90°制耳。Si 是产生 0°、90°制耳的因素，增加 Si 含量可降低硬状态板材和经高温退火的较薄板材的制耳率。对一定厚度的板材来说，进行高温中间退火可降低制耳率。除高温中间退火外，一般退火材料的制耳率均随冷加工率的增大而制耳由 0°、90°方向转向 45°方向。

生产证明，只要采取适当的生产工艺，用铸轧带坯冷轧的板材可深冲各种各样的复杂制品，但要采取以下措施：

（1）熔炼温度不超过750℃，不宜长时间停留，静置炉熔体温度为725~735℃。

（2）严格控制化学成分，工业纯铝中的Fe/Si比值最好大于2，并添加铝钛硼丝细化剂，细化晶粒不但可提高板材的塑性与其他性能，而且有助于均匀变形，减少表面条纹，降低制品制耳率，使铸轧带坯的晶粒度达到1~2级，当Fe/Si比值不适当时，生产出的铝板会硬而脆，裂纹倾向大，难以冲压。

（3）对不同厚度板材采用不同的退火制度，例如对1.2mm和1.0mm的板材在350~360℃退火，保温4h，以使轧制织构和退火织构达到最佳搭配，获得好的深冲性能和低的制耳率。

（4）进行均匀化退火，尤其对防锈铝铸轧带坯更应进行均匀化退火。均匀化热处理促使过饱和固溶体分解，消除晶内偏析，提高塑性，从而使变形均匀，降低冷轧加工硬化速度，改善深冲性能。经充分均匀化处理的材料的性能可与热轧材料的性能完全相当。

（5）加大冷加工率，采用大的加工率可使铸造组织充分破碎，获得良好的深冲性能。

（6）选用最佳的铸轧工艺，板材的方向性与铸轧温度、铸轧速度、带坯厚度、熔液深度等有关，例如，在铸轧厚7.5~8.0mm工业纯铝带坯时，铸轧辊的圆周速度为10mm/s，辊面最低温度为85℃，浇注温度为690℃，退火后的板材具有最小的方向性。

10.2 铸轧坯生产铝箔的组织及性能

铝加工业的经验证明，用铸轧带坯完全能轧制出表面质量高、组织与性能符合标准规定的双零箔材，用铸轧带坯生产双零箔材的工艺路线有以下三种：第一种工艺是将铸轧带坯冷轧到0.6mm，进行一次中间退火；第二种工艺是将铸轧坯冷轧到1.0~2.0mm，而后冷轧到0.3~0.6mm，进行两次中间退火；第三种工艺是将铸轧坯料冷轧到0.4mm，不进行中间退火，最后轧制双零箔材。

用铸轧带坯生产铝箔的工艺流程是当前最短的工艺流程，不仅大大减少了设备的投资，而且由于生产周期显著缩短，大幅度提高了成品率和劳动生产率，因此可降低成本，经济效益非常显著，铝箔有些质量指标优于热轧坯料生产的铝箔。

10.2.1 铝箔毛料对铸轧带坯的质量要求

铝箔毛料是供进一步轧制铝箔用的中间带坯，是半成品。它对铸轧带坯的质量要求是根据铝箔生产的特殊要求提出来的。为了保证铝箔的质量和轧制的顺利进行，要求铸轧带坯有高的纯洁度、良好的表面质量和精确的尺寸偏差，而且板形要好，特别是要求板的横向凸面率，铝箔毛料还必须具有优良的显微组织。

10.2.1.1 铝箔毛料的化学成分

化学成分是决定铝箔毛料显微组织、力学性能和轧制性能的首要因素。铝箔毛料一般用纯度大于99%的工业纯铝制备。由于合金元素固溶于铝中将会不同程度地降低铝的塑性，因此纯度较高的铝箔毛料易于轧制，随着铝箔工业的发展，对铝箔毛料合金成分的改良也做了大量探索。

据有关资料介绍，虽然铁、硅为纯铝中的杂质元素，但铁在铝中的溶解量很小，在655℃时能溶解0.052%，在室温下仅能溶解0.002%。铁与铝可形成金属间化合物$FeAl_3$。$FeAl_3$相是硬而脆的针状化合物，可使铝的强度略有提高，但使其塑性下降。硅在铝中的溶解量比铁多些。在577℃时，铝中可溶解硅1.65%，在室温下约能溶解0.05%，多余的硅和铝不形成化合物，而是以游离状态单独存在于铝中，通常称为“自由硅”，硅相坚硬而脆，使铝的强度略有提高，但使塑性略有下降。它们的存在，使铝的塑性降低，对各向异性及退火性能也有较大影响，由此可见，应该控制纯铝的铁和硅的含量。

铸轧时，当杂质铁的含量大于硅时，形成$\alpha(Al_{12}Fe_3Si)$相，呈骨骼状四方晶格，显微硬度为3234～3528MPa。而硅含量大于铁含量时，则形成$\beta(Al_9Fe_2Si_2)$相，呈针状，菱形晶格，显微硬度为5664MPa，同时箔坯还会形成从下到上的纵向裂纹。

当铁硅比为1.0～1.25时，铸轧晶粒粗大，在其变形之后的退火过程中易出现再结晶晶粒粗大，性能严重不均现象，且纯度越高，有晶粒越粗大的倾向，铸轧板面的裂纹倾向性也越大。铁硅比一般宜大于1.8，铁含量应为0.1%～1.3%，若低于0.1%则无细化晶粒、改善轧制性能的效果，若大于1.3%，则铝箔抗蚀性下降。

据有关资料介绍，在纯铝中适当的铁硅比范围内，微量增加硅的含量，可以解决传统双零箔生产过程中经常遇到的轧制暗纹、组织条纹和成品退火耐温性较低等问题，最终可提高双零箔材的表面质量、抗拉强度及伸长率、提高双零箔材的成品退火耐温性和除油效果。该试验表明：微量增加硅含量可以使退火后双零箔组织更加细腻，条状晶粒现象基本消失，在适当的铁硅比范围内增加硅含量后的双零箔表面和正常铝箔表面对比见图10-12。

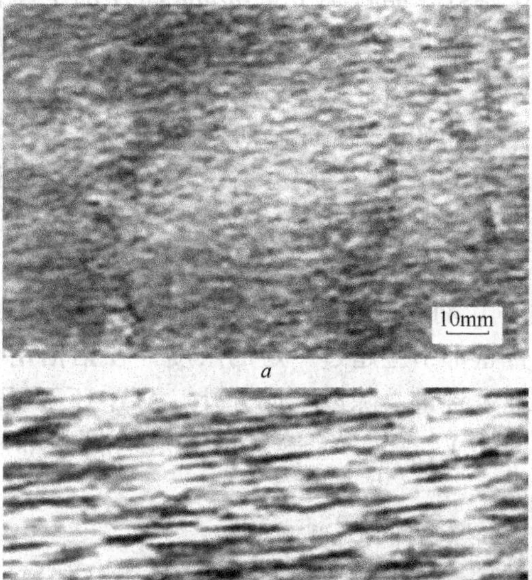

a

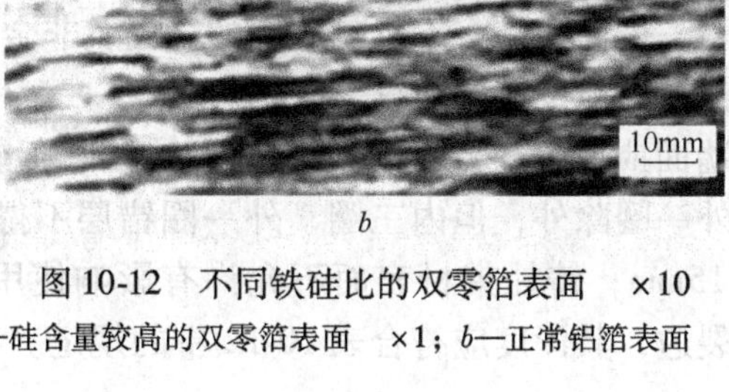

b

图10-12 不同铁硅比的双零箔表面 ×10

a—硅含量较高的双零箔表面 ×1；*b*—正常铝箔表面 ×1

有资料表明，在纯铝中添加细化剂钛，其细化作用随铁含量的增加而加强，如含钛0.05%的纯铝有晶粒14个/cm^2，当加入0.1%铁时，晶粒数为134个，铁含量增加到0.5%时，晶粒数将增加到17014个/cm^2，此外，只有铁含量适当高时，钛才能既细化纯铝的铸态晶粒又细化纯铝的再结晶晶粒。

在纯铝中，可能有$FeAl_3$、Si、α($Al_{12}Fe_3Si$)相、β($Al_9Fe_2Si_2$)相。α(FeSiAl)相是较为理想的铸态化合物，塑性变形时易破碎。$FeAl_3$则是较为粗大的针状化合物相，它是造成双零铝箔针孔的原因之一。一般来说，在加工过程中，粗大第二相很易形成裂纹源，进而扩展成针孔，当双零铝箔厚度小于0.006mm时，任何大于0.005mm的粗大第二相均有可能导致针孔。但铸轧坯料中的晶粒组织也并非越小越好，晶粒小于0.03mm将使加工硬化率提高，变形抗力增大，塑性降低。因此，铝箔毛料中的化合物尺寸应控制为0.001～0.005mm。

在纯铝中，Cu、Mn、Mg都是允许存在的杂质元素。有时在合金中添加一定量的Cu，使少量Cu溶入α固溶体中以提高材料的强度。郑璇认为，在工业纯铝中加入少量Mn或Mg（小于0.03%），可以消除Si、Fe的有害影响，沟内政文等人则认为，Cu、Mn、Mg固溶于Al基体中，将减少Si、Fe的析出量。目前普遍接受的观点是这些元素的含量都不应超过一定的限度，在铝箔用合金牌号中都规定了它们的最大含量。除以上成分外，Al中还不可避免地存在着一些杂质元素，如V、Ni、Na等，在铝箔毛料中都规定了其最大含量。

10.2.1.2 铝箔毛料的外观质量

铸轧带材表面不允许有热带、夹渣、孔洞、气道、裂纹、腐蚀、偏析条纹等缺陷。表面允许有不影响使用的金属及非金属压入、轻微擦伤、轻微划伤、纵向及横向条纹等缺陷。

铸轧卷材端面应整齐，端面允许有局部错层，但错层不得超过5mm（内三圈外一圈除外，但内三圈、外一圈错层不得超过30mm），塔形不得超过15mm；铸轧带材表面不允许有影响使用的边部缺损，但允许有工艺裂边，其深度应符合表10-12中的规定。

表10-12 铸轧带裂边的规定

牌 号	工艺裂边深度/mm
1×××系、8011、8011A、8079	≤8
3003、3102	
3005、3105、5005、5052	≤15

10.2.1.3 铝箔毛料对铸轧坯料低倍组织的要求

铝及铝合金铸轧带材的低倍组织不允许有影响使用的裂纹、夹杂、孔洞、分层等缺陷。

铝及铝合金铸轧带材的表面晶粒度不得低于二级。

10.2.1.4 铝箔毛料的力学性能

铸轧带的力学性能通常都能满足要求，所以内供时对于铸轧带坯的力学性能不做特殊规定。对于铝箔毛料，不需要中间退火，可从7.5mm的铸轧带一直轧制到0.4mm。有的企业对冷轧铝箔坯的力学性能制定了企业内部标准，如表10-13所示。

表10-13 某公司制定的铝箔毛料力学性能的企业内部标准

合 金	状 态	σ_b/MPa	δ/%
1060	O	60~90	≥20
	H14	70~120	>2
	H18	>120	>1
1050A、1100	O	70~100	≥15
	H14	100~120	>2
	H18	>140	>1
3A21	O	100~150	≥20
	H14	140~180	>2
	H18	>190	>1

10.2.1.5 铝箔毛料的冶金质量

铝箔毛料的冶金质量主要指的是它的熔铸质量，用于制备铝箔毛料的熔体要有高的金属纯净度，熔体含渣、含气量要低，熔体精炼后每百克铝的氢含量应不大于0.12mL，熔体必须经过陶瓷过滤片过滤，过滤精度达到微米级。生产的铸轧坯料无气道、夹渣等内部缺陷，晶粒度达到一级。

10.2.1.6 铝箔毛料的板形质量

板形是指带卷横向各部位是否产生波浪和瓢曲。铝箔毛料的板形质量直接影响到铝箔的板形质量。对铝箔毛料的板形要求控制在20I以内。如果生产铝箔毛料的冷轧机没有装备板形仪，其板形质量则主要靠铸轧坯料的板形质量和冷轧操作手的操作技术来保证。铝箔毛料的板形要平整，不允许有两边松或是两边紧、两肋松或两肋紧、中间松等不良板形；板形的理想状态应为抛物线状，中凸度要求控制在厚度的1%以内。板形较差的铝箔毛料在后续铝箔轧制中不仅给操作人员的操作控制带来困难，而且容易产生断带，影响生产效率的提高；并影响成品箔质量的提高。实践证明，如果铝箔毛料的板形差，经过数道次轧制到成品箔后，整个板面不可能变得完全平整，原来较松弛的地方不可能通过辊型调节而完全矫正过来，因此生产出来的铝箔板形质量仍然很差。

10.2.1.7 铝箔毛料的公差要求

公差要求是指毛料的宽度公差和厚度公差要求。宽度公差要求控制在±2.0mm以内，铝箔毛料的厚度公差要求控制在厚度的±3%以内。如果厚度公差较大，在箔轧过程中轧制速度和张力很难保持稳定，如果轧制速度较高，很容易产生断带和其他的轧制废品。

10.2.2 铝箔的组织

1050合金不同厚度的显微组织如图10-13和图10-14所示。图10-13*a*是7.5mm厚的铸轧带坯的纵向表层显微组织，图10-13*b*是纵向中心部分的显微组织。由图可见，铸轧带坯的铸造组织，在带坯中心具有粗大的金属间化合物，其他部位有细小的析出物。

图10-14所示为铸轧坯和热轧坯分别轧制到0.6mm后，经退火的纵向显微组织。由图可见，用铸轧带坯生产的冷轧板的晶粒比用热轧铸锭生产的冷轧板的晶粒大，且前者也没有后者均匀，在铸轧的冷轧板中心有较粗大的金属化合物，同时表层晶粒比中心部位的粗大。

a

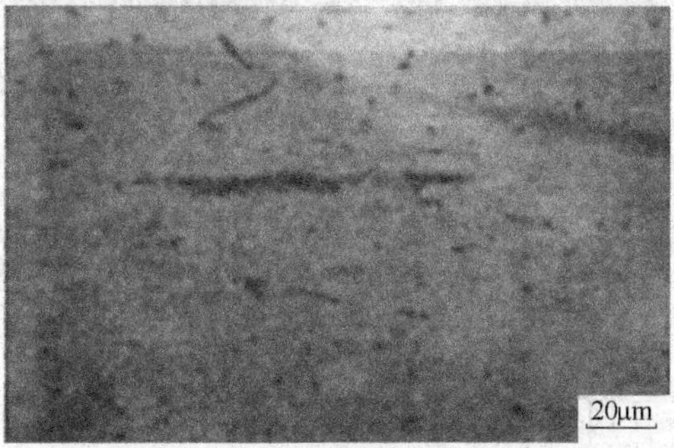

b

图 10-13 7.5mm 厚的铸轧带坯纵向表层和纵向中心部分的显微组织

a—纵向表层显微组织 ×560；*b*—纵向中心显微组织 ×560

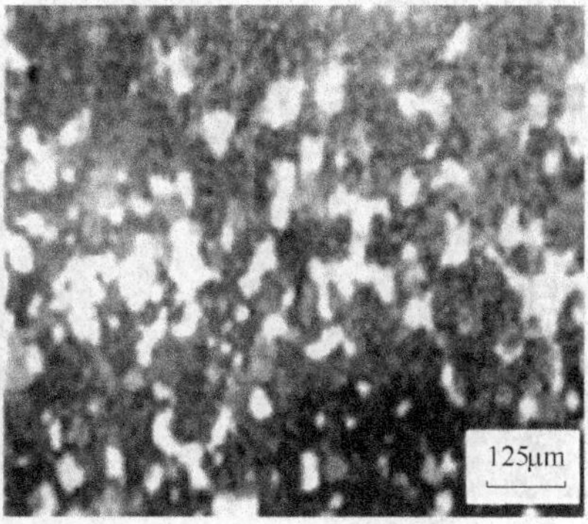

a *b*

图 10-14 铸轧坯和热轧坯分别轧制到 0.6mm 后，经退火的纵向显微组织（O 态）

a—由铸轧坯加工后的纵向表层显微组织 ×80；

b—由热轧坯加工后的纵向表层显微组织 ×80

铸轧和热轧坯料生产 0.095mm 厚铝箔的纵向组织（退火状态）如图 10-15 所示；铸轧和热轧坯料生产 0.035mm 厚铝箔的纵向组织（退火状态）如图 10-16 所示；铸轧和热轧坯料生产 0.007mm 厚铝箔的纵向组织（退火状态）如图 10-17 所示。

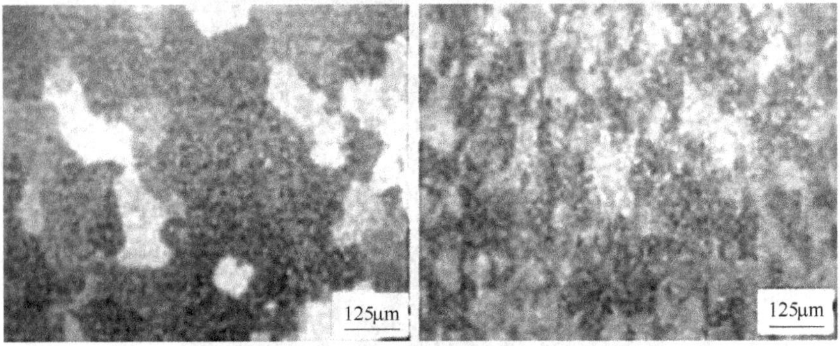

a　　*b*

图 10-15　不同坯料生产铝箔的纵向显微组织（O 态，0.095mm）

a—铸轧坯料　×80；*b*—热轧坯料　×80

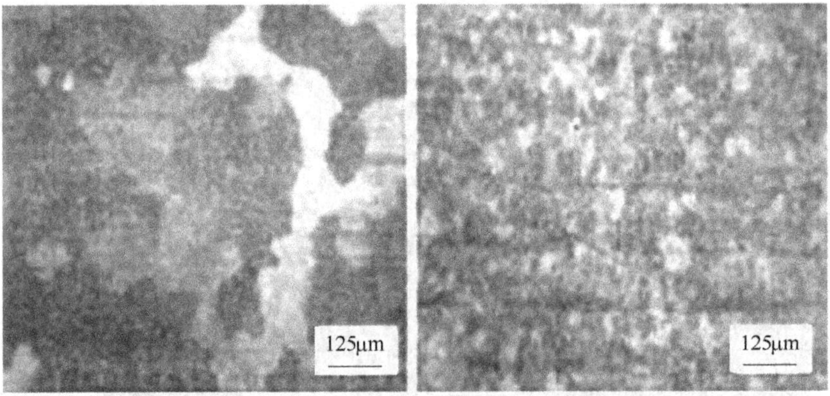

a　　*b*

图 10-16　不同坯料生产铝箔的纵向显微组织（O 态，0.035mm）

a—铸轧坯料　×80；*b*—热轧坯料　×80

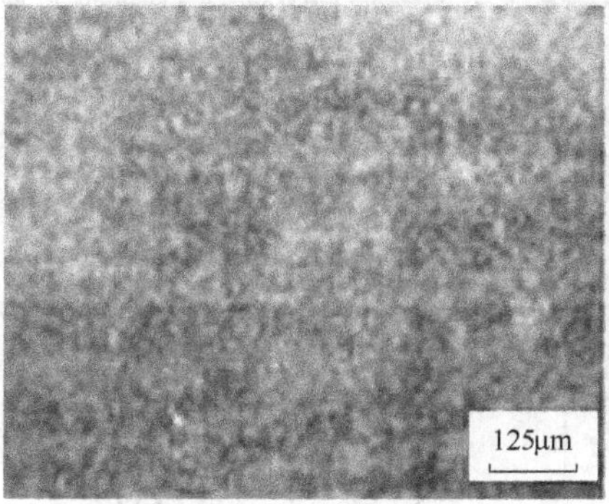

a

b

图 10-17　不同坯料生产铝箔的纵向显微组织（O 态，0.007mm）
a—铸轧坯料；*b*—热轧坯料

由图 10-15、图 10-16、图 10-17 可见，用铸轧带坯轧制的铝箔晶粒普遍比用热轧坯料轧制的铝箔晶粒大，而且铝箔越薄，这种趋势也越明显。此外，在组织均匀性方面，铸轧带坯也不如热轧坯料。

10.2.3　铝箔的力学性能

10.2.3.1　试样加工方式对性能的影响

铝箔的性能试样按照《变形铝、镁及其合金加工制品拉伸试验用试样》（GB/T 16865—1997）规定制取。试样加工方式对铝箔的性能有明显影响，这种影响因试样状态不同而异。这方面的影响主要是破坏源。铝箔破坏时产生裂纹与加工方式有关系。任何一种加工方式都必然会造成边部缺陷，而铝箔的表面原先也存在许多缺陷，它们都可用裂纹等效。如果试样加工造成的边部缺陷在拉伸时“优先”成为破坏源并大于铝箔的临界裂纹，那么，必然会引起早期破坏而影响性能值。J. A. Eady 等人曾做过边部条件对民用铝箔性能影响的试验，结果见表 10-14。

表 10-14 试样边部条件对民用铝箔性能的影响

试样制备方法	退火制度	σ_b/MPa	δ/%
叠层铣削法	—	63	1.0
	150℃，2h	67	1.5
	300℃，2h	74	3.0
刀割法	—	73	2.5
	150℃，2h	73	3.0
	300℃，2h	78	4.0
叠层铣削法（边缘电解抛光）	—	74	2.5

表 10-14 的数据说明了边部条件对性能影响的程度。必须指出，边部条件可用裂纹等效，这是指一些非裂纹缺陷，如边部加工硬化。由于边部加工硬化区必然先于非硬化区而产生裂纹，其等效裂纹长度相当于硬化区深度，约两个晶粒度。对硬化状态铝箔，试样加工不会进一步引起边部加工硬化。对较厚的退火状态铝箔，由于塑性很高，边部裂纹不会影响性能。所以，加工方式仅对退火状态下较薄铝箔的性能值产生明显影响。

10.2.3.2 厚度对铝箔性能的影响

铝箔性能随厚度变化而改变是明显的。本试验均采用 7.3mm 铸轧坯料。图 10-18*a* 示出了 1060 合金铸轧板轧制到 0.4mm 后中间退火，各道次轧制后的性能，在图中的硬化曲线上，0.05mm 处出现了谷值，这一现象还无法解释，估计是受表面辊印的影响；图 10-18*b* 所示为 1060 合金铸轧板轧制到 0.4mm 后中间退火，各道次轧制并退火后的性能。图 10-19*a* 所示为 1035 合金铸轧板轧制时不经过中间退火，各道次轧制后的性能，可以看成纯属厚度变化引起的性能变化，因为从 7.3mm 到 0.15mm 的变形率为 98%，从 7.3mm 到 0.23mm 的变形率为 97%，相差无几，而且从硬化规律可知，当变形率超过 75% 时，硬化速度趋于零；同理，图 10-19*b* 所示为 1035 合金铸轧坯轧制到 0.23mm 时不进行中间退火，各道

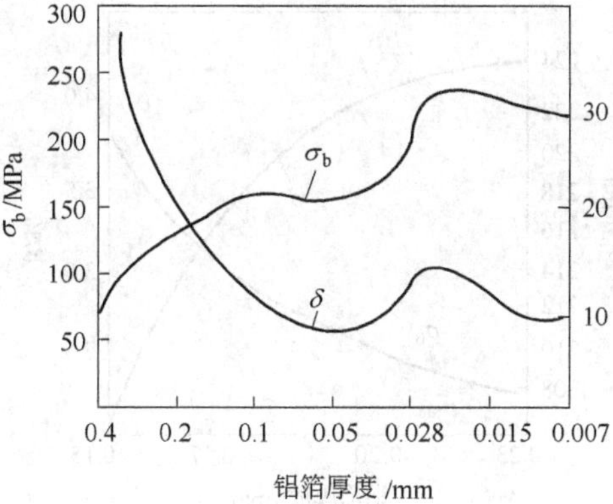

a

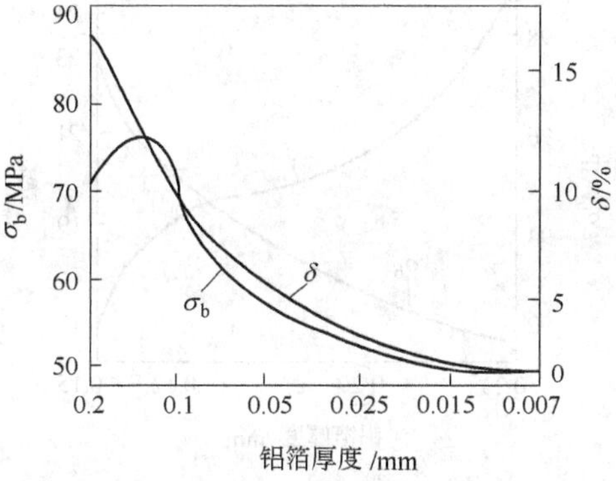

b

图 10-18　1060 合金铸轧板轧制到 0.4mm 并经中间退火后进一步加工的性能

a—进一步轧制后的各道次性能；*b*—进一步轧制并退火后的性能

次轧制并退火后的性能，可以认为退火状态下纯属厚度对性能的作用。由此可见，强度随厚度的变薄而较缓慢上升，而伸长率急剧下降。

10.2.3.3　加工率对铝箔性能的影响

用 1060 合金铸轧带坯从 7.3mm 轧制到 0.006mm 铝箔时，强度随着加工率的增大而上升，当加工率达到 93% 时，强度达到最大值，

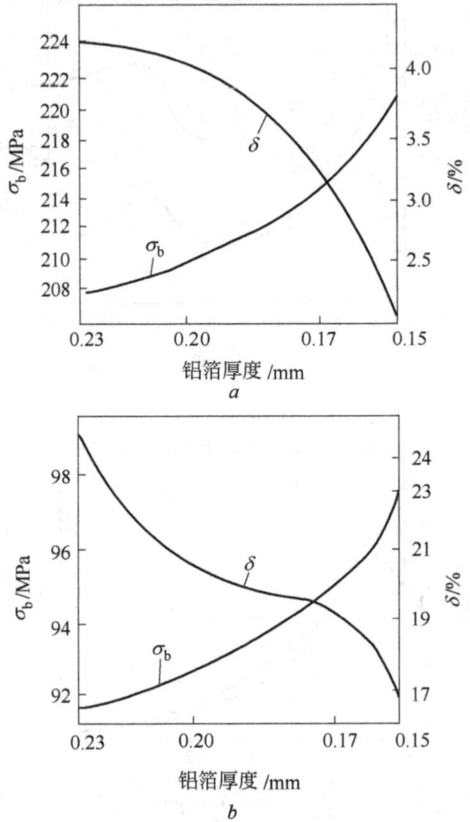

图 10-19 1035 合金铸轧板轧制到 0.23mm 后
不经过中间退火进一步加工的性能
a—进一步轧制后的各道次性能；*b*—进一步轧制并退火后的性能

加工率再加大，则强度性能下降，见图 10-20；加工率为 50% 时，伸长率达到较低值，再往下轧，伸长率变化不大，即加工率相当于 90% 时，伸长率大体保持不变。就力学性能而言，用热轧坯料轧制的铝箔均优于铸轧坯料轧制的铝箔。1050 合金坯料及其铝箔的力学性能对比见表 10-15，1035 合金两种坯料的双零箔材退火后的力学性能对比见表 10-16，从表可见，退火状态下，铸轧坯料轧制的双零铝箔

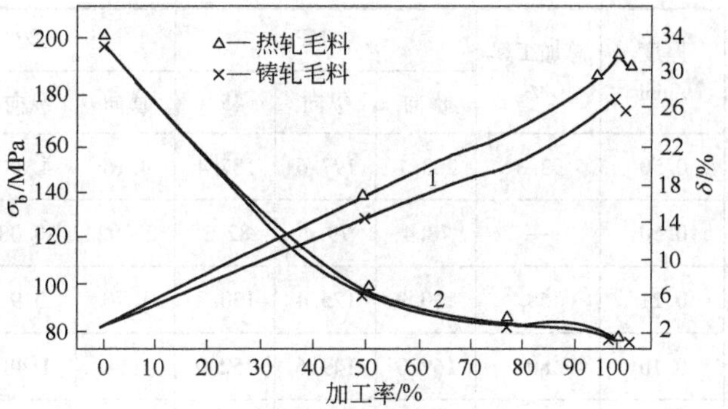

图 10-20 铝箔硬化曲线

1—抗拉强度 σ_b；2—伸长率 δ

优于热轧坯料轧制的铝箔。

表 10-15 1050 合金坯料及其铝箔的力学性能对比

厚度/mm	状 态	铸 轧		热 轧	
		σ_b/MPa	δ/%	σ_b/MPa	δ/%
7.3	铸轧	86.2	44.5	—	—
0.6	Y	179.3	4.8	189.1	5.0
0.007	M	63.7	2.0	60.8	2.7

表 10-16 1035 合金的双零箔材的力学性能对比（退火后）

项 目		纵 向		横 向		45°	
		σ_b/MPa	δ/%	σ_b/MPa	δ/%	σ_b/MPa	δ/%
铸轧料	大晶粒	59	1.4	50	1.0	55	2.0
	细晶粒	64	1.3	55	1.2	60	1.9
热轧料		47	1.3	41	1.5	45	2.1

用 1060 合金铸轧带坯轧制铝箔的力学性能与加工率的关系见表 10-17。铝箔的硬化规律与一般的规律是一致的，即当加工率大于 75% 时，硬化速度放慢。

表 10-17 用铸轧带坯轧制铝箔的力学性能与加工率的关系

状态	厚度 /mm	总加工率 /%	σ_b/MPa			δ/%		
			横向	纵向	45°	横向	纵向	45°
Y	0. 50	93. 3	203. 1	197. 6	187. 4	4. 16	4. 88	3. 84
M	0. 50	—	78. 4	79. 4	82. 3	23. 92	40. 08	39. 76
Y	0. 21	58	110. 9	125. 4	130. 3	1. 70	3. 9	1. 80
Y	0. 10	80	169. 0	149. 6	152. 9	1. 58	1. 48	1. 32
Y	0. 05	90	181. 7	163. 1	168. 9	1. 48	1. 70	1. 60
Y	0. 024	95. 2	183. 5	176. 6	166. 2	2. 36	2. 1	2. 0
Y	0. 014	97. 2	180. 3	168. 4	171. 7	1. 26	1. 14	1. 9
中间退火	0. 014	—	155. 2	146. 4	148. 0	1. 40	14. 0	1. 2
Y	0. 007	—	180. 3	173. 1	169. 9	1. 50	1. 14	1. 38
M	0. 007	—	34. 6	40. 1	42	1. 94	2. 18	2. 52

10. 2. 3. 4 化学成分对铝箔的力学性能的影响

化学成分是影响铝箔性能的重要因素，化学成分既影响原始组织，又影响最终组织。

如表 10-18 和图 10-21 所示，铝箔的强度随合金（杂质）元素总含量的增加而提高，但伸长率则稍有不同，当 Fe、Si、Cu 的含量低时，则随它们的含量增加而下降，在其总含量大于 0. 35% 后，伸长率又随其含量增加而上升。值得注意的是，铁含量高，能细化晶粒，改善组织，有效地提高厚铝箔的伸长率，例如可使厚 0. 1mm 左右铝箔的伸长率达到 25% ~35% 。铁对铝箔性能的改善与铁对最终组织的细化效果有关，而铁对最终组织的细化效果又与中间退火温度有关。由于铝箔的加工率极大，使原始组织中铁化合物的有害作用削弱，而铁化合物对再结晶晶粒的细化及对织构产生的有益作用，却显得更加重要。

表 10-18 1050 合金伸长率、晶粒度、杂质元素含量的关系

杂质元素含量（质量分数）/%				δ/%	晶粒度等级
Fe	Cu	Si	Ti		
0.28	0.01	0.09	0.02	<10	3.5
0.26	0.012	0.086	0.02	10 ~ 15	4.5
0.276	0.022	0.086	0.01	>10 ~ 20	2.2
0.32	0.05	0.086	0.02	>20	2.0

注：铝箔厚 0.2mm。

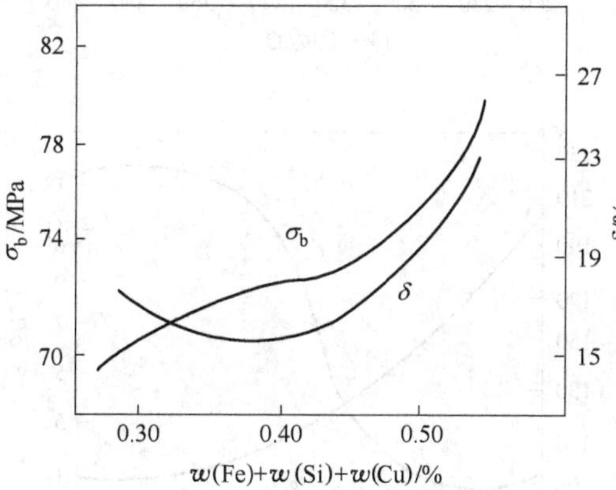

图 10-21 1050 合金箔的力学性能与杂质元素含量的关系

10.2.3.5 中间退火对铝箔性能的影响

中间退火对铝箔的性能有很大的影响，对 0.6 ~ 0.8mm 的毛料进行中间退火，其温度越高，最终铝箔的塑性也越高。文献［86］给出的结果表明，对厚 0.1mm 的铝箔来说，是否进行中间退火，抗拉强度相差 20 ~ 30MPa，伸长率相差 5% ~ 10%。中间退火的作用较铁含量更大，而且铁含量的作用与中间退火温度的作用有关。铝箔的性能也和中间退火的安排位置有很大关系。

10.2.3.6 成品退火对铝箔性能的影响

图 10-22*a* 所示为 1035 合金铸轧坯直接轧到 0.2mm 在不同温度下退火后铝箔的力学性能，图 10-22*b* 所示为 1035 合金铸轧坯不经中间退火，直接轧到 0.15mm，在不同温度下退火后的力学性能。由图

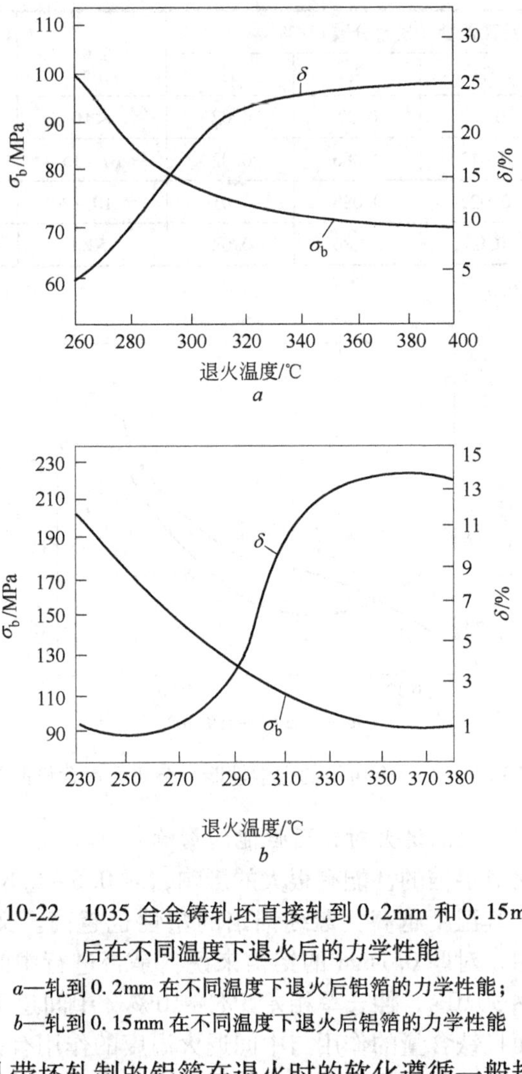

图 10-22 1035 合金铸轧坯直接轧到 0.2mm 和 0.15mm 后在不同温度下退火后的力学性能

a—轧到 0.2mm 在不同温度下退火后铝箔的力学性能；

b—轧到 0.15mm 在不同温度下退火后铝箔的力学性能

可见，用铸轧带坯轧制的铝箔在退火时的软化遵循一般规律。但有一点必须注意，尽管延长退火时间可以使再结晶继续进行，但在一定的温度下，再结晶的完成程度是不同的，所以，铝箔性能的关键取决于退火温度。退火时的加热速度对再结晶的影响很小，快速退火对铝箔的性能没有明显改善，但可使其再结晶温度提高约 40℃。

10.2.3.7 坯料对铝箔力学性能的影响

生产铝箔可用两种坯料，一种是热轧坯料，一种是铸轧坯料。

热轧法及铸轧法生产的1235合金箔材性能对比见表10-19，其中铸轧法采用7mm铸轧带经冷轧和中间退火后的H14状态铝箔毛料；热轧坯料为进口的1235合金H14铝箔毛料，两种坯料的合金、状态、厚度具有可比性。由表中数据可见，合金元素较大的过饱和度使铸轧坯料轧制铝箔后，铝箔的强度高于热轧坯料的铝箔，而伸长率则较低，同时，铸轧带材冷加工时的加工硬化率相对较高。

表10-19 热轧法及铸轧法生产的1235合金箔材性能对比

厚度/mm	铸轧带坯		厚度/mm	热轧带坯	
	σ_b/MPa	δ/%		σ_b/MPa	δ/%
0.28	141~144	1.0~3.0	0.3	126~136	2.0~4.5
0.11	155~166	1.0~3.5	0.09	151~157	2.0~3.5
0.05	156~188	0.5~1.5	0.045	135~161	0.5~2.0
0.025	190.1	1.3	0.025	168.0	1.5
0.013	203.4	1.1	0.013	186.3	1.5

两种坯料生产的0.095mm铝箔力学性能与退火温度的关系见图10-23。由图可见，用热轧毛料生产的铝箔的性能比用铸轧毛料生产

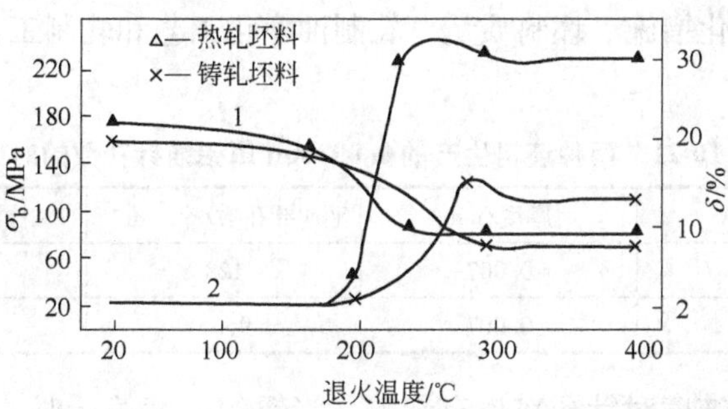

图10-23 两种坯料生产的0.095mm铝箔力学性能与退火温度的关系

1—抗拉强度；2—伸长率

铝箔的性能高一些，因为前者的晶粒比后者的细一些。退火温度下的保温时间为 1h。

10.2.4 双零铝箔的再结晶温度

用连续铸轧坯料和热轧料生产双零铝箔，坯料合金为 1035 合金，坯料冷轧后的厚度为 0.4mm，其生产工艺为：0.4mm 毛料—粗轧三道次（0.4—0.2—0.1—0.05mm）—中轧两道次（0.05—0.028—0.015mm）—精轧（叠轧 0.015mm × 2—0.007mm × 2）—分卷、剪切—退火—检查—成品包装—入库。

两种坯料生产铝箔退火后的再结晶情况见表 10-20。

表 10-20 两种坯料生产铝箔退火后的再结晶情况

坯料名称	厚度/mm	开始再结晶温度/℃	终了再结晶温度/℃	退火时间/h
热轧料	0.007	250	290	1
铸轧料	0.007	230	290	1

铸轧坯料生产的 0.007mm 铝箔，其开始再结晶温度比热轧坯料所生产的铝箔要低，这与冷轧板的再结晶情况有些不同。

10.2.5 铝箔的针孔数

用铸轧坯料和热轧坯料生产的 0.007mm 厚铝箔针孔数的对比见表 10-21。数据表明，用铸轧坯料生产的双零铝箔，在控制好生产条件、熔体净化措施、坯料质量、轧制油净化工艺和轧制工艺后，其针孔度较少。

表 10-21 两种坯料生产的 0.007mm 厚铝箔针孔数的对比

坯料名称	厚度/mm	平均针孔数/个 · m^{-2}	检测张数/张
热轧料	0.007	128	13
铸轧料	0.007	96.5	11

铝箔的纯度对针孔率也有影响，当铝的纯度偏低时，塑性下降，材料发脆，轧制产生针孔；而且铝箔纯度高，在轧制过程中，特别是中间退火后的第一道轧制，粘辊严重，辊面发白，润滑条件恶化，轧

辊与轧件之间的摩擦系数增大，这也导致了针孔发生率的增大。

10.2.6　铝箔破裂强度

不同厚度铝箔的破裂强度试验结果示于表10-22。表中的数字是5次试验的平均值，材料是某铝加工厂生产的铝箔，挤出的外径为100mm，内径为30mm。试验结果表明，用热轧坯料生产的铝箔的破裂强度明显高于用铸轧坯料生产的铝箔的破裂强度。铝箔的材质为1060合金，热轧坯料是由日本提供的。

表10-22　铝箔的破裂强度　（MPa）

状　态	铸轧坯	铸轧坯	热轧坯
	0.0366mm	0.0338mm	0.0339mm
Y	31.4	27.4	35.3
M	14.7	13.7	24.5

从试验可知：铸轧坯料生产的铝箔，表面较光亮，轧制性能好，能生产厚度为0.006mm的不同状态的铝箔，各项技术指标达到了国家标准，某些指标达到国际先进标准。用铸轧坯料生产的铝箔，针孔数较少；其成品退火后已完全再结晶。但是用铸轧坯料生产的铝箔，表面晶粒受原始晶粒度的影响，如果原始晶粒较粗大，则成品铝箔存在晶粒大小不均现象。

为了保证铝箔质量，在生产铸轧坯料时应做到以下几点：

（1）严格执行熔体净化和除气的工艺要求，按规定加入覆盖剂，从而减少氧化夹渣和吸气。

（2）严格控制熔炼温度，熔炼温度过高会造成铸轧坯料晶粒粗大或熔体吸气多，从而使铸轧坯料“气道”增多。熔炼温度一般控制在(750±5)℃。

（3）严格控制铸轧坯料的厚度公差和凸面率，为下道工序的板形控制创造良好条件。

（4）控制和调整铸轧时前箱熔体液面的高度，不出现因熔体补缩不足而产生热缺陷。

10.2.7 铝箔的电学性能

铝电极箔（以下简称电容铝箔）的制作过程是对铝箔进行化学腐蚀或电化学腐蚀，使其表面粗化，从而扩大电极的表面积，达到提高电容量的目的。铝箔腐蚀后比电容的高低及其他性能不只与腐蚀工艺有关，还与光铝箔的质量有很大关系。铝箔的化学成分、组织结构、表面质量等都会对铝箔腐蚀产生很大的影响。用热轧坯生产的铝箔已广泛用于制造电容器，我们对铸轧铝箔的电学性能做过全面的研究，试验结果表明，用铸轧带坯生产的铝箔的各项电学性能与用热轧坯料生产的铝箔几乎一样。

电容铝箔根据其使用的极性不同，分为阳极箔和阴极箔。阳极箔根据其电容器的耐电压高低又分为高压（大于250V）箔、低压（160V）箔。目前，国内外阳极箔普遍采用铝含量大于99.98%（质量分数，下同）的高纯铝箔，而阴极箔大都采用铝含量不小于98%的Al-Mn或Al-Cu合金等。国内外阳极铝箔化学成分的对比见表10-23。

表10-23 国内外阳极铝箔化学成分的对比

铝箔种类	杂质含量(质量分数)/%								Al含量（质量分数）/%
	Fe	Si	Cu	Zn	Ti	Mg	Mn	Ga	
高压箔（日本）	7×10^{-4}	6×10^{-4}	34×10^{-4}	$<2\times10^{-4}$	$<2\times10^{-4}$	$<2\times10^{-4}$	$<2\times10^{-4}$	$<2\times10^{-4}$	99.995
低压箔（日本）	27×10^{-4}	31×10^{-4}	29×10^{-4}	13×10^{-4}	$<2\times10^{-4}$	$<2\times10^{-4}$	$<2\times10^{-4}$	10×10^{-4}	99.991
高压箔（法国）	10×10^{-4}	12×10^{-4}	42×10^{-4}	5×10^{-4}	$<2\times10^{-4}$	6×10^{-4}	2×10^{-4}	$<2\times10^{-4}$	99.993
低压箔（法国）	35×10^{-4}	31×10^{-4}	43×10^{-4}	8×10^{-4}	$<2\times10^{-4}$	$<2\times10^{-4}$	4×10^{-4}	5×10^{-4}	99.998
高压箔（中国）	73×10^{-4}	18×10^{-4}	19×10^{-4}	5×10^{-4}	$<2\times10^{-4}$	7×10^{-4}	2×10^{-4}	$<2\times10^{-4}$	99.983
低压箔（中国）	67×10^{-4}	104×10^{-4}	23×10^{-4}	14×10^{-4}	$<2\times10^{-4}$	$<2\times10^{-4}$	$<2\times10^{-4}$	$<2\times10^{-4}$	99.981

从表中可看出，各国铝箔的主要杂质为 Fe、Si、Cu，国产铝箔的 Fe、Si 杂质含量高于国外，其他杂质含量都很接近。高纯铝中的主要杂质是 Fe、Si、Cu，有关这三个元素对铝箔性能的影响，国内外研究比较多，大体上认为，Fe 是最有害的元素，它不但形成 $FeAl_3$ 颗粒影响腐蚀化成后氧化膜的均匀性，而且对铝箔的组织结构产生很大影响，同时铝箔化成时间和漏电流增加，直接影响电容器的稳定性和使用寿命，因此要求 Fe 含量越少越好。由于 Si 在铝中的固溶度较大，相对于 Fe 的有害作用减弱，但其含量也不宜过高，否则与 Fe 形成多元化合物，也会恶化铝箔性能。

阴极箔通常采用纯铝、铝锰、铝铜等合金。阴极箔可采用化学腐蚀或电化学腐蚀，目前国内以化学腐蚀为主。由于阴极箔只需腐蚀得到高的比表面积，无需形成氧化膜，因而只要求腐蚀坑密度高且细小，形成海绵孔腐蚀。阴极箔有 O 状态和 H19 状态。O 状态采用交流电腐蚀，H19 状态采用化学腐蚀。

对于硬状态的 3003 铝合金阴极箔，铝箔中含有大量的第二相粒子，在冷加工过程中，第二相粒子会阻碍位错的运动。当第二相细小、弥散分布时，所得到硬态箔中位错的分布比较均匀；当第二相粗大时，冷加工过程中容易造成位错在第二相粒子附近缠结，同时使基体的晶格发生畸变，化学腐蚀时，点蚀优先在有缺陷的位置发生。如果出现大量的粗大第二相粒子，将会造成不均匀的腐蚀形貌，降低阴极箔的比电容，所以控制合金中第二相粒子的弥散分布和析出状态很重要。

铝箔中含有一定量的 Cu 有利于铝箔腐蚀，因为 Cu 的电极电位比 Al 高，可增加腐蚀起始点，提高发孔密度，从这一点看，微量的 Cu 是有益的。国产铝锭普遍含 Cu 量极低，因此一些生产厂家特意补充一定量的 Cu，以增加铝箔电容量。根据我们的生产经验，添加量（质量分数）不宜超过 60×10^{-6}。除 Fe、Si、Cu 主要杂质外，其他微量的 Mg、Zn、Ni、Ce、Be、Ca 等元素对提高铝箔的电容量有一些益处。国外的实验室对比研究比较多，但用于工业性生产尚未见报道。尽管微量元素对铝箔性能有益处，但也要控制其杂质总量，即在保证 Al 含量不小于 99.98% 的情况下，才可添加有益的微量元素，否则将会大大影响铝箔腐蚀效果。

10.2.8 用铸轧坯料生产铝箔存在的问题

存在以下几方面的问题：

（1）铸轧坯料容易出现晶粒度粗大的问题，它可使铝箔在双合轧制后其暗面产生明显而粗大的条纹，这比热轧坯料生产的铝箔要逊色得多。当存在大晶粒，特别是当出现粗大的“麦穗晶”时，往往会出现“气道”，导致轧制铝箔时的断带次数增加，从而降低成品率。

（2）铸轧机的铸轧辊或矫直辊表面状况直接影响毛料的表面质量，辊面存在“龟裂”、“印痕”、“粘辊”等现象时，会使铸轧表面出现缺陷，甚至造成严重的压坑，这些缺陷会给下道工序带来不可磨灭的痕迹，直接影响铝箔的表面质量和轧制成品率。

（3）气道也是直接影响铝箔质量的主要因素，特别是如果铸轧坯料内部存在间断或连贯的气道，虽经冷轧和粗轧有时还未显露出来，但随着轧制道次的增加和厚度的减薄，就会产生气道开裂现象。

（4）由于铸轧时嘴辊间隙的大小不容易控制，铸轧带材表面产生组织条纹，会严重影响箔材的表面质量。

11 铸轧缺陷及预防措施

11.1 铸坯缺陷及预防措施

11.1.1 分层裂纹

11.1.1.1 定义及特征

铸轧带表层下出现由低熔点相和 Fe、Si 等杂质隔开的分层。有时分层延伸到表面，形成马蹄形裂口。延伸或未延伸到表面的这种缺陷称之为分层裂纹，参见图 11-1。

分层裂纹一般是各个分离且成群出现。裂纹两侧组织差异较大，表面侧低熔点相和杂质相较少，晶粒较粗大；内侧低熔点相和杂质相较多，晶粒细小。

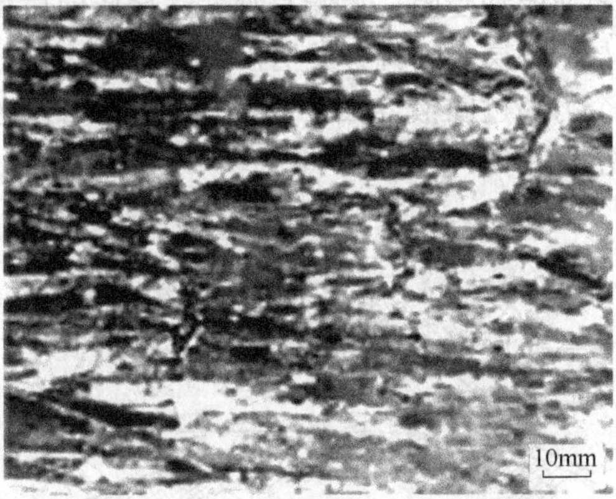

图 11-1 分层裂纹（表面）

11.1.1.2 产生原因及预防措施

A 产生原因

产生原因有以下几个方面：

（1）结晶过程的影响。在铸轧区液态金属与辊套进行热交换，沿辊套周向发生凝固，由于凝固壳较薄，易产生裂纹。产生裂纹的原因是：一方面，凝壳在结晶潜热的作用下发生重熔，形成结晶裂纹；另一方面，在凝固收缩过程中产生应力裂纹，若裂纹得不到补缩和焊合，则在铸轧板表面上表现出来。产生裂纹的倾向和合金的收缩系数及结晶区间有关。收缩系数越大，结晶区间越宽，裂纹倾向越大。

（2）轧制变形和剪切应力的作用。在铸轧区结晶前沿，由于嘴腔垫片分布、辊面状况等原因其温度是不均匀的，有些地方可能出现较深的液穴。在铸轧过程中，一方面受轧制力作用发生变形；另一方面由于轧辊向前转运，内层液态金属相对于表面凝壳有较大的后滑运动，产生剪切作用；两种作用会使晶界撕裂，形成裂纹。

（3）由于铸轧辊辊面粗糙，摩擦系数很大，轧前熔体温度很高，而辊面温度低，与辊面接触时，熔体便附在辊面结晶，形成很大的黏着区，黏着区随辊面一起运动，不产生相对滑动，因而黏着区内不发生变形、减薄，中心部分的金属要向前后流动，在铸轧条件下，前端是刚端，金属向前流动受阻；后端是液穴，金属向后流动阻力很小；这样在黏着区与中心层之间就会发生相对的剪切运动，产生一个附加剪切应力；这个力超过固液界面的强度时，就可能发生裂纹（马蹄形裂纹），参见图 11-2。

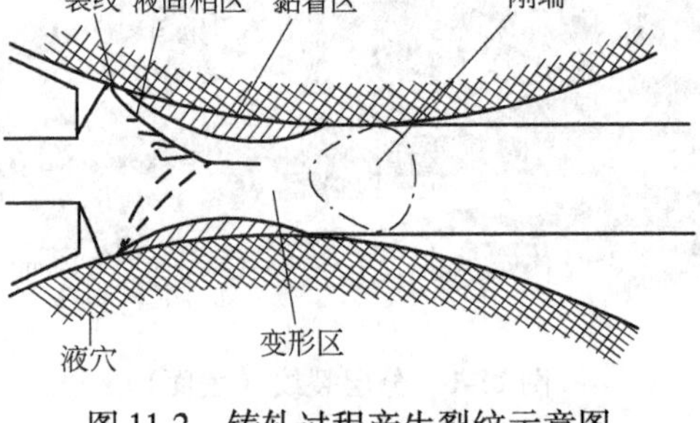

图 11-2　铸轧过程产生裂纹示意图

液穴越深，后端两相区所受轧制变形越大，内层与表层间剪切力也就越大，越易发生较大的相对剪切运动，形成分层，分层露出表面便成为马蹄形裂纹。凡是增大液穴深度的因素，例如增大铸轧区，提高铸轧温度，加快铸轧速度，都使之容易产生裂纹。

B 预防措施

合理布置供料嘴垫片，保持良好的辊面状态，使结晶前沿的温度分布均匀；适当减小铸轧区，降低铸轧速度和铸轧温度，使铸轧区内的凝固壳增厚，在轧制变形时不易撕裂；尽量缩短熔炼时间，避免熔体过热；采用细化剂，增加形核能力，细化晶粒，提高塑性，减少裂纹倾向；加强精炼除气，提高过滤精度，减少夹渣，防止局部出现应力集中。

11.1.2 通条横裂纹

11.1.2.1 定义及特征

铸轧带表面出现弧形、V形或无定形横向裂缝或裂口，沿着轧制方向排列成裂纹带。

11.1.2.2 产生原因

通条横裂纹一般是由供料嘴局部堵塞，嘴唇局部破损或结渣造成的。它往往同气道、表面偏析、粗晶带等缺陷伴生。

11.1.3 通条划沟

11.1.3.1 定义及特征

铸轧带表面沿着轧制方向出现的有一定深度的笔直沟缝，称为通条划沟。

通条划沟深浅不一，深的可达2mm，长达数米，甚至可纵贯带全长。其两侧无凹凸耦合特征，沟深较稳定，参见图11-3。

11.1.3.2 产生原因

在铸轧过程中，铸嘴嘴唇可能挂上尖峰状氧化物，还可能形成点状群体，当黏稠液体通过时，尖峰状氧化物使得金属熔体相对无尖峰状氧化物处的熔体滞后与轧辊接触。位于尖峰两边的熔体已发生结晶，尖峰处才接触轧辊开始结晶，因而结晶不一样，两边晶粒存在明显差异。轧制后，由于金属不能焊合而形成纵向裂纹，这样的坯料在

图 11-3 通条划沟（横截面） ×100

冷轧后弯折时，会出现整齐断口而断裂。当取横向试样进行拉伸试验时，则沿轧制方向（与拉伸方向垂直）平直断裂，伸长率、抗拉强度很低。

11.1.4 热带

11.1.4.1 定义及特征

铸轧带局部未受轧制变形，具有自由结晶表面的区域称热带，见图 11-4。缺陷严重时会穿透板厚，形成孔洞；热带形状不规则，有不同程度的凹陷，凹陷的表面不平整，往往伴随有裂缝出现，有时有偏析浮出物。

图 11-4 热带（表面）

11.1.4.2 产生原因和预防措施

A 产生原因

前箱温度太高，在铸轧区内由于温度分布不均匀，温度偏高时，易导致液穴变深，熔融金属来不及凝固即被轧辊带出，形成热带；前箱温度偏低，由于静压力不足和金属流动性差，使局部金属供流不足，或提前凝固堵塞，板面出现金属缺省；铸轧速度太快，由于结晶前沿宽度方向上的温度分布不均匀，液穴深度不一致，当铸轧速度超过极限时，液穴较深部分来不及结晶即被轧辊带出而形成热带；供料嘴腔内部堵塞、铸嘴挂渣、掉嘴皮、边部耳子损坏等，会引起轧制条件的改变而形成热带。

B 预防措施

合理地安排铸嘴垫片，尽量使金属液流通畅和温度均匀；适当调整工艺参数，前箱温度偏高时要降温，温度偏低时要升温，液面低时要适当提高液面，同时适当提高铸轧速度；若是嘴腔堵塞、挂渣等，可采用断板措施，断板时及时清理堵塞金属或挂渣；若是铸嘴及边部耳子破损，则应停机重新立板。

11.1.5 气道

11.1.5.1 定义及特征

铸轧带内形成的纵向连续或断续延伸的空洞缺陷被称为气道。习惯上低倍试片肉眼可见的空洞被称为气道（图 11-5），借助放大镜才能发现的被称为微孔。

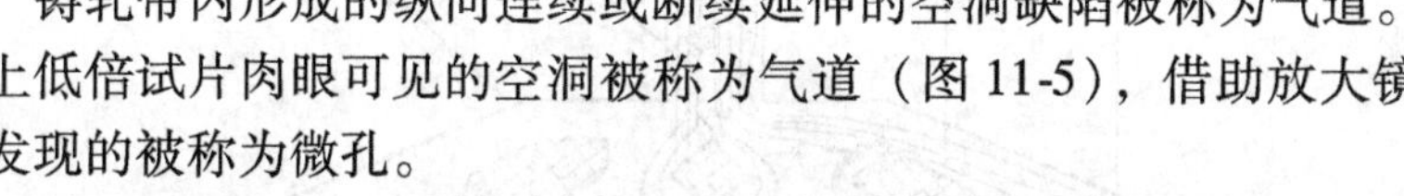

图 11-5 气道（截面）

气道附近晶位发生歪扭，表面多显现白道，严重时可延至带全长，常伴有通条横裂纹和麦穗晶带。

气道分横向位置固定的气道和游动性气道（位置不固定）。铸轧时，相距较近的两游动性气道会相互“吸引”，逐渐靠近直至汇合，汇合处形成气三角。

11.1.5.2　产生原因及预防措施

A　产生原因

产生原因有以下几个方面：

（1）当熔体夹杂较多时，易导致供料嘴挂渣或堵塞，阻碍液体金属供给，在两侧液流交汇处气体易聚集形成气泡。

（2）氢大多以原子或离子状态溶于铝合金熔体中，尽管在铸轧前采取种种去气措施，但熔体中仍含有一定量的氢。这种溶解于熔体中的氢，随着温度的下降和结晶过程的进行，由于其溶解度的不同，一部分可能以气态的形式释放出来，其余以过饱和形式间隙于固熔体中。铸轧过程中，由于结晶速度很快，铝液中溶解的氢在结晶前沿生核、长大、逸出是不太可能的，气体的析出很困难，但是在铸嘴中情况就不一样了。如图 11-6 所示，在挡块 2、3、4 和氧化渣 1 的熔体流入的下方，由于流体流线需绕过障碍而弯曲，流速减低，熔体难以充满。熔体温度越低，流动性越差，这种情况越严重。同时氧化渣和挡块都可能有大量疏松、气隙，且多不为铝熔体润湿，因而这些地方很容易成为外来气体核心，开始时其氢的分压等于零，于是，氢原子往里扩散，复合成氢气，形成所谓气体锥，当气体锥长到一定程度和一定长度时，就被铝熔体裹入铸轧区，形成气道。

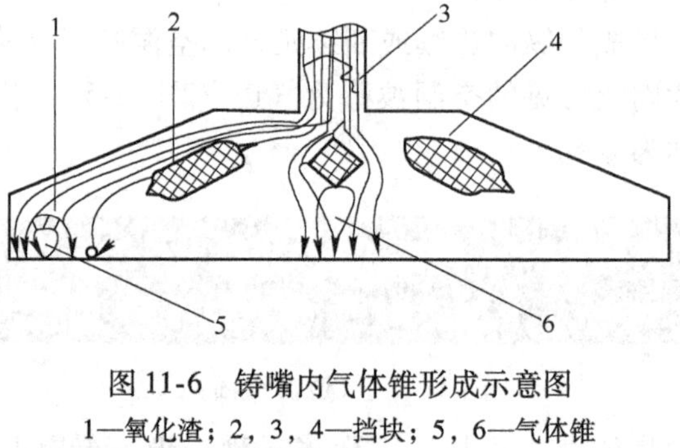

图 11-6　铸嘴内气体锥形成示意图

1—氧化渣；2，3，4—挡块；5，6—气体锥

（3）若辊套存在较深的裂纹，其在热交换时储存的水和气体在铸轧过程中溢出，进入熔体形成微小气泡。

（4）若采用毛毡清辊器，毡毛会堆积在铸嘴前沿，在高温烧结时产生气体，进入熔体中形成气泡；若采用石墨水溶液喷涂在辊面上，如果没有完全挥发，则会在铸轧区内析出气体形成气泡；供料嘴干燥不好或吸潮也会产生气泡。

B 预防措施

加强精炼除气，提高过滤精度，确保铝熔体的洁净；尽量缩短熔化时间，避免熔体过热；适当地提高温度，使熔体流动性增加，填充性能好，挂渣少，则形成气道的概率也就减小；改进轧辊防粘系统，轧辊出现裂纹时要及时更换。

11.1.6 粗大晶粒

11.1.6.1 定义及特征

铸轧带晶粒大小超过标准要求的，称为粗大晶粒。

粗大晶粒组织具有很强的各向异性；冷轧后表面出现白条缺陷；再结晶退火后晶粒易长大。

五级大晶粒的铸轧带侵蚀后，表面呈现粗大的纵向带状花纹（图 11-7*a*），横截面表层为排列紧密的片状胞晶（图 11-7*b*），表层往

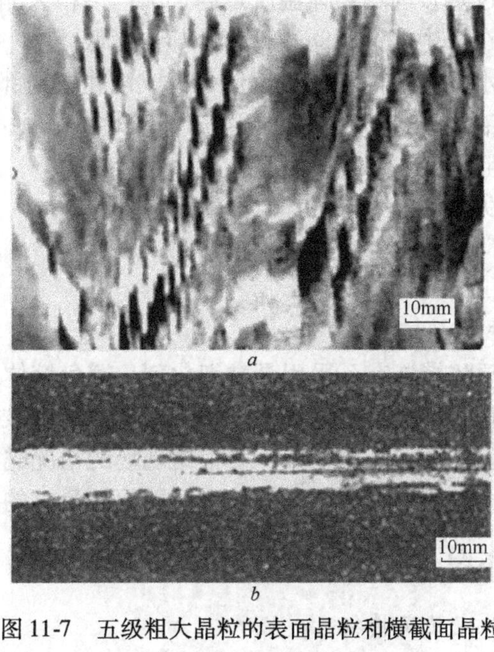

图 11-7 五级粗大晶粒的表面晶粒和横截面晶粒

a—表面晶粒；*b*—横截面晶粒

内为羽毛状晶。

11.1.6.2 产生原因与预防措施

A 产生原因

产生原因如下：

（1）铸轧辊的散热不好，冷却强度小，则金属凝固时过冷度小，铸轧铝板坯的晶粒度就会偏大。

（2）嘴子扇过长，供料嘴加工不合理，装配不精确，都会导致嘴腔内有大量的铝熔体，使得冷却区和铸造区过长，造成冷却强度偏小，而使晶粒度偏大；阻流块分布不合理，垫块过厚，也会造成嘴腔内铝熔体过多，使晶粒偏大。

（3）铸轧区偏大时，冷却区和铸造区过长，则循环水带走的热量多，会使金属凝固时过冷度过小，凝固时间相应长些，从而使晶粒粗大。

（4）铸轧速度过大时，会相应增加液穴长度，则增加铸造区的长度，使熔体凝固时过冷度偏小，晶粒会粗大。

（5）熔体过热，前箱熔体温度过高，会产生粗大晶粒。

（6）熔体在炉中停留时间过长；冷却强度低。

（7）冷却水温度偏高和流量偏低，造成铸轧板局部晶粒粗大。

（8）前箱液面过高，使嘴腔内金属流动性大，则凝固时过冷度较小，使晶粒粗大。

（9）变质失效。

（10）循环水质差，水压小，则其冷却强度较小，也就使凝固后的晶粒度较大。

B 预防措施

可采取的预防措施有：采用晶粒细化剂；避免熔体过热，尽量缩短熔化和静置时间；提高冷却强度，对于因铸嘴局部破损、堵塞等铸轧条件变化引起的局部晶粒粗大，要根据现场的情况进行调整；当铸轧辊径减小时，需要缩短铸轧区的长度，以保证足够的冷却强度。

11.1.7 晶粒不均

11.1.7.1 定义及特征

同一铸轧带的不同区域晶粒度相差二级以上，称为晶粒不均，如

图 11-8 所示。

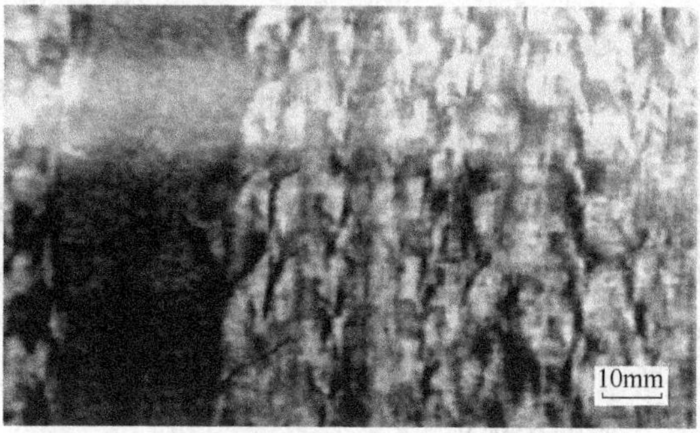

图 11-8 晶粒不均

晶粒不均有两种形式：一种为同一表面不同区域晶粒大小不同；另一种为上、下表面晶粒大小不同。

11.1.7.2 产生原因

晶粒不均是由结晶条件差异所导致的。

11.1.8 辊痕

11.1.8.1 定义及特征

由辊面刻印在铸轧带面，而且是周期性出现的凸起或凹下，称为辊痕。

11.1.8.2 产生原因

产生原因有：辊面机械损伤、粘铝或龟裂。

11.1.9 裂边

11.1.9.1 定义及特征

铸轧带坯的边部破裂，称为裂边。

11.1.9.2 产生原因

产生原因有：耳部挂渣；耳子倒角不合理；铸轧区长，变形量大，液穴深；熔体的流动性差等。

11.1.10 飞边

11.1.10.1 定义及特征

铸轧带坯边缘宽出一条形状不规则的金属翅片，称为飞边。

11.1.10.2 产生原因

产生原因有：铸轧速度过快；前箱液面太高；耳子损坏、脱落；耳辊间隙过大等。

11.1.11 缩边

11.1.11.1 定义及特征

铸轧带坯一侧或两侧边部收缩，带坯变窄，称为缩边。

11.1.11.2 产生原因

产生原因有：前箱液面太低；前箱熔体温度低；液流分配不合理；耳部挂渣等。

11.1.12 横向细纹

11.1.12.1 定义及特征

铸轧时，嘴辊间隙处包覆铝液的氧化膜周期振荡并发生破裂，使带坯表层的凝固速度周期变化，枝晶间距周期变化，从而使表面出现横向细纹。

11.1.12.2 产生原因

产生原因有：供料嘴与轧辊间隙过大，前箱液面过高、波动，机架、供料系统发生振动等。

11.1.13 重熔斑纹

11.1.13.1 定义及特征

铸轧时，铸造区铝凝壳发生重熔，在带表面形成皱纹或斑纹，称为重熔斑纹。

这种缺陷多以周期性横向皱纹的形式出现，严重时可见成层，甚至出现类似偏析浮出物的斑点，重熔斑纹实际上是一种逆偏析。偏析区内组织粗大，中间化合物大且集中，破坏了带坯表面组织的均匀性。

11.1.13.2 产生原因

产生原因有：熔体温度过高，铸轧速度快，凝壳薄；轧辊局部导热性能差；供料嘴组装不合适；熔体温度不均；轧机振动等。

11.1.14 晶内偏析

11.1.14.1 定义及特征

晶粒内化学成分不均的现象，称为晶内偏析，又称枝晶偏析。

晶内偏析的特征为：显微组织上固熔体晶内组元浓度不一，侵蚀后呈现颜色不一的波纹状的“年轮”生长线；在晶界和晶枝间界，低熔点相增多，甚至出现不平衡剩余组成物。

3003、3A21 等合金易产生粗大组织和晶内偏析，严重影响带及其后续加工产品的性能。

11.1.14.2 产生原因

晶内偏析是由结晶过程中溶质重新分配和不平衡结晶引起的。

11.1.15 表面偏析带

11.1.15.1 定义及特征

铸轧带表面点状缺陷集聚，呈带状，纵贯铸轧带坯全长。未经侵蚀时缺陷不易发现，缺陷部位反光性稍差，较暗。经高浓度混合酸或碱溶液侵蚀后发黑。显微组织为两相共晶组织，缺陷部位化合物比正常部位明显增多，其中 Si、Fe、Cu 等与铝形成共晶转变的元素含量升高，而与铝形成包晶转变的 Ti 的含量则明显降低。具有上述特征的缺陷称表面偏析带，参见图 11-9。表面偏析带是逆偏析。

表面偏析产生的条纹，在铸轧板上、下表面都可能出现，它在铸轧板上的位置及宽度不定，但有明显规律，即表面偏析一旦出现后，则在同一位置不间断地出现，一直贯穿于整个铸轧带，在轧制过程中易造成起鼓缺陷。对产生表面偏析的铸轧板用光谱进行成分分析对比，其结果见表 11-1。试验表明，用有偏析的铸轧板生产出的冷轧板和正常冷轧板对比，所有带偏析的试样都不在偏析处拉断。强度无明显差别，但是伸长率降低了 3.4%。

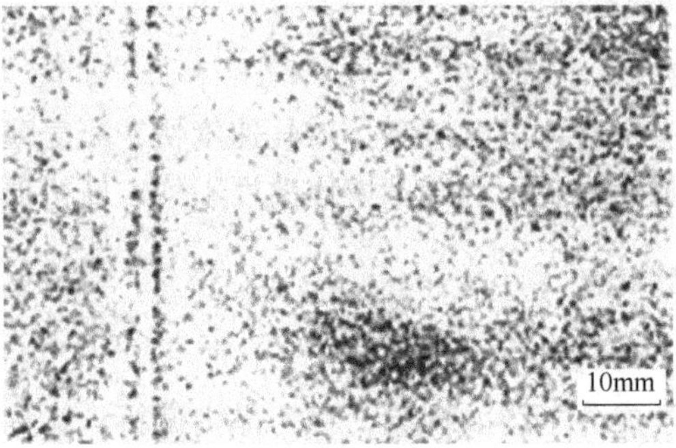

图 11-9 表面偏析带 ×1

表 11-1 1200 铸轧板缺陷与正常部位化学成分对比

元 素	Fe	Si	Ti
缺陷部位的化学成分(质量分数)/%	1.36	0.21	0.021
正常部分的化学成分(质量分数)/%	0.47	0.07	0.031

11.1.15.2 产生原因及预防措施

A 产生原因

产生原因有以下几个方面：

（1）铸轧速度过高，熔体过热，导致铸轧区内液穴加深，凝壳变薄，易发生重熔析出，形成表面偏析。

（2）铸轧供料嘴在安装时，供料嘴与铸辊间隙过小或过大，造成表面偏析。当嘴辊间隙过小时，铸轧生产中会将铝渣带入嘴皮外侧前沿，使铝渣处在轧辊表面形成一条沿圆周方向上细小的、凹凸不平的粘铝带，使带坯表面产生一条相对应、沿长度方向凹凸不平的纵向条纹；嘴子间隙过大时，由于氧与铝液的亲和力加大，氧化膜增厚到一定程度时，使得氧化膜破裂轧到板面，残余氧化物黏着在轧辊上带入嘴辊间隙，产生黏渣，这样就使带坯表面的凝固速度周期变化，枝晶间距也产生了周期变化，纵向条纹伴随而生。

（3）供料嘴使用过程中，由于供料嘴局部损坏，使得该处的熔体先和铸轧辊面接触，首先形成凝壳，两侧熔体的热量不断地从这里导出，则凝壳区两边的晶粒逐渐向两侧熔体中生长延伸，直到两侧熔体和以铸轧辊面为主生长的熔体会合，才生成正常组织。分析偏析区的组织也证明了这一点，表面偏析区为细晶粒，两侧为五级粗晶粒，并且细晶粒区两边为单侧麦穗晶。由麦穗晶的成长方向可以断定，偏析区先结晶，两侧五级粗晶粒区后结晶。

（4）供料嘴唇前沿开口过大，易出现表面偏析。

（5）轧辊材质不均或辊芯堵塞，必然使局部发生较薄凝壳，液穴区拉长，易出现重熔，共晶熔体从板中心部位向表面枝晶间渗透，易出现表面偏析。

（6）对于结晶区间较大的合金，其表面偏析较重。

B 预防措施

可采取的预防措施有：避免熔体过热，适当降低铸轧速度；适当调整铸轧区及板厚，使变形区增大，板辊接触更紧密，减少重熔析出；铸嘴磨削后要保证辊的清洁和嘴腔的畅通，合理的嘴腔厚度和垫片分布，确保结晶前沿的温度分布；及时清洗铸轧辊沟槽，保持冷却水的通畅和足够的冷却强度；将嘴辊间隙调整适当，当嘴子宽时宜采用大一些的间隙，当嘴子窄时宜采用较小一点的间隙。

11.1.16 中心面偏析

11.1.16.1 定义及特征

铸轧带坯中，最终凝固的中心面附近集中了不平衡过剩组成物，称为中心面偏析，参见图 11-10。

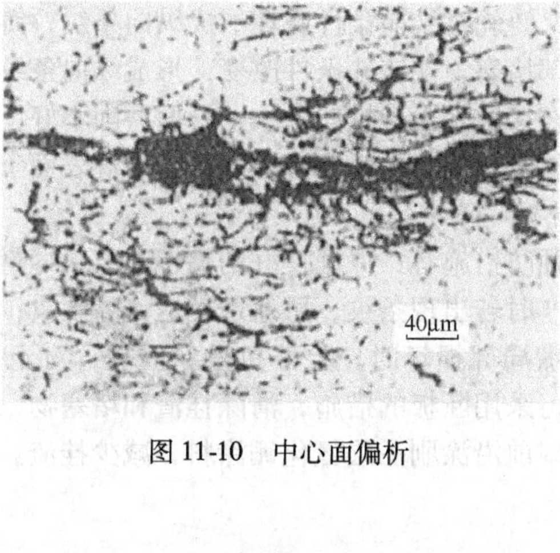

图 11-10 中心面偏析

11.1.16.2 产生原因及预防措施

A 产生原因

在轧辊压力作用下，富集合金元素的液态铝沿枝晶间隙，从较冷区挤到中部较热区（即所谓孔道效应），全部凝固后在中部形成共晶，局部还可能出现过共晶。当铸轧速度偏高、熔体过热、液穴深度加深时，中心面偏析增加；冷却强度低、板面与辊面热交换效率低，导致凝固时间长，中心线偏析增加，合金结晶范围宽、板厚增加、嘴腔前沿开口偏小，都易产生中心面偏板。

B 预防措施

可采取的预防措施有：防止熔体过热，适当降低铸轧速度；提高冷却强度，增加水量和水压，定期清理辊芯，确定水道通畅；选择合适的嘴腔前沿开口，根据板厚选择工艺条件，每一铸轧板厚都存在一个不产生偏析的极限速度，不出现偏析的板厚随铸轧速度的提高而减薄；加入晶粒细化剂，改善化学成分的均匀性，避免中心偏析。

11.1.17 纵向条纹

11.1.17.1 定义与特征

沿铸轧板纵向出现的表面条纹，一般贯穿于整个纵向板面。

11.1.17.2 产生原因及预防措施

A 产生原因

产生原因有：嘴辊间隙过小，嘴唇前沿摩擦辊面形成摩擦印痕；铸嘴局部破损，铸轧时结晶条件破坏形成纵向条纹；铸嘴嘴唇前沿挂渣，或嘴腔局部堵塞，使铸轧条件改变，形成纵向条纹；嘴扇之间的接缝过大，易在接缝处出现纵向条纹；辊面磨削不好，易出现周期性纵向条纹；铸轧辊面或牵引辊面有划痕，会出现表面条纹。

B 预防措施

可采取的预防措施有：保证良好的嘴辊间隙，尽量避免嘴辊接触产生摩擦，生产时若出现条纹，可通过后退铸嘴解决；确保辊面处于良好状态；铸嘴局部损坏时，要停机重新立板；对于铸嘴前沿的挂渣、局部堵塞可采用断板的措施，清除挂渣和堵塞物，最好是在嘴扇使用前，在嘴扇前沿涂刷一层氮化硼涂料，减少挂渣。

11.1.18 夹杂

11.1.18.1 定义与特征

铸轧带坯内含有炉渣、熔剂、各种耐火材料碎块、金属氧化物及其他杂物，称为夹杂。

夹杂多种多样，多呈黑色或耐火材料的颜色，形状不规则。

11.1.18.2 产生原因及预防措施

A 产生原因

产生原因有：原材料中的铝锭、中间合金、废料等含有油污、水分等杂质，易形成氧化物及难熔物等夹杂；添加剂中的覆盖剂、打渣剂、精炼剂、细化剂等，易形成钾、钠、氯、$AlTi_3$、TiB_2 等夹杂；石墨及热喷涂使用的燃烧介质，精炼气体、熔炼及流槽加热用的燃烧介质，如重油、液化气等，易形成碳、氮化铝、氯、硫等夹杂；炉子、供流系统、工具等不洁净，铸嘴细屑、铸嘴掉皮、挂渣等，易形成钙、硅、氧化铝等夹杂；工艺操作不当，如熔体扒渣不干净，搅拌不当、熔炼温度过高等也易形成氧化夹杂。

B 预防措施

可采取的预防措施有：确保原辅材料的洁净，所用的铝锭、中间合金、废料等无油污、水分；选用优质的添加剂、石墨乳液及燃烧介质；炉子要定期清炉，确保炉子、供流系统、工具等干燥洁净；采用热喷涂、石墨喷涂时，要调整好配比及喷涂量，确保喷涂均匀；加强精炼脱气及熔体的过滤净化，提高过滤精度；尽量缩短熔炼时间，适当降低熔体温度，在生产操作时避免氧化皮混入熔体；立板前要把嘴腔和辊面铝屑吹扫干净，尽量减少挂渣；若铸轧嘴损坏时要及时停机更换。

11.2 轧制缺陷及预防措施

11.2.1 黏辊

11.2.1.1 定义及特征

铸轧时，局部或整个带宽度上的黏着层在离开轧辊中心连线后不能与轧辊分离，而由卷取张力强行分离，使带坯出现表面粗糙、翘曲不平或横纹等缺陷，称为黏辊。

11.2.1.2　产生原因及预防措施

A　产生原因

对于新磨削的铸轧辊，辊面为新生面，当轧入液态金属时，轧辊新生面与其紧密接触，此时热传递系数最大，液态金属与辊面的黏接力最强，易出现黏辊；在生产中，若熔体过热，铸轧速度过快，液穴加深，黏着区弧长加长，铝与辊面的摩擦系数增大，易出现黏辊。若辊芯冷却系统局部堵塞，辊面温度升高，使局部铸轧条件破坏，黏辊的倾向性增大。如喷涂系统不当，影响热交换及铝与轧辊之间的摩擦系数，易使铸轧板黏辊。

B　预防措施

可采取的预防措施有：避免熔体过热，适当降低铸轧速度；提高冷却强度，确保冷却水的畅通；对新磨削的铸轧辊，使用前进行烘烤，使辊面形成氧化保护膜和碳层，改善热交换条件和减少铝与轧辊的摩擦系数，及时调整防黏系统，确保热交换与摩擦润滑的平衡。

11.2.2　黏板

11.2.2.1　定义及特征

铸轧带被卷取时层与层之间发生的局部黏连现象，称为黏板。强行展开后，黏连区呈现片状、条状或点状伤痕，发生黏连的两接触表面对应点上的伤痕相互吻合。

11.2.2.2　产生原因

铸轧速度太快、卷取张力过大等原因均会引起黏板。

11.2.3　非金属压入

11.2.3.1　定义与特征

压入产品表面的非金属杂物，称为非金属压入缺陷。非金属压入呈点状、长条状或不规则形状，颜色因压入的不同而异。

11.2.3.2　产生原因

产生原因有：供料嘴掉渣或局部脱落，清辊器毛毡脱落，喷涂石墨在辊面堆积会引起非金属压入。热状态的铸轧带黏上各种脏物，经各输送辊道和卷取时，脏物压入表面也会形成非金属压入。

11.2.4 金属压入

11.2.4.1 定义与特征

压入产品表面的金属碎片或碎屑，称为金属压入缺陷，铸轧带坯的金属压入多为金属黏在铸轧辊面上而被压入带坯表面。

11.2.4.2 产生原因

铸轧辊黏铝或热状态铸轧带坯黏上的外来金属屑未及时清除，被压入表面而造成缺陷。

11.2.5 机械损伤

11.2.5.1 定义及特征

产品表面出现的划伤、擦伤、碰伤和压伤，统称为机械损伤。其中：

(1) 划伤。断续或连续的单条沟线状缺陷，一般是由尖锐物与产品接触并相对移动所引起的。

(2) 擦伤。成束或成片细小的划伤，一般是由物体的棱与面或面与面接触后发生相对滑动和错动所引起的。

(3) 碰伤和压伤。产品与其他物体互相碰撞或挤压形成的一个或多个伤痕。

11.2.5.2 产生原因

设备和工具有突出尖锐角或黏铝，搬动不慎会造成机械损伤。

11.2.6 腐蚀

11.2.6.1 定义与特征

产品表面与外界介质发生化学或电化学反应，导致表面破坏，称为腐蚀。

腐蚀表面失去金属光泽，严重时产生灰色粉末。

11.2.6.2 产生原因

产品在潮湿气氛中吸附水分或与其他化学物质接触会产生腐蚀。

11.2.7　串层

11.2.7.1　定义与特征

铸轧带坯卷取时层与层之间无规律的窜动，称为串层或错层。

11.2.7.2　产生原因

产生串层的主要原因是铸轧时发生黏辊，使带坯受力不平衡，中心线左右波动，造成带卷断面不整齐。

11.2.8　塔形

11.2.8.1　定义与特征

带坯卷取时呈规律性向一面偏移（倾斜），称为塔形。

11.2.8.2　产生原因

产生塔形的主要原因是卷取机咬入带头的位置偏移，供料嘴中心线与生产中心线偏移，铸轧带两边压下量太大等。

11.2.9　凸度超标

11.2.9.1　定义及特征

带坯横截面凸度超过有关标准规定，有可能产生过度凸板和凹板。

凸度值等于横截面中心处厚度与边部代表点（见图 11-11）处厚度之差，它表示为：

$$C_h = h_c - h_e \tag{11-1}$$

有时采用比例凸度，其值为：

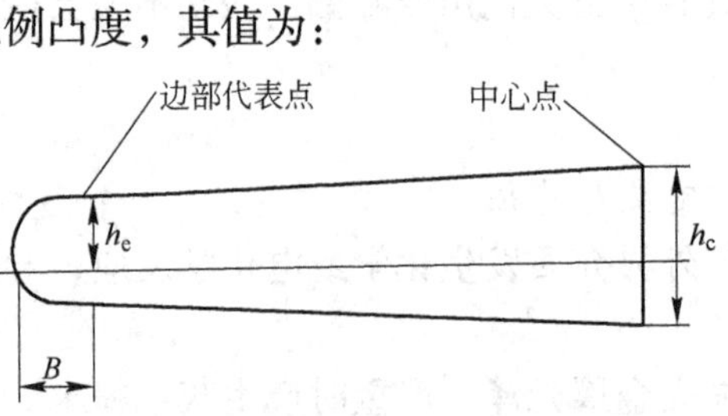

图 11-11　板形示意图

h_e—较薄边部代表点处的厚度；h_c—中心点厚度；B—边部减薄区

$$C_P = \frac{h_c - \overline{h}_e}{h_c} \tag{11-2}$$

式中 h_c——中心点厚度；

h_e——较薄边部代表点处厚度；

$\overline{h}_e$——两边部代表点平均厚度。

实际生产中，一般采用 C_h，除非特别注明比例凸度时才能采用 C_P。

11.2.9.2 产生原因及预防措施

铸轧辊型不合适，凸度太小或太大；辊芯冷却水通道局部堵塞；工艺参数（如铸轧区长度、冷却水压、牵引张力）不合适等都会产生凸度过大或凹板。

A 凹板的产生原因

辊型磨削凸度过大；冷却强度不够，铸轧过程中，由于温度的分布从边部向中间递增，轧辊辊套有膨胀变形，也由边部向中部逐渐增大，由于膨胀变形的影响，造成铸轧板中间凹陷；铸轧区过小，轧制力和热加工变形小，铸轧板对于轧辊的反作用力小，造成铸轧板凸度起不来而形成凹板。铸轧速度过高，铸轧区液穴拉长，轧制力和热加工变形小，造成凹板。

B 凹板的预防措施

可采取的预防措施有：减少轧辊磨削凸度，必要时可使磨削凸度为负值；增加冷却水的流量和压力；加大铸轧区；降低铸轧速度和前箱温度。

C 凸板的产生原因

随着合金元素铁、硅、锰等的增加，铸轧板的凸度有所增大；随着铸轧板的宽度的增大，铸轧板凸度增大；轧辊磨削凸度过小，易造成铸轧板凸度过大；铸轧区增大，铸轧力和热加工变形增大，铸轧板凸度变大；轧制速度小和前箱温度低，铸轧区液穴变浅，轧制力和热加工率增大，铸轧板凸度增大；铸轧辊使用一段时间后，硬度变低，引起凸度增大。

D 凸板的预防措施

可采取的预防措施有：增大轧辊的磨削凸度；合理安排生产作

业；缩短铸轧区，适当提高铸轧速度和前箱温度。

11.2.10 横向厚度差超标

11.2.10.1 定义及特征

在带材垂直于轧制方向的横截面上，除去边部减薄区后的两端，厚度之差超过有关标准规定，称为横向厚度差超标，简称横向超差。

11.2.10.2 产生原因及预防措施

A 产生原因

产生原因有：辊缝没调好（两边辊缝值相对大）；轧辊磨削圆锥度过大；冷却水进出口温差太大，液压系统不稳或有泄漏；两端铸轧区大小不一致（可根据板卷的错层状况进行判断分析）；主液压缸泄漏；轧辊轴承间隙不均、轴承损坏、轧机刚性太差；铸轧机超负荷运行等。

B 预防措施

可采取的预防措施有：生产前要调整好原始辊缝；轧辊磨削圆锥度、同轴度要符合要求；减少轧辊轴承间隙；冷却水水温要恒定，可增大冷却水量和水压；检查液压系统是否泄漏，确保其稳定；观察板卷错层状况，对铸轧区进行调整。

11.2.11 纵向厚度差超标

11.2.11.1 定义及特征

带材沿纵向任1m或一个轧辊周长，或整个卷长度任意两点间厚度差值超过有关标准的相应规定，称为纵向厚度差超标，简称纵向超差。

11.2.11.2 产生原因

产生原因有：铸轧机性能差，刚度不够，铸轧辊安装精度低；主机液压缸泄漏；轧辊轴承损坏，轧辊轴颈以及辊身偏心等。

11.2.12 板形不良

11.2.12.1 定义及特征

铸轧板横截面除边部减薄区外，中间部分也明显不具备二次曲线的特征，习惯上称为板形不良。其典型截面如图 11-12 所示。

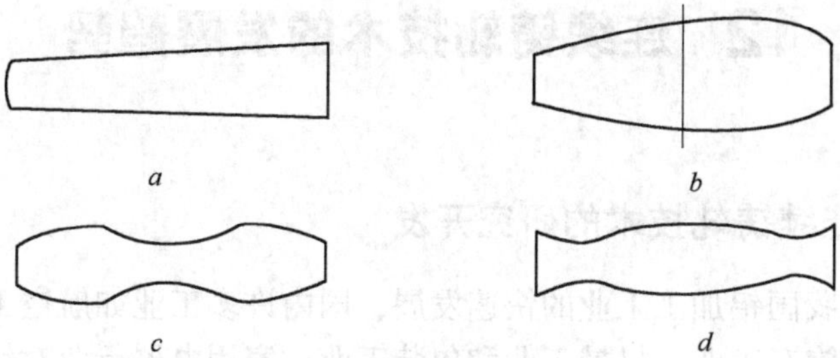

图 11-12　板形示意图

a—楔形板；*b*—中凸偏移；*c*—二肋厚；*d*—二肋薄

11.2.12.2　产生原因及预防措施

A　产生原因

产生原因有：轧辊材质的不均，导致硬度和热交换的不均，引起板形突变；辊芯水槽堵塞，结垢严重，导致辊套受热不均，引起铸轧板厚度的局部突变；如石墨喷涂、热喷涂等喷涂不均，导致辊套热交换不均，引起铸轧板厚度突变；铸嘴垫片分布不合理，肋部垫片过长或过短，造成肋部厚度发生变化等。

B　预防措施

可采取的预防措施有：采用合理的循环水结构，确保水流的连续性；对堵塞、结垢等及时清洗；防黏系统的喷涂要均匀；若辊套材质不均引起厚度突变，则要重新换辊；合理加工和分配嘴腔分流块；确保供流系统（如流槽、供流嘴等）干燥，强化预热和保温措施等。

12 连续铸轧技术的发展趋势

12.1 连续铸轧技术的研究开发

随着我国铝加工工业的快速发展，国内许多工业如航空工业、电子工业、汽车工业、机械工业和包装工业、家用电器行业对铝板带箔产品的需求增加，特别是在我国加入WTO，面对全球经济一体化的严峻形势下，由于传统铝板带双辊连续铸轧工艺技术的局限性，采用传统双辊连续铸轧工艺技术生产的铝板带已经不能满足国内和国际市场多合金、多品种的需求。另外，节能降耗是目前铝加工工业的首要任务，因此，研究开发连续铸轧新技术成为当务之急，如开发电解铝液直接铸轧技术、电磁铸轧技术、超薄宽幅铝带坯铸轧技术和快速铸轧技术已成为紧迫的任务。

12.1.1 电解铝液直接铸轧技术

直接采用电解铝液铸轧，生产铸轧坯是一项短流程、节能降耗、绿色环保的先进生产技术，它把铝冶炼和加工融为一体，实现了优化资源配置，降低生产成本，提高经济效益。表12-1所示为采用重熔铝锭工艺一与原铝液直接制备铸轧卷工艺二的比较。工艺二与传统的采用重熔铝锭工艺一相比，新工艺不仅缩减了铝冶炼铸造铝锭、检验、打包等工序，而且避免了铝加工厂二次重熔铝锭消耗的大量能源和产生的金属烧损，每吨成品的生产成品可下降千元左右。

表12-1 采用重熔铝锭工艺一与原铝液直接制备铸轧卷工艺二的比较

工艺一	原铝液→铸造铝锭→检验→包装→重熔（熔炼）→铸轧→铸轧卷
工艺二	原铝液→熔炼→铸轧→铸轧卷

电解铝液直接铸轧技术由中国铝业西北铝加工分公司申请发明专利，其专利技术的主要步骤为：高温电解铝液→熔炼炉（或混合

炉）→取样分析成分→加入废料和中间合金→第一次精炼→导炉→调整温度至（750±5）℃→第二精炼→Al-Ti-B丝变质→陶瓷过滤→铸轧带卷→冷轧成箔毛料→中间退火→箔轧→分切→箔材成品。该技术缩短工艺流程，省去重熔工序，避免二次烧损，节约铝、电资源及其他物质消耗，所生产的箔材质量优于或相当于传统铸轧法生产的箔材。

12.1.1.1 电解铝液的特点

A 电解铝液温度高

电解铝液抽取时的温度一般在920℃以上，通过浇包转运到混合炉中在850℃左右，存在非自发晶核少，铸轧生产时将容易造成晶粒粗大等组织缺陷。

B 电解铝液易吸气造渣

因铝液温度高，与空气温差较大，极容易吸收空气中的气体，使氢含量增加。经测量，注入混合炉中的每百克电解铝液氢含量在0.26mL以上；电解铝液也易于造渣，据试验，把氧化夹渣含量为0.001%～0.003%的铝液不经处理就铸成锭，其氧化物夹渣可达到0.01%～0.28%。

C 电解铝液温度高，影响合金成分的测定

必须对电解铝液进行降温处理，以免影响合金成分的准确性。根据铝及铝合金的特点，其熔炼温度一般控制为700～760℃，合金成分分析的取样、金属添加剂的加入、熔体的净化处理、熔体的变质处理等均在此温度范围内，因此在生产中需要进行降温处理。

D 铝液中含有较多的碱金属钠

在电解过程中，使用了冰晶石（Na_2AlF_6）、氟化钠（NaF）等介质，使电解铝液中存在一定含量的Na，电解铝液中Na含量达0.05%～0.1%时，易造成带坯裂纹、气泡、夹渣和晶粒粗大等缺陷。

12.1.1.2 在生产工艺中应注意的问题

A 电解铝液的降温处理

电解铝需要在熔炼炉内加入投料量的20%～35%的固体料（原铝锭）以降温，这样既可保证操作的安全，又可使固体料尽快熔化从而使液体尽快降温，利用电解铝液的热量熔化固体料，降低电解液的温度。

B 熔体的净化处理

由于电解铝液温度高，容易吸气，每百克铝液氢含量达到0.25mL以上，且电解铝液直接来自于电解槽中，含有大量的金属及非金属夹杂物，还有一定的Na含量，因此，铸轧前必须对熔体采取一系列有效的除气、除渣措施。首先要利用溶剂净化，包括在电解液的浇包中必须撒入溶剂、注入熔炼炉前进行表面浮渣的清除、电解铝液注入熔炼炉前炉底撒溶剂、固体料化平后用溶剂覆盖、熔体进行充分的搅拌后，扒出表面浮渣等。

C 晶粒细化处理

针对电解铝液的特殊性，虽然在生产中采取了上述一系列有效措施，但铸轧板坯仍存在晶粒粗大、裂纹等缺陷。因此，为了得到组织均匀、晶粒细小的铸轧坯料，铸轧前铝熔体中需加入变质剂进行晶粒细化，一般使用的变质剂为Al-Ti-B丝或Al-Ti-C丝。

D 除钠处理

为了保证产品的最终性能和质量，近来国内外对电解铝液中的杂质钠的含量要求逐渐变小。必须采用有效的除钠和防钠措施。如静置除钠，添加锑、铋进行钠的中和处理，防止熔炼过程中钠的侵入，采用新型无钠含钾的冰晶石熔剂等。

采用合理的制备工艺，用高温电解铝液铸轧的纯铝薄带坯晶粒组织可达到1~2级，与用重熔铝锭铸轧的纯铝薄带坯相比，力学性能相近。加工后的最终产品表面可与用普通铸轧带加工的产品相当，力学性能达到标准要求。用这种坯料生产的0.03mm厚的带材，其成品率达到70%；用这种坯料生产的0.0065mm铝箔，成品率为60%~68%。0.008mm铝箔硬状态抗拉强度为140MPa，伸长率为0.9%。表明电解铝液生产箔材是可行的。

12.1.2 电磁铸轧技术

传统的方法是在铝液中添加Al-Ti-B丝细化晶粒，但溶质元素在凝固过程中易产生富集而导致偏析。用电磁场来代替进口Al-Ti-B丝进行生产是一种新的尝试，它有细化晶粒、避免合金化污染和降低成本的作用。因此，利用电磁场在冷却区的综合搅拌作用就显得至关重要。

电磁铸轧技术为高性能铝板带材坯料生产提供一种新的装备与技术。从20世纪80年代以来，在我国开展了该技术的研究开发，目前已成为我国主要的铝板带材坯料生产方式之一。

电磁铸轧技术能改变铸轧区的能场结构，使铸轧过程出现新的材料微流变机制，以获得优良的组织结构和性能，为高性能铝板带材提供性价比高的铝带坯。电磁场铸轧技术已在国际通用的两种结构铸轧机（亨特式、3C式）上获得工业应用。

电磁场铸轧装备和技术可生产1×××系、8×××系等多种合金品种，铸轧板组织性能明显优于常规铸轧板，特别是深加工性能获得突破性进展，拓宽了铸轧板的应用范围。由电磁场铸轧带坯所加工成的0.007mm铝箔，其金相组织和力学性能均优于加常规晶粒细化剂的铝箔产品，且避免了细化剂产生的合金污染，成品率平均提高8.8%。

12.1.3 铝板带超薄高速连续铸轧技术

双辊铸轧工艺因其流程短、成本低，在铝板带生产中获得广泛应用，并朝快速超薄方向发展。铝板带超薄高速连续铸轧工艺技术在工业上的应用已有50年的历史，是一项比较成功和成熟的工艺技术，世界各国竞相开发研制了超薄规格的铝带坯高速连续铸轧机，现已投入工业使用。知名的有色金属加工设备制造商如意大利法塔特公司、奥钢联、法国彼施涅公司、德国克虏伯公司都可以根据用户要求设计制造不同规格和型号的铝板带双辊连续铸轧机。

20世纪90年代，铝板带双辊连续铸轧工艺技术取得了重大突破，铝板带超薄高速连续铸轧工艺技术得到了迅速开发和应用，意大利法塔特公司超薄高速连续铸轧机已经在美国田纳西州的Noeandal铝加工厂成功运行，有两台在土耳其运行，法国彼施涅公司的超薄高速铸轧机在本国的一家大型铝加工厂运行，还有两台在韩国运行，奥钢联有1台超薄快速铸轧机在卢森堡的欧洲铝箔公司进行生产。

铝板带超薄高速双辊连续铸轧工艺技术的发展，其意义不仅仅在于铸轧速度的大大提高和带宽的扩大，更重要的是可以生产厚度为

1mm 左右的薄铝带坯，铝熔体凝固速度大大提高，达 10000 ~ 100000K/s，当凝固冷却速度为 10^2 ~ 10^5℃/s 时，可以获得微晶结构。

12.1.3.1 几种有代表性的高速铸轧技术及设备

A FATA Hunter 公司的 Speed Caster 铸轧机

Speed Caster 铸轧机的主要技术参数如表 12-2 所示，图 12-1 为世界第一台在美国 Noeandal 铝加工厂运行的高速铸轧机列布置图。

表 12-2 Speed Caster 铸轧机的主要技术参数

辊径/mm	ϕ1118
辊身长/mm	2184
最大板宽/mm	2134
最小厚度/mm	0.635
最大线速度/m · min^{-1}	38
倾角/（°）	15
轧制力/MN	30
最大扭矩/kN · m	655 ×2
最大卷径/mm(最大卷重/t)	2133(19)
生产效率/t · (h · m)$^{-1}$	3.9

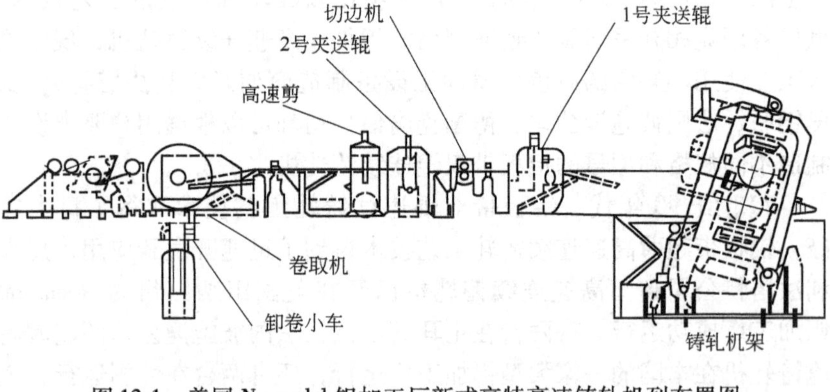

图 12-1 美国 Noeandal 铝加工厂新式亨特高速铸轧机列布置图

该铸轧机铸轧辊宽 2184mm，铸轧辊辊径为 1118mm，生产的铸轧板切边后宽 2134mm，最终能生产出 1mm 左右的 1145 合金或 1100

合金2032mm宽的散热片和铝箔。采用“恒温”水分配曲线的内部水冷，安装有亨特公司专利的断面控制系统，并采用四排轴承承载；轧辊由安装在下轧辊轴承座下面直径为ϕ965mm的两个负载缸定位，辊缝是轧机型的控制，3000t能力的伺服液压阀位移控制，通过上轧辊轴承座上的轧制线楔保持轧制线恒定。在铸轧辊之间，分配金属的嘴子由主驱动计算机数字控制的伺服电机定位。先进的、遥控的轧辊喷射装置向辊上喷射润滑剂/分离剂，而抽气系统则可以清除多余的喷射物。这台高速铸轧机保留了超型铸轧机上许多有特色的结构特征，包括亨特公司独一无二的15°后倾式机架；通过控制前箱铝液面高度，可以精确地调整嘴子的出口压力；铸轧辊有较大的直径宽度比，这种大直径的轧辊本身具有很强的刚度，可保持较小的板形公差。这种高速铸轧机可铸轧传统厚度，也可在薄板铸轧厚度范围内进行生产。传统辊式铸轧板和高速铸轧薄板的微观组织见图12-2，传统辊式铸轧板厚度为5.6mm，生产能力为1.6t/h；高速铸轧薄板厚度为1.27mm，生产能力为2.95t/h。由图可以看出，薄铸轧板除了有较细的晶粒组织和较多的残余冷加工现象外，两种板材的结构是相似的。

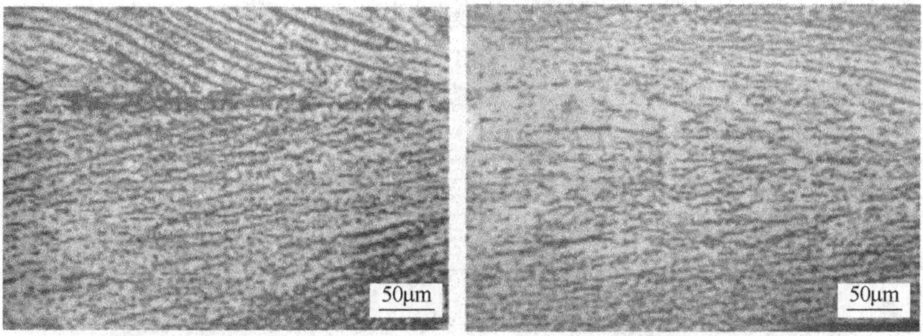

a *b*

图12-2 传统辊式铸轧板和高速铸轧薄板生产的1100合金铸轧板纵向剖面微观组织（比例）

a—传统亨特超型铸轧机生产的铸轧板组织×200；

b—高速实验铸轧机生产的铸轧板组织×200

图 12-3 对两种铸轧板轧制出的最终成品厚度作了比较，由图可见两者的微观组织实际上是一样的。这种微观组织的相似性可从其物理性质反映出来，它们的物理性质是相同的。典型的超薄铸轧板力学性能见表 12-3。

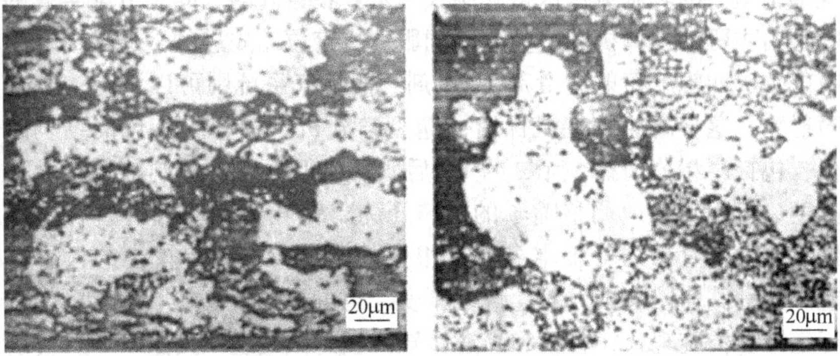

a　　　　　*b*

图 12-3　两种方法生产的 0.14mm 散热片产品的纵向剖面微观组织
a—传统亨特超型铸轧机生产的散热片 ×560；
b—薄板高速实验铸轧机生产的散热片 ×560

表 12-3　典型超薄铸轧板的力学性能

合　金	1100	3003
铸轧速度/m · min^{-1}	13	12.7
铸轧板厚度/mm	1.1	1.4
生产能力/t · h^{-1}	2.34	2.91
极限抗拉强度/MPa	118	161
屈服强度/MPa	110	126
伸长率/%	14	13

B　Pechiney 公司的 Jumbo 3CM 铸轧机

Pechiney 公司的 Jumbo 3CM 铸轧机安装于法国的 Neuf Brisach 的 Rhenalu 工厂。其主要技术参数见表 12-4，Jumbo 3CM 高速铸轧机的生产线如图12-4所示。

表12-4 Jumbo 3CM铸轧机的主要技术参数

辊径/mm	辊身长度/mm	最小铸轧厚度/mm	轧制力/MN	扭矩/N·m	铸轧速度/m·min^{-1}	最大板宽/mm
ϕ1150	2020	1	29	$2\times60\times10^4$	15	2000

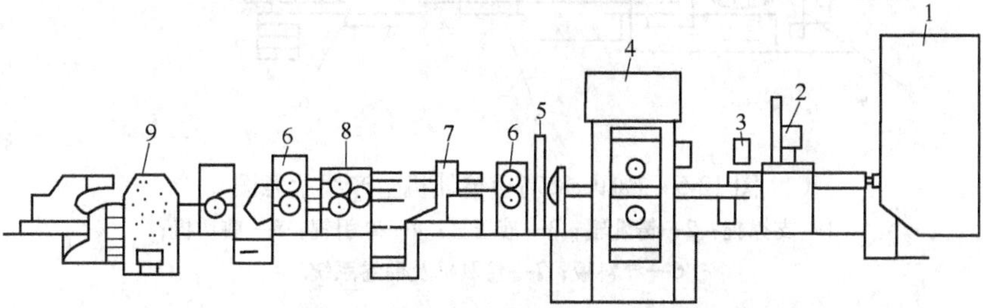

图12-4 Jumbo 3CM高速铸轧机的生产线示意图

1—静置炉；2—除气箱；3—液面自动控制系统；4—铸轧机；5—测厚仪；6—夹送辊（两组）；7—剪切机；8—碎边机；9—卷取机及助卷系统

C Davy公司的FastCast铸轧机

Davy公司在卢森堡欧洲铝箔厂开发了一台四重结构高速铸轧机，称为FastCast铸轧机，其主要技术参数见表12-5，其主要生产线示意图见图12-5。

表12-5 FastCast铸轧机主要技术参数

铸轧辊辊径/mm	支撑辊辊径/mm	主驱动功率/kW	轧制力/MN	扭矩/N·m	铸轧速度/m·min^{-1}	带坯宽度/mm
ϕ600	ϕ950	1	22.5+弯辊力	$2\times70\times10^4$	15	1800

12.1.3.2 超薄高速铸轧技术与常规铸轧的比较

铝板带超薄高速铸轧技术的先进性主要反映在以下几个方面：

（1）带坯厚度显著减薄。铸轧板厚度由原来的6~10mm减小到2~3mm甚至1mm；工业化生产宽带坯的厚度为2mm（宽2000mm）。

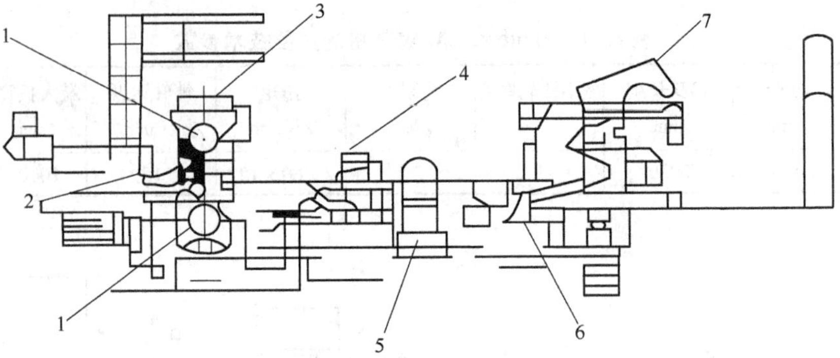

图 12-5 FastCast 高速铸轧机生产线示意图

1—支撑辊；2—铸轧辊；3—液压缸；4—牵引辊；5—剪切机；6—导料板；7—卷取机及助卷系统

（2）铸轧速度由原来的常规的 1mm/min 提高到 15mm/min 左右，劳动生产率可以提高 1.5～2 倍。一台现代化的薄带坯铸轧机的生产能力可达到 30～40kt/a。

（3）可生产的铝合金范围大大拓宽，常规双辊连续铸轧机只能生产 1×××系、3×××系、5×××系、8×××系合金中少数几种合金，而薄带坯铸轧机，据称目前的工业加工铝合金几乎全部能生产，在易拉罐、计算机高密度存储盘材等高要求领域得到了广泛应用。

（4）铝熔体冷却速度提高数倍，普通双辊铸轧机中熔体的冷却速度为 300℃/s，而在薄带坯高速连续铸轧过程中的冷却速度高达 1000℃/s，因此，带坯晶体组织具有极短的枝晶间距，合金元素在铝中的过饱和固溶度大为提高，从而使材料质量有较大的提高和改善。

12.1.3.3 采用超薄高速铸轧技术生产的铸轧板的优点

该轧机的研制，对铝及铝合金传统铸轧工艺及设备进行了较大的改进和突破，可显著提高铝及铝合金连续铸轧生产率，最大限度地改善铸轧板的性能，其晶粒度可细化到一级晶粒，结晶取向高度分散，所获得的铝材强度比常规铸轧产品提高了 30%，深冲制耳率降低 30%～50%。而要提高 10 倍的铸轧速度最关键的是铸轧界面能量传递密度必须比常规铸轧大5倍以上。该轧机的设计采用了多项复合技术，使得设备具有结构紧凑、装机水平高、控制先进、铸轧速度快、铸轧材料范围广、铸轧力大的特点。由于能直接轧制出2mm厚铸轧板，有效地减少了冷轧机进一步加工的轧制量。铝板带超薄快速连续铸轧工艺技术具有传统的双辊连续铸轧工艺技术投资少、投资回收期短的优点，还大大提高了劳动生产率，降低了生产成本，适合于纯铝以外的一些合金，明显改善了铸轧板带质量性能和几何精度。

12.1.3.4 实现超薄高速铸轧必须具备的条件

A 采用新技术控制辊型

FATA Hunter公司除采用新的隔行配置的60°进、出水口代替原来的90°设计外，还开发了动态热凸度控制系统，利用安放在轧辊总进水孔内由液压缸驱动，并且由线性传感器监控其位置的凸度控制管来动态控制辊型；Jumbo 3CM则利用了一个由PLC管理的气动阀系统，定期地互换进、出水口，消除周向辊面温差，使冷却均匀，热膨胀均匀，消除椭圆度。还可以根据铸轧辊产生的椭圆度的程度、位置自动改变进、出口互换的频率和周期，从而精确控制辊型；Davy公司的FastCast则采用与冷轧相似的液压弯辊系统，通过正弯、负弯改变铸轧辊挠度来控制辊型。同时，通过倾斜可控制两侧厚度。

B 具有高精度的液面控制系统

常规铸轧条件下，由于铸轧速度低、金属流量小，液面波动不会对铸轧区的平衡造成破坏。而液面波动将对高速铸轧过程及产品质量产生严重影响，高速铸轧条件下，一般液面波动应在±0.5mm范围内。典型的两种液面高度控制系统如图12-6所示，为了控制精确，薄板铸轧的控制系统由两级构成，前一级精度较低，用于控制静置炉出口液面，后一级精度较高，用于控制前箱液面。

C 具有高精度的喷嘴定位自动控制系统

该系统能精确控制喷嘴上、下、进、退，并随铸轧参数、厚度的变化而随动。在高速铸轧条件下，随参数的变化，辊缝的变化必须进行自动的、实时的调整，才能保证和实现高速铸轧过程的顺利进行。

D 具有动态可调的液压压上或压下系统

这种系统可保证铸轧板厚度、板形的自动控制。

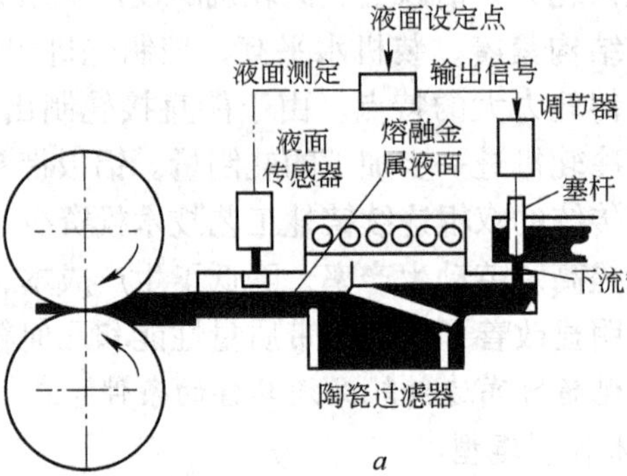

a

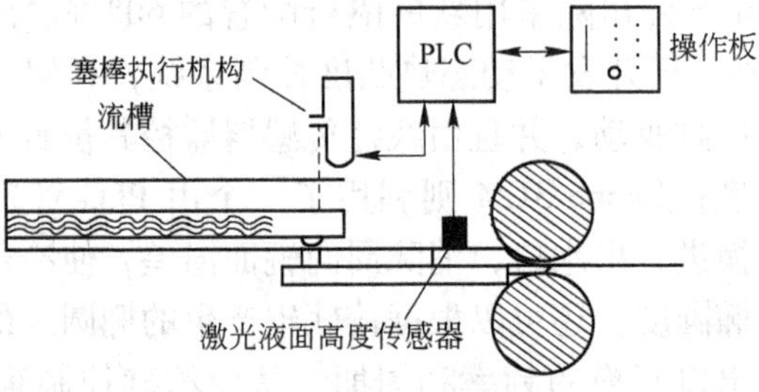

b

图 12-6 液面高度控制系统示意图

a—Jumbo 3CM；*b*—FastCast

E 具有高效的轧辊冷却系统

该系统包括辊芯内部水冷系统及外部冷却，并能实现自动控制，常规的内部通水冷却已不能满足高速铸轧条件下的冷却能力和辊形的控制需要。

F 具有厚度检测控制系统

该系统与液压、冷却、喷嘴定位等系统配合，实现对板厚和板形的自动控制。

G 高质量的喷嘴材料

液流分布系统及喷嘴材质需具有保证液流分布均匀、平衡及保温的作用，同时，喷嘴材料要具有易加工的性能；另外，对铸嘴材料的保温性能、稳定性、使用寿命、强度、刚度以及液流分布、加工、组装等也提出了更高的要求，以实现均匀、层式的流动。

H 足够的轧制力

必须要有足够大的轧制力，以保证在大的铸轧区、高的铸轧速度条件下使铸轧材料具有足够的变形程度。轧制力一般应达到12.5～13.5kN。

I 轧辊外部的喷淋技术

在高速铸轧条件下，除了防止黏辊外，还要考虑喷淋方式对辊的辅助冷却作用和喷涂液的数量、性质、均匀性对辊、板热交换的影响。为此，高速铸轧均采用了新的喷涂系统，如利用 PLC 及数学模型，根据辊径、转速反馈来控制喷嘴往复运动的速度和喷射速度，该程序可在两端自动开启、关闭，控制喷涂过多以及分段控制，并与辊型的辅助控制结合起来，或采用多喷嘴喷射系统。

12.1.3.5 超薄高速连续铸轧生产的铸轧板的缺陷

铝板带超薄高速双辊连续铸轧工艺所生产的铸轧板的主要缺陷：薄铸轧板的偏析较大，包括中心线偏析、分散的条状偏析、无序状态偏析与表面偏析，由于合金变化或铸轧工艺条件变化，各种偏析可能单独出现，也可能同时存在。另外，还有晶粒组织不均匀及水平波纹线等。

12.1.3.6 国内薄板高速铸轧技术研究的进展情况

我国的铝板带超薄快速双辊连续铸轧工艺技术的开发已取得了一些成绩，由华北铝业和中南大学经过两年的研究和开发，2001 年 5 月，ϕ1050mm × 1600mm 水平双驱动超薄铝带快速铸轧机已在华北铝业有限公司进行试生产，研究和开发的超薄铝带快速铸轧机如图 12-7 所示。

该铸轧机是国内率先研究和开发的具有国际先进水平的新型铸轧设备。整套机组包括：铸轧机主体、测厚装置、液压平动剪、牵引机组、操作台、牵引辊、圆盘切边机、碎边装置、夹送辊、导向辊、托板底座、卷取机组、套筒供给装置、助卷器、电控系统和冷却润滑系统。

该设备适合于连续铸轧板厚为 2～8mm 的纯铝及软铝合金，铸轧速度 1～12mm/min，最大板宽 1400mm，最大卷径 1400mm，最大卷重 8t，铸轧力 21500kN，最大卷取张力 150kN，承载强度同时达到

图 12-7　我国研究和开发的超薄铝带快速铸轧机

1100MPa，其中最大界面热流密度达 9.0GJ/(m^2·s)，材料变形率大于30%以上。目前利用现有辊套材质，在正常条件下，已可稳定轧制出 3mm 厚铸轧板，铸轧速度为 3mm/min，试验最薄厚度达到 2.3mm，速度为 4.4mm/min，宽度为 1035mm。薄铸轧板按常规工艺轧制出了普单箔及电缆箔，性能与常规厚度铸轧板相近，3.0mm 铸轧板及电缆箔力学性能见表 12-6。

表 12-6　国产 3.0mm 薄板及 0.15mm 电缆箔的力学性能

取样 \ 指标		σ_b/MPa	δ/%
3.0mm 铸轧板	0°	114	30
	45°	116	34
	90°	101	31
0.15mm 电缆箔	O 状态	70～75	20

12.1.4　连续快速铸轧技术

薄板快速铸轧技术虽然有许多优点，但是也存在明显的问题。在生产中，由于工艺条件十分严格，过程控制困难，该技术不易推广。因此，该技术研究开发多年，未能广泛地推广应用。为此，我国工程技术人员提出了研究开发快速铸轧技术。

铝合金快速铸轧技术是将铸轧机运行速度提高到1.2～1.6m/min，铸轧板厚度保持为6～8mm，生产效率提高30%～50%。同时，只需要对目前广泛应用的双辊铸轧装备进行适当的改造就能实现快速铸轧。

因此，快速铸轧技术更大地发挥了双辊铸轧方法的优势，它具有投资少、消耗小及组织细密等优点，同时还进一步克服了常规铸轧法所固有的生产效率低、可生产合金范围小等缺点，生产率可大幅度提高，单位产量的能耗降低10%～15%以上。扩大了可铸轧合金品种，铸轧产品晶粒度达到一级。这对于经济而快速地发展拥有铝带坯连续铸轧生产线超过110条、总生产能力达93.5万t/a的我国铝加工行业，进一步提高产品科技含量和市场竞争力具有十分重要的意义。

研究开发快速铸轧技术首先需要研究：金属凝固结晶规律、微观组织与性能的关系及后续加工过程中的演变规律；完善快速铸轧装备，优化铸轧工艺，实现快速铸轧生产高性能板带材，提高生产率。同时研发与快速铸轧板坯相匹配的热处理工艺和冷轧工艺制度。

12.2　连续铸轧技术的发展建议

12.2.1　更新和改造现有的双辊连续铸轧机

提高现有连续铸轧机的装机水平，扩大产能，提高劳动生产率。淘汰那些技术和装备落后的小型双辊连续铸轧机，淘汰的产能由更新改造和扩大产能措施来弥补。提高我国整体双辊连续铸轧工艺技术水平，例如，通过数学模型模拟试验和数据处理获得工艺参数最佳化值，把人工智能、计算机控制、视频技术、仪表监控、液压技术应用到铝板带双辊连续铸轧的工艺控制技术中，实现整个生产过程的自动化和最佳化运行。

12.2.2　改善和提高双辊连续铸轧铝板带的质量

改善和提高双辊连续铸轧铝板带的质量，消除铸轧板的“白条子”、黑点、大晶粒、黏辊和裂边等缺陷。双辊连续铸轧工艺技术的特点是连续不间断生产，任何意外事故或停电造成的频繁开停都会造成铸轧板的质量波动，因此要保持双辊连续铸轧机的长时间稳定运行至关重要。

12.2.3　对装备进行技术升级

加强铝熔体的除气和过滤，添加晶粒细化剂。学习国外先进经验，在双辊连续轧机上安装铣边机，消除裂边，对提高板带箔综合成品率、减少几何废料都有帮助。

12.2.4　加快连续铸轧生产合金铝板带的研究开发

鉴于铝板带双辊连续铸轧工艺技术自身的局限性，我国的铝板带双辊连续铸轧机基本上只能应用于纯铝和3003铸轧板的生产，已经不能满足日益增长的多种铝合金板带箔产品的要求。双辊连续铸轧机生产的铝板带主要用于铝箔毛料、散热片毛料和高表面铝材的原料，因为产品的各向异性大，产品深冲性能欠佳，很少用于有深冲要求的最终产品上。国外一直在研究开发利用双辊连续铸轧工艺技术生产铝合金板带，特别是铝缸体、缸盖和拉环毛料（3004、5082和5182），据有关资料报道，法国彼施涅公司曾在传统双辊连续铸轧机上试验生产铝缸体、缸盖和拉环毛料，并在其最新一代超薄高速连续铸轧机上获得成功，已经在其下属的一个铝加工厂投入工业化生产。在这方面，我国还有许多工作要做，例如，双辊连续铸轧工艺技术的理论研究、铸轧铝板带的金相组织和表面质量的研究、双辊连续铸轧机的设备及耐火材料的研究和改进等。

12.2.5　重视超薄高速双辊连续铸轧机的开发和应用

在超薄高速双辊连续铸轧机的开发和应用上，尽快赶上世界先进的超薄高速双辊连续铸轧工艺技术水平。据国外技术资料报道，超薄高速双辊连续铸轧工艺技术较传统的双辊连续铸轧工艺技术有了进一步发展，铝板带产品厚度更薄，生产速度更快，由于其设备装机水平和劳动生产率高而备受世界铝工业业内人士和专家的关注。

12.2.6 完善和推广连续快速铸轧技术

铝合金快速铸轧技术是将铸轧机运行速度提高到1.2～1.6m/min，铸轧板厚度保持为6～8mm，生产效率提高30%～50%。同时，只需要对目前广泛应用的双辊铸轧装备进行适当的改造就能实现快速铸轧。快速铸轧技术与薄板高速铸轧技术相比有其明显的优点，易于推广应用。

我国在快速铸轧技术研究工作方面已经取得了突破，基本解决了技术关键。完善和推广连续快速铸轧技术就是目前的重要工作之一。

13 铝合金连铸连轧技术

13.1 概述

连铸连轧即通过连续铸造机将铝熔体铸造成一定厚度（一般约20mm厚）或一定截面面积（一般约$2000mm^2$）的锭坯，再进入后续的单机架或多机架热（温）板带轧机或线材孔型轧机，从而直接轧制成供冷轧用的板、带坯或供拉伸用的线坯及其他成品。虽然铸造与轧制是两个独立的工序，但由于其集中在同一条生产线上连续进行，因此连铸连轧是一个连续的生产过程。

13.1.1 连铸连轧的主要优点

13.1.1.1 板带坯连铸连轧的主要优点

（1）由于连铸连轧板带坯厚度较薄，且可直接带余热轧制，节省了大功率的热轧机和铸锭加热装备、铣面装备；

（2）生产线简单、集中，从熔炼到轧制出板带，产品可在一条生产线连续进行，简化了铸锭锯切、铣面、加热、热轧、运输等许多中间工序，简化了生产工艺流程，缩短了生产周期；

（3）几何废料少，成品率高；

（4）机械化、自动化程度高；

（5）设备投资少、生产成本低。

13.1.1.2 线坯连铸连轧的主要优点

（1）省去了铸锭、修锭及锭的运输，省去了加热工序及加热设备；

（2）机械化、自动化程度提高，大大改善了劳动条件；

（3）轧件直线通过机列，温降少，减少了轧件扭转及与设备发生粘、刮、碰等现象，表面质量高；

（4）成卷线坯质量轻重不受限制，线坯卷重可达1t以上，大大减少了焊头次数，提高了生产效率；

(5) 设备小、质量轻、占地少，维修方便。

13.1.2 连铸连轧的主要缺点

(1) 可生产的合金少，特别是不能生产结晶温度范围大的合金；

(2) 产品品种、规格不易经常改变；

(3) 由于不能对铸锭表面进行铣面、修整，对某些需化学处理的及高表面要求的产品会产生不利的影响；

(4) 由于性能限制，不能生产某些特殊制品，如易拉罐料；

(5) 产量受到限制，如要扩大生产规模，只有增加生产线的数量。

13.2 连铸连轧生产方法分类

13.2.1 按连铸连轧坯料的用途分类

连铸连轧按坯料的用途可分为两类，一类是板带坯连铸连轧，另一类是线坯连铸连轧。

13.2.2 板带坯连铸连轧分类

13.2.2.1 双带式连铸连轧生产板带

金属液通过两条平行的无端带间组成连续的结晶腔而凝固成坯的装置称为双带式连铸机。带坯离开铸造机后，通过夹送（牵引）辊送入单机架温轧机或多机架连轧机列。夹送辊不对带坯施加轧制力，但有一定量的牵引力。双带式铸造法熔体的冷却速度可高达50～70℃/s，比半连续铸造法（DC）的冷却速度（1～5℃/s）高得多，因而带坯的晶体组织致密细小、枝晶间距小、合金元素固溶度大，使产品性能得到一定程度的提高。转换合金时如果铸嘴的使用期限尚未到期，可不必更换，继续使用，但以产生一定量的废料为代价。双带式连铸机又分两类：

(1) 双钢带式，即两条钢带构成的连铸机，典型代表是哈兹莱特法（Hazelett）及凯撒微型（Kaiser）法；

(2) 双履带式，即冷却块连接而成类似坦克履带构成的，其典型代表为双履带式劳纳法 Caster Ⅱ 连铸机、瑞士的阿卢苏斯Ⅱ型（Alusuisse）和美国的亨特道格拉斯（Hunter Douglas）连铸机。

13.2.2.2　轮带式连铸连轧生产板带

由铸轮凹槽和旋转外包的钢带形成移动式的铸模，把液态金属注入铸轮凹槽和旋转的钢带之间，通过在铸轮内通冷却水带走热量，铸成薄的板带坯，继而进一步轧制可获得较好的带材。轮带式主要有：美国的波特菲尔德-库尔斯法（Porterfield Coors）、意大利的利加蒙泰法（Rigamonti）、美国的 RSC 法、英国的曼式法（Mann）等。

13.2.3　线坯连铸连轧分类

线坯连铸连轧主要有以下几种方式：普罗佩兹法（Properzi）；塞西姆法（Secim）、南方线材公司法（SCR）、斯皮特姆法（Spidem）等等，均是轮带式连铸机。

13.3　哈兹莱特（Hazelett）双钢带式连铸连轧法

13.3.1　简介

哈兹莱特连铸连轧机是美国哈兹莱特带坯铸造公司（Hazelett Strip-Casting Corporation）第一代掌门人克拉伦斯 . W. 哈兹莱特（Clarence. W. Hazelett）发明的，现在的老板为第三代 R. 威廉 . 哈兹莱特（R. William Hazelett）。1947 年开始研究开发双带式铸造机，1963 年第一台 660mm 铸造机在加拿大铝业公司（Alcan）的加拿大安大略省托威市（Tower）阿尔古兹公司（Algoods Inc.）投产。哈兹莱特连续铸造是在两条可移动的钢带之间进行连续铸造的方法，热轧机与之同步再进行连续热轧，最后卷取成卷。

哈兹莱特连铸连轧机生产铝带坯的生产线由熔炼静置炉组、在线铝熔体净化处理装置、晶粒细化剂进给装置、哈兹莱特双带式连续铸造机、夹送（牵引）辊、单机架或多机架热（温）连轧机列、切边机、剪床、卷取机组成。可生产的带坯宽度为 300 ~ 2300mm，据称正在设计可生产带坯宽度达 2500mm 的铸造机。这种生产线可生产的铝和铝合金牌号及用途见表 13-1。哈兹莱特连铸连轧生产线示意图如

图 13-1 所示。

表 13-1 连铸连轧合金牌号及用途

合 金	最终用途
1050	空调翅片、冲制件、炊具
1100	铭牌、厚箔、冰箱铰链、热交换器、PS 版基、筹码、电脑壳
1200	电容器、炊具、食品及药物包装
1350	导电行业
3003	建筑行业、炊具、厚箔
3004	家具、光亮板、菱形板、轻型夹具
3104	电缆软管
3105	雨槽、窗框、软管、铭牌、屋顶、光亮板、菱形板、瓶盖
3204	灌溉用管
5052	多用板材、卡车围板、上车架、焊接箱体、公路标牌、电扇叶片、控制面板
5754	多种汽车部件
6061	多种深冲用料
6063	多种深冲用料
7072	翅片料
8011	建筑用板、炊具及餐具、厚箔盘、家用箔、翅片料、瓶盖

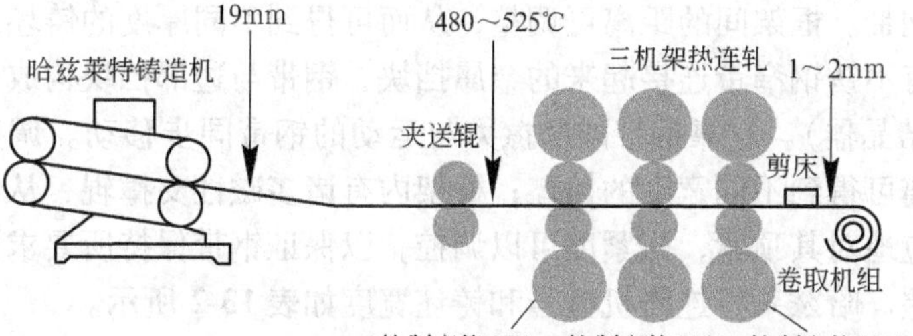

图 13-1 哈兹莱特连铸连轧生产线示意图

13.3.2 哈兹莱特连铸机构成和工作原理

13.3.2.1 哈兹莱特连铸机的构成

哈兹莱特连铸机的构成如图 13-2 所示，其主要部件为供流系统

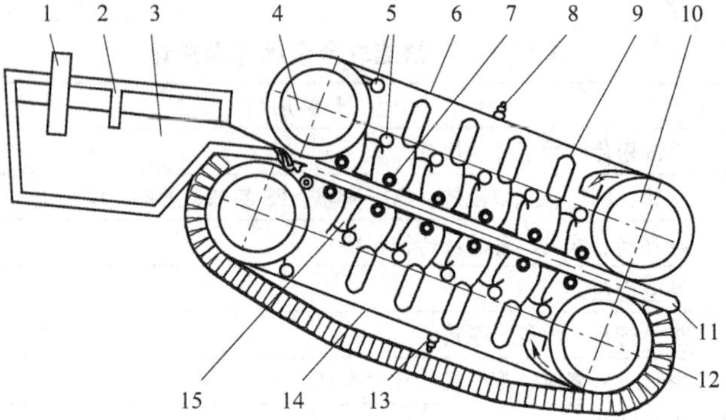

图 13-2 哈兹莱特连铸机示意图

1—浸入式水口；2—中间罐；3—金属液化气；4—压辊；5—高速冷却水喷嘴；6—上钢带；7—支撑辊；8—双层喷嘴；9—集水器；10—张紧辊；11—带坯；12—活块；13—涂层喷嘴；14—下钢带；15—回水挡板

（熔体槽与密闭熔体供流器）、同步运行的两条无端钢带（上带与下带）、传动系统（张力辊与挡辊、直接传动结构）、水冷与传热系统（喷水嘴、水槽与散热片等）、框架等。铸造是在同步运行的两条钢带之间进行的。钢带套在上、下两框架上，每个框架有 2～4 个导轮支撑钢带。框架间的距离可调整，从而可得到不同厚度的铸坯。下框架带有不锈钢窄带连接起来的金属挡块，钢带与边部挡块构成带坯铸模（结晶器）。它靠钢带的摩擦力与运动的钢带同步移动。调整边块的距离可得到不同宽度的铸坯；框架内有诸多磁性支撑辊，从钢带内侧对应地对其顶紧，张紧度可以调控，以保证钢带保持所要求的平直度偏差。哈兹莱特连铸机型号和铸坯宽度如表 13-2 所示。

表 13-2 哈兹莱特连铸机型号和铸坯宽度

型 号	14 型和 15 型	21 型	23 型	24 型
铸坯宽度/mm	1600	280	915～1972	1254～2540

哈兹莱特连铸机的主要消耗材料与备件为钢带、MatrixTM 喷涂粉、StreamTM 陶瓷铸嘴。钢带是由哈兹莱特公司专制的，1.1～1.4mm 厚，专门为连铸机生产的冷轧低碳特种合金钢带。采用钨极

惰气保护电焊的，钢带的使用寿命约为8h～14d。铸造前须用Al_2O_3微粒对钢带打毛，打毛深度决定于所铸带坯合金种类，而后以等离子或火焰法喷涂一层MatrixTM涂层。

哈兹莱特连铸机有强大的水冷系统，如图13-3所示。对水质有严格要求，其pH值为6～8，水应洁净，不得有油及其他可见的浮悬物，水的消耗量约15t/(m·min)。从喷嘴高速射出的冷却水沿弧形挡块切向喷射到钢带上，均匀而快速地冷却钢带，使铝熔体高速(50～70℃/s)冷却。冷却水经过钢带支撑辊上的环形槽沿弧形挡块流入集水器，通过排水管返回冷却水槽，如此循环冷却。

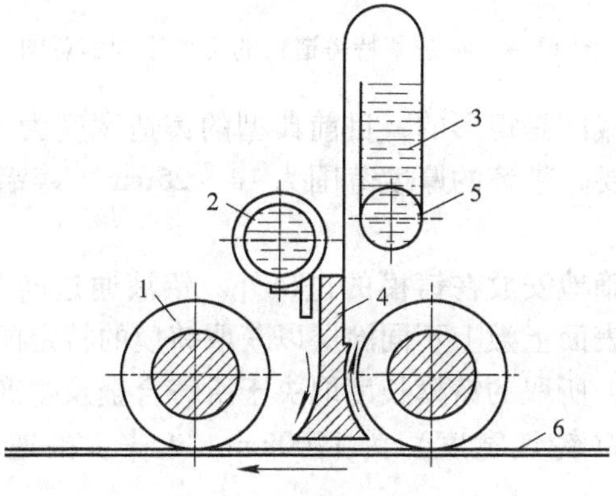

图13-3 哈兹莱特连铸机冷却系统示意图
1—钢带支撑辊；2—进水管；3—集水器；
4—弧形挡块；5—出水管；6—钢带

在铸造过程中，钢带不对凝固着的带坯施加压力，铸造前需将钢带预热到130℃左右，铸造时向钢带与熔体之间吹送保护气体氦，它有高的热导率。

13.3.2.2 哈兹莱特连铸机的工作原理

哈兹莱特铸造机的工作原理示意图见图13-4，铸机采用完全运动的铸模，用一副完全紧张的低碳特种合金钢带作为上、下表面。两条矩形金属块链随着钢带的运动，根据可需铸造宽度相隔开以构成模腔的边壁，钢带采用一种特殊的高效快速水膜进行冷却，这是哈兹莱特的特有技术。

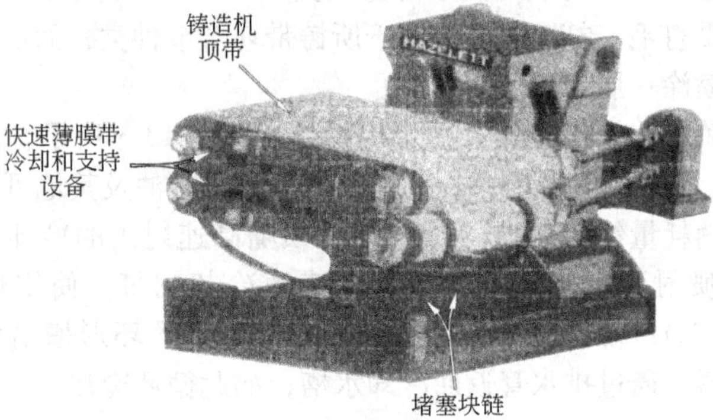

图 13-4　哈兹莱特铸造机的工作原理示意图

铸造的横截面是矩形的，目前典型的铸造宽度为 1930mm。根据最终产品的需要，带坯的厚度范围为 14～25mm，铸铝坯典型厚度为 18～19mm。

前箱被准确地安放在铸模的进口外。铝液通过前箱进入铸造机。在钢带的铸造表面上敷上不同涂层以获取铸模的特定的界面特性。设定特定铸模时，所取的铸模长度取决于所铸合金及生产速度。带坯铸模的标准长度（铸坯宽度）为 1900mm，近来，高速坯铸模的长度为 2300mm。

13.3.3　哈兹莱特连铸连轧机组

铝板坯出铸机之后，板坯的温度仍在 450℃以上，符合铝合金的热轧温度范围，即在出坯温度条件下对铸坯进行在线热轧。铸坯将以近 10m/min 的速度进入轧机。道次压下量为 60% 或以上，可获得优异的热轧组织结构，哈兹莱特连铸连轧机组作业流水线如图 13-5 所示，哈兹莱特连铸连轧机组典型的技术参数见表 13-3。

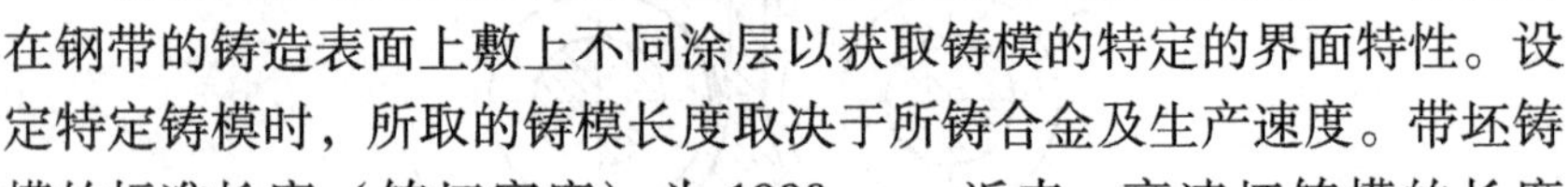

图 13-5　哈兹莱特连铸连轧机组作业流水线

表 13-3 哈兹莱特连铸连轧机组典型的技术参数

使用单位	加拿大铝业公司 Saguenay 工厂
双带式铸造机 1 台	美国 Hazelett 公司制造
铸造带坯厚度/mm	12.7 ~ 38.1
铸造带坯宽度/mm	760 ~ 1600（2030）
铸造速度/mm · min^{-1}	1.2 ~ 18.3
铸造能力/kg ·（h · mm）$^{-1}$	35.4
二辊热轧机 1 台	德国 MDS 公司制造
辊径/mm	$\phi825 \times 2220$
轧制力/kN	max. 9000
轧制电机输出功率/转速	150kW/0/300/900r/min
轧制速度/m · min^{-1}	0/6.63/19.9
轧制力矩/kN · m	457/152
切头飞剪 1 台	德国 MDS 公司制造
剪切力/kN	max. 1000
移动速度/m · min^{-1}	与铸造速度同步
剪切次数/次 · min^{-1}	max. 20
剪切废料长度/mm	max. 915
No. 1 四辊轧机 1 台	德国 MDS 公司制造
轧辊规格/mm × mm	$\phi610/1270 \times 2300/2150$
轧制力/kN	max. 18000
轧制电机输出功率/转速	750kW/0/300/900r/min
轧制速度/m · min^{-1}	0/14.65/43.98
轧制力矩/kN · m	811.7/270
No. 2 四辊轧机 1 台	德国 MDS 公司制造
轧辊规格/mm × mm	$\phi610/1270 \times 2300/2150$
轧制力/kN	max. 18000
轧制电机输出功率/转速	1500kW/0/300/900r/min
轧制速度/m · min^{-1}	0/36.6/109.8
轧制力矩/kN · m	650/217
圆盘切边剪 1 台	德国 MDS 公司制造
刀盘直径/mm	$\phi500$

续表 13-3

使用单位	加拿大铝业公司 Saguenay 工厂
切边宽度/mm	max. 100
碎边长度/mm	390
刀盘传动电机功率/速度	56kW/0/550/1000r/min
切边剪 1 台	德国 MDS 公司制造
刀盘直径/mm	ϕ600
刀盘传动电机功率/速度	56kW/0/550/1000r/min
横切飞剪 1 台	德国 MDS 公司制造
剪刀行程/mm	140
剪刀传动电机功率/速度	165kW/0/1000/1200r/min
移动速度/$m \cdot min^{-1}$	max. 120
剪切次数/次 · min^{-1}	max. 40
剪切废料长度/mm	max. 3000
卷取机 2 台	德国 MDS 公司制造地下卷取机
卷筒形式	液压涨缩四楔块套筒式
卷筒直径/mm	ϕ510
带卷直径/mm	max. ϕ2030
带卷重量/kg	max. 16600
带材张力/N	18000 ~ 180000
卷取机传动电机功率/速度	375kW/0/300/1200r/min
额定卷取周期时间/min	14

常规直冷铸造及热轧生产线与哈兹莱特生产线的比较如图 13-6 所示。

13.3.4 生产过程

13.3.4.1 生产过程

熔体通过流槽进入前箱，再通过供料嘴进入铸造腔与上、下钢带接触，钢带通过冷却系统高速喷水冷却带走铝熔体热量，从而凝固成铸坯。在出口端，钢带与铸坯分离，并在空气中自然冷却。钢带重新

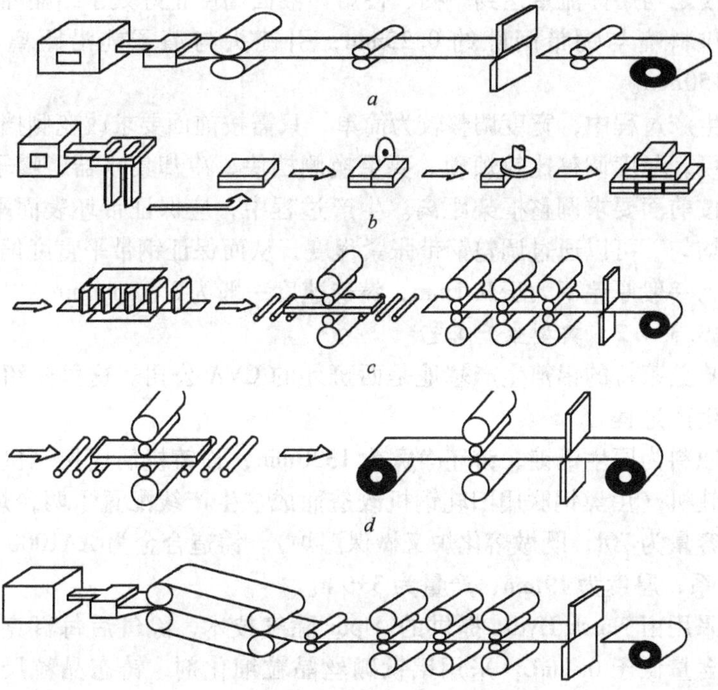

图 13-6 常规直冷铸造及热轧生产线与哈兹莱特生产线的比较
a—双辊铸轧机；*b*—直接冷却铸块铸轧机；*c*—1 +3 式铸轧机；
d—1 +1 式铸轧机；*e*—哈兹莱特双带铸轧机

转动到入口端进行铸造，循环往复，从而实现连续铸造。带坯离开铸造机后，通过牵引机进入单机架或多机架热轧机，轧制成冷轧带坯，完成连铸连轧过程。为保证铸造过程中钢带不形成热水汽层而影响传热效率，应保证冷却水流量及流速。

开始铸造前，根据生产要求调整好厚度及宽度，不同厚度的带坯可以通过调整连铸机上、下框架的距离控制，宽度通过调整两侧边部侧挡块的距离控制，钢带表面必须保证清洁，必要时可用钢刷等工具清理表面的氧化皮、疤、瘤等异物，然后把引锭头推进钢带与边部侧挡块形成封闭的结晶腔。开头时，应及时调整、控制钢带的移动速度，使之与熔体流量达到平衡，使熔体液面高度正好处于结晶腔开口处。供料嘴与钢带间隙约 0.25mm，引锭头与嘴子前沿距离大约 70～150mm。

生产过程中，宽度调整较为简单，只需按前面要求改变侧挡块位置即可，厚度调整比较烦琐，要更换侧挡块、冷却集水器、嘴子等，还要按前面要求调整框架距离。生产过程中，应保证带坯表面平整、厚度均匀，可以通过调整钢带张紧程度，从而保证钢带平直度偏差来控制，一般厚差不大于 0.1mm，铸造速度一般为 3～8m/min。

13.3.4.2 典型生产工艺

哈兹莱特的铝箔生产基地是西班牙的 CVA 公司。这里介绍其生产线生产过程。

原料为原生铝锭，铸坯净宽为 1320mm，连铸机后面接三机架四辊热轧机（由奥钢联用旧轧钢机改造而成。生产线配置了两台炉子，每只容量为 70t，既做熔化炉又做保温炉）。铸造合金为 AA1000 系和 8000 系，厚度为 19mm，产量为 33t/h。

采用由 Norsk Hydro 提供的 Alpur 除气技术，除气后每百克铝液的氢含量低于 0.1mL。采用铝钛硼丝晶粒细化剂，铸态晶粒尺寸为 90μm（表面层）和 250μm（中心层）。采用适合于铸造铝箔毛料的钢带外貌。在线消耗性静电沉积层采用纳米级二氧化硅。采用无间隔片状铸嘴。铸嘴用氧化铝和氧化硅耐高温纤维制作，黏结剂为氮化硼。具有足够的孔隙度，保证不黏铝。

向模内导入混合的惰性气体，其中必须含有 4% 的氦气，以增强导热性能。在铸坯的横向上，气流分区可调，以调节冷却强度。采用水膜冷却，横向分区可调，有助于控制板形。在模区前段采用磁性支撑辊，在后段借助水压构成柔性模，严格控制铸坯板形，使在纵向和横向的厚差均优于 0.2mm。在铸坯出口设高温图像仪，以便监视厚差，需要时调节铸造条件。三连轧采用适当的乳液。铸坯横向分区控制流量，以控制板形。三台轧机轧辊弧度均为负值，使热轧带具有正弧度：中间较厚，两边较薄，二者相差以 0.6% 为佳。热轧机具有厚调和液压弯辊系统。热轧后的带厚为 1.4mm，无需裁边，即进行冷轧。

13.3.5 带坯质量

哈兹莱特法由于连铸机铸造时冷却速度比直接水冷半连续铸造（DC法）大得多，因而连铸带坯结晶组织细小，合金元素固溶程度较高，提高了产品性能。不同合金带坯枝晶间距与其厚度的关系如图13-7所示。

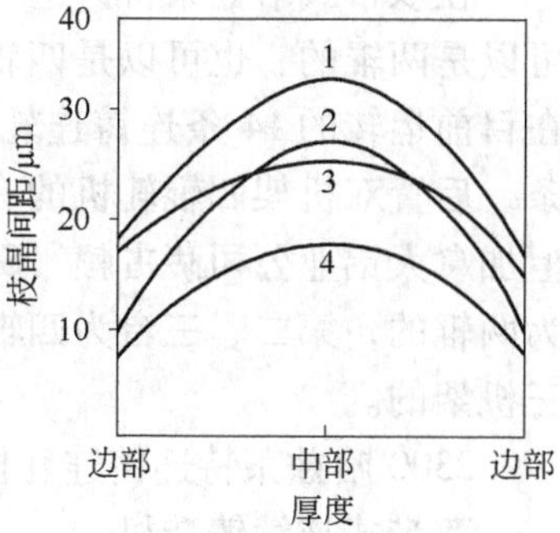

图13-7 不同合金连铸带坯枝晶间距与其厚度的关系

1—1100合金；2—5082合金；3—3105合金；4—5182合金

13.3.6 哈兹莱特生产线分布

目前全球铝带坯哈兹莱特法连铸连轧生产线近十余条，如表13-4所示，大部分配以2机架或3机架热连轧，其生产能力因合金不同而异，一般为15～25kg/(h·mm)。除铝以外，该方法还广泛应用于铜、锌等有色金属。

表13-4 全球投产的哈兹莱特（Hazellett）连铸连轧机列

年度	公　司	国　家	宽度/mm	年产量/kt·a^{-1}	合　金
1963	Tower	加拿大	660	25	3003、5052、6005、6061
1970	Nihon Atsuen	日　本	300	10	1100、3003、5052、6061
1979	Commonwealth	美　国	711	40	3004、3105、5757
1984	Nihon Atsuen	日　本	450	10	1070、3105、5052、6063
1985	Jupiter	美　国	762	100	3004、3105、5052
1986	Commonwealth	美　国	1320	210	3004、3105、5052、5754
1987	Vulcan	美　国	1320	15	5052
1991	Nichols	美　国	1320	200	3004、3105、5052
1997	Neuman	加拿大	380	15	1060、1100、3003、6061
2001	CVA	西班牙	1320	30	1050、1200、3003、3005、5005、5049、8011、8079
2002	Alcoa	美　国	1930	100	1100、3105、5349、7072

在双带式哈兹莱特铸造机之后可布置1台或多台温（热）轧机，可以是两辊的，也可以是四辊的或混合型的，组成连铸连轧生产线。在目前运转的14条连铸连轧生产线中，后置单机架四辊轧机的有2条，后置双机架四辊轧机的有5条，其余的6条各有3台四辊轧机，但加拿大铝业公司萨古赖（Saguenay）轧制厂的为混合型的，第一台为两辊的，第二、三台为四辊的。自20世纪90年代以来建设的都是三机架的。

2300哈兹莱特连铸连轧机生产线主要机组的技术参数如下：

双带式连续铸造机：

带坯厚度/mm	14 ~ 22
带坯宽度/mm	1100 ~ 2300
铸造速度/$m \cdot min^{-1}$	6 ~ 9
生产率/$t \cdot (m \cdot h)^{-1}$	27

热连轧机列：

机架数	2 ~ 3
轧机规格/mm × mm	ϕ730/1600 × 2500
轧制力/kN	max 55000
轧制速度/$m \cdot min^{-1}$	170
主电机功率/kW	各3000
带材宽度/mm	max 2300
来料厚度/mm	19
出口厚度/mm	1
带卷质量/t	max 8

现在，哈兹莱特铸造机正在朝着自动化、工艺参数调控计算机化的方向发展，进一步减薄带坯厚度，提高产品质量，降低生产成本，使操作更简易、生产更稳定。

13.3.7 哈兹莱特生产线的改进

据有关资料介绍，1985 ~ 2000年，哈兹莱特连铸机进行了大量的技术创新（见图13-8）。

13.3.7.1 钢带的感应预加热技术

为了防止钢带在进入模腔时发生的“冷箍”及弯曲和热变形，

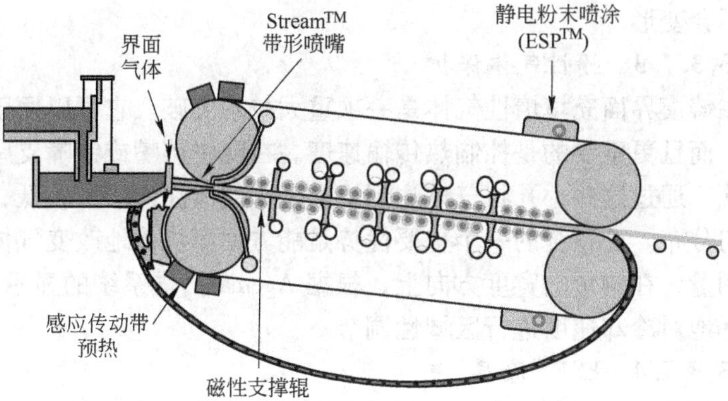

图 13-8 哈兹莱特连铸机改进示意图

曾考虑过各种技术，哈兹莱特公司和阿贾克斯公司共同研制了一种非常强大的感应加热系统，能把进入模腔的钢带的温度瞬时提高到150℃。在此温度下，钢带平稳过渡到热金属区，不会出现弯曲和变形。

该系统的另一个功效是控制钢带表面的水汽。模腔表面若有水将立即造成热传输局部中断，生成微细的难以觉察的表面液化区。早先采用的石墨涂层，尽管也具备一些吸湿功能，但不能用于高温环境。采用感应预热系统，就可去除夹在钢带永久性涂层中的水汽。钢带加热到150℃，任何水汽均可被去除。

13.3.7.2 *磁性支撑辊*

尽管钢带预热可防止其进入模腔时的热变形，但在其与铝水大面积接触后还会产生另一种重要的热变形。这时钢带呈球面状变形并瞬时扩展，直至在钢带厚度方向上达到热平衡为止。钢带变形的量与其厚度方向上瞬时热差有直接关系。过去用石墨作为涂层来控制这种变形。其结果是冷却速率的适用范围比较有限。后来，在钢带背面的支撑辊中装入永磁体，这种磁体具有“伸出”性吸力，也就是说，这种磁体不必与被吸物体紧密贴合，只要将两块这样的小磁体放在手掌的正、反面，就会发现它们不易分开。这一技术的效果是巨大的，使透过钢带厚度的热传输大大加快，满足了铸造高镁合金的需要，而且钢带不会变形。

13.3.7.3 惰性气体保护

在铸模界面充填惰性气体是一项重大技术突破。它可以用于控制氧化，而且更重要的是控制热传输速度。在陶瓷铸嘴或铸嘴支座里钻些小孔，通过这些小孔将气体注到铝水上。气体注入压力较低，可使其均匀分布。该系统的一个重要优势是能方便而快捷地改变气体的配方或用量，在钢带的宽度方向上，根据 Agema 扫描系统的显示结果，有选择地对冷却速度进行区域性调节。

13.3.7.4 ESP™涂层

哈兹莱特铸铝工艺采用永久性 Matrix 型涂层。该涂层基本采用陶瓷物质，用火焰或等离子喷涂在钢带表面。钢带先经过喷丸打毛，然后用氧化物涂覆。氧化物与打毛钢带表面相结合。用该涂层根据不同合金固化条件的需要来控制热传输。通过改变涂层厚度、粗糙度、多孔性及化学组分可获得所需的公称固化速率。这对获取合金坯最佳表面质量至关重要。涂层的使用寿命与钢带本身相同。

13.3.7.5 先进的监测和控制技术

配有计算机及先进软件的探测器，可以监测铸模钢带温度、铸带偏移度、铸造机和引出端夹送辊的驱动力及炉内熔体金属温度和中间罐温度以及从铸造机引带的凝固带的温度。

13.4 凯撒微型双钢带连铸连轧方法

该方法由凯撒铝及化学公司开发，最初拟采用此工艺专门轧制易拉罐料，装备简单，生产规模较小（3.5 万 t/a），以低的投资来降低制罐成本。

其生产线由熔炼静置炉、供流系统、连铸机、牵引机、双机架热轧机、热处理炉、冷却系统、冷轧机、卷取机组成，工艺配置如图 13-9 所示，连铸机示意图如图 13-10 所示。

该连铸机同样有两条无端钢带，钢带厚度 3～6mm，结晶腔入口两个辊内部通水冷却。此外，上、下钢带还配置有快冷装置，出口辊起牵引及支撑作用。

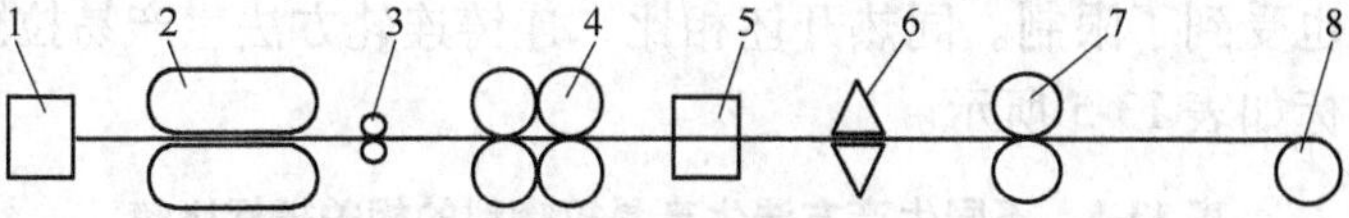

图 13-9　凯撒微型连铸连轧生产线示意图

1—供流系统；2—连铸机；3—牵引机；4—热轧机；5—热处理装置；6—冷却装置；7—冷轧机；8—卷取机

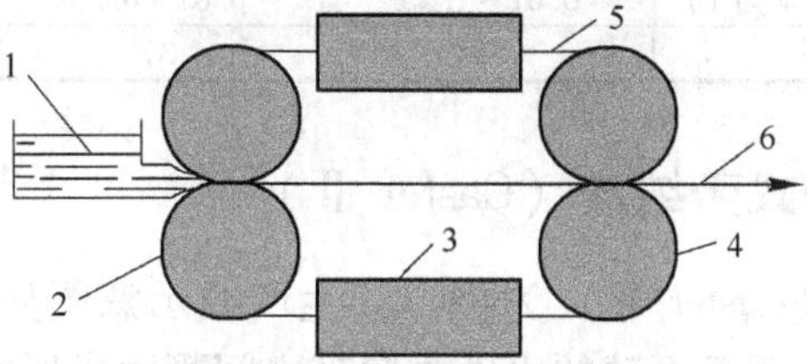

图 13-10　凯撒微型连铸机示意图

1—供流装置；2—水冷却辊；3—快冷装置；4—牵引（支撑辊）；5—带坯；6—钢带

当熔体通过时，立即凝固成薄坯，厚度一般较小，约 3.5mm，这与哈兹莱特法不同，后者由于较厚（20mm 以上），铝熔体刚接触钢带时，仅上、下表面形成一层凝固壳，液穴较深，大部分在钢带之间凝固，如图 13-11 所示。因此，采用这种连铸坯料比其他方法带坯质量好。

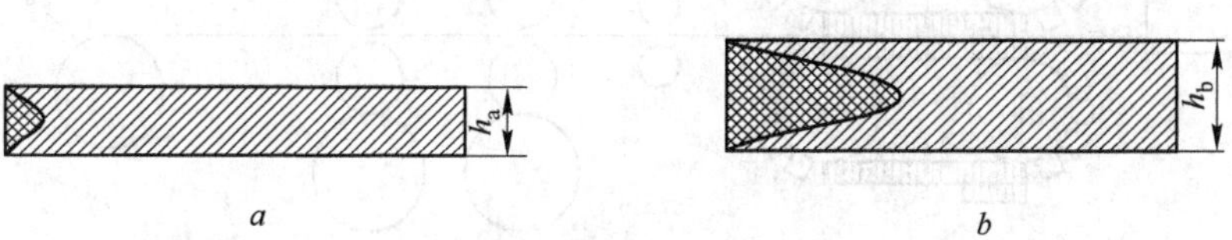

图 13-11　不同方法连铸铸坯结晶液穴示意图

a—凯撒微型双钢带连铸，h_a 一般为 3.5mm；

b—哈兹莱特双钢带连铸，h_b 一般不小于 20mm

凯撒微型连铸连轧产品宽度为 270～400mm，虽然具有产品冶金质量高、投资少、生产能力适宜、成本较低、生产周期短等优点，但因罐料质量的稳定性、均匀性等不能与现代化的热轧开坯法相竞争，其应用也受到了限制。同热开坯相比，连铸连轧方法生产易拉罐料的相关指标如表 13-5 所示。

表 13-5 不同生产方法生产易拉罐料的相关指标比较

项 目	热轧开坯法	Hazelett 法	凯撒微型法
建厂投资/百万美元	300 ~ 1000	180	30
产量/kt · a^{-1}	136 ~ 454	90	35
产量成本/美元 · t^{-1}	2200	2000	860
制造成本（平均成本为 1）	0.67 ~ 1.25	0.67 ~ 0.83	0.45 ~ 0.5
生产周期/d	55	37	17

13.5 双履带式劳纳法（Caster Ⅱ）

以劳纳法（Caster Ⅱ）为例，其生产线示意图如图 13-12 所示。它是将熔体注入两条可动的水冷式履带之间凝固成形的方法。可铸出厚度为 25.4mm 左右的薄板坯。再直接进行连续热轧。据介绍，该方法适用于铸造品种少、批量大的板坯和可以循环作业的单一合金饮料罐材用的板坯。采用劳纳法时，为保证罐用板材的性能，可通过激冷板块的选择，将冷却速度控制为与 DC 法相同。

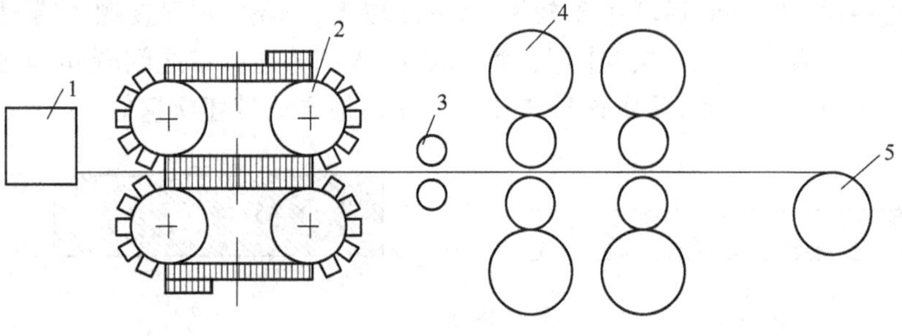

图 13-12 劳纳法（Caster Ⅱ）连铸连轧生产线示意图

1—供流系统；2—连铸机；3—牵引机；4—热轧机；5—卷取机

该连铸机的工作原理与哈兹莱特法基本相同，主要的区别在于构成结晶腔的上、下两个面不是薄钢带，而是两组做同一方向运动的激冷块，如图 13-13 所示。

激冷块一个个安装于传动链上，在传动链与激冷块之间有隔热垫，

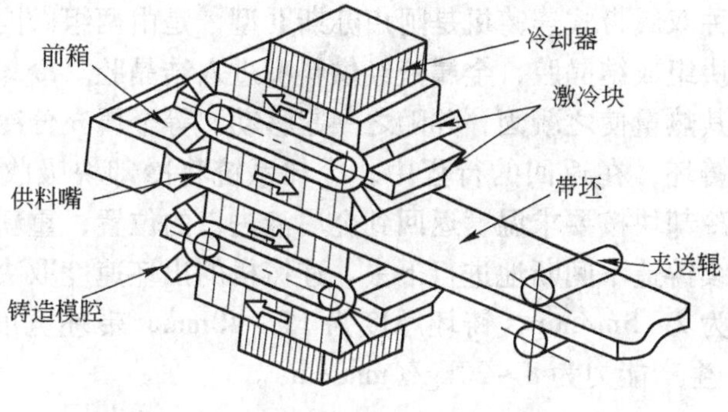

图 13-13　劳纳法（Caster Ⅱ）连铸机示意图

以保证其受热后不产生较大的膨胀变形，由于激冷块在工作过程中不承受机械应力，不存在较大的变形，可以采用铸铁、钢、铜等材料制作。

当铝熔体通过供料嘴进入结晶腔入口时，与上、下急冷块接触，热量被急冷块吸收而使铝熔体凝固，并随着安装于传动链上的激冷块一起向出口移动，在达到出口并完全凝固后，急冷块与带坯分离。铸坯通过牵引辊进入热轧机（单机架、多机架）接受进一步轧制，加工成板带坯。激冷块则随着传动链传动返回，返回过程中，急冷块受到冷却系统的冷却，温度降低，达到重新组成结晶腔的需要，从而使连铸过程持续进行。

劳纳法 Caster Ⅱ连铸机可生产 1×××系、3×××系、5×××系合金，铸造速度决定于合金成分、带坯厚度及连铸机长度，一般为 2～5m/min，生产效率为 8～20kg/h，可铸带坯厚度一般为 15～40mm，宽度一般为 600～1700mm。

该铸造法主要用于一般铝箔带坯。在铸造易拉罐带坯上，同样由于质量及综合效益等因素，无法同热轧开坯生产方式竞争。全球仅有三四条生产线，主要生产线如表 13-6 所示。

表 13-6　劳纳法（Caster Ⅱ）连铸连轧主要生产线情况

拥有企业	生产线数量	生产配置	产品宽度/mm
美国戈登铝业公司	1	Caster Ⅱ连铸机 +2 机架热轧	813
	1	Caster Ⅱ连铸机 +2 机架热轧	1750
德国埃森铝厂	1	Caster Ⅱ连铸机 +2 机架热轧	1750

另一种双履带式连铸机是阿卢苏斯Ⅱ型，是由两组做同一方向移动的冷却块组成结晶腔，金属液经供料嘴进入结晶腔。冷却块接触熔体后吸收其热量使之凝固，并随之一起移动。等金属充分冷却凝固后开始离开铸坯，在返回的行程中，冷却系统将冷却块吸收的热量带走。然后冷却块按要求温度返回到金属液进口的位置，重新组成结晶腔，使连续铸造不间断地进行下去。连铸机的出坯速度取决于合金成分，一般为 2 ~ 5m/min，铸坯厚度为 15 ~ 40mm，带坯宽度为 600 ~ 1700mm，生产能力为 8 ~ 20kg/(mm · h)。

13.6　英国曼式连铸机

轮带式连铸机主要是由一旋转的铸轮与该铸轮相互包络的钢带组成。由于钢带与铸轮的包络方式不同，组成了种类众多的连铸机。它们往往与连轧机或其他形式轧机组成连铸连轧机列，实现液态金属一次加工成材的工艺过程。轮带式连铸连轧生产线主要由供流系统、连铸机、牵引机、剪切机、一台或多台轧机、卷取机等组成，以英国曼式连铸机为例，其生产线配置示意图如图 13-14 所示。

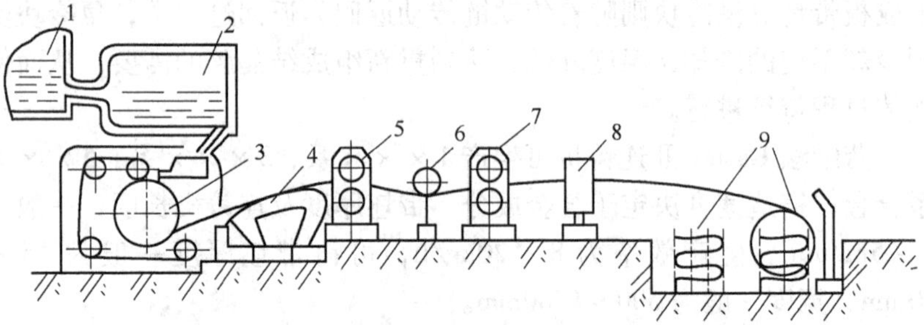

图 13-14　曼式连铸连轧生产线示意图

1—熔炼炉；2—静置炉；3—连铸机；4，6—同步装置；
5—粗轧机；7—精轧机；8—液压剪；9—卷取装置

其工作原理是，铝熔体通过中间包进入供料嘴，再进入由钢带及装配于结晶轮上的结晶槽环构成的结晶腔入口，通过钢带及结晶槽环把热量带走，从而凝固，并随着结晶轮的旋转，从出口导出，进入粗轧机或精轧机，实现连铸连轧过程。也可直接铸造薄带坯（0.5mm）而不经轧制。

由于工艺及装备条件的限制，轮带式带坯连铸机一般用于生产宽度不大于500mm的带坯，厚度在20mm左右。经过热（温）连轧机组，可轧制生产厚度为2.5mm左右的冷轧卷坯。

13.7 线坯连铸连轧生产方法

线材连铸连轧机组由连续式铸造机铸出梯形截面线材坯料，通过不同形式的多机架热连轧机轧出$\phi 8\sim 12$mm线材。典型结构形式有塞西姆法、SCR法、意大利普罗佩斯公司的普罗佩斯法和美国南方线材公司生产的轮带式铸造机。意大利普罗佩斯公司连铸连轧机组的连铸机及机组示意图见图13-15、图13-17，美国南方线材公司连铸连轧机组的连铸机及机组示意图见图13-16、图13-18。

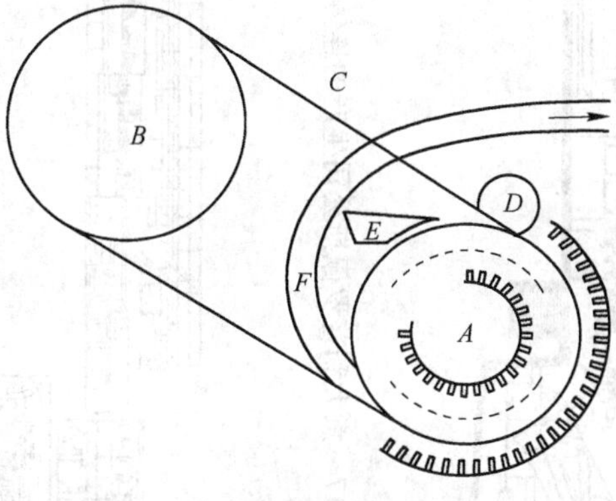

图13-15 意大利普罗佩斯公司的连铸机

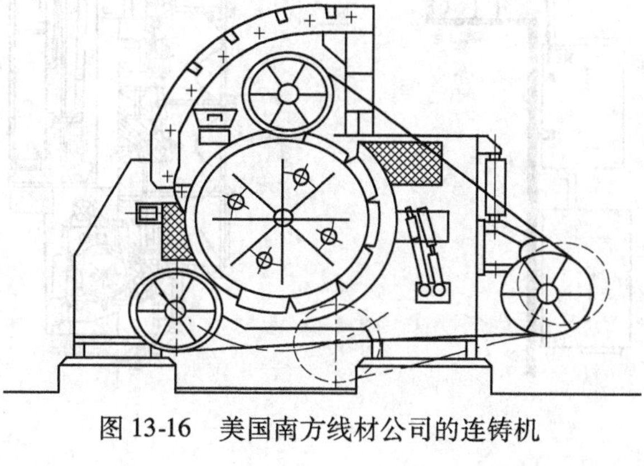

图13-16 美国南方线材公司的连铸机

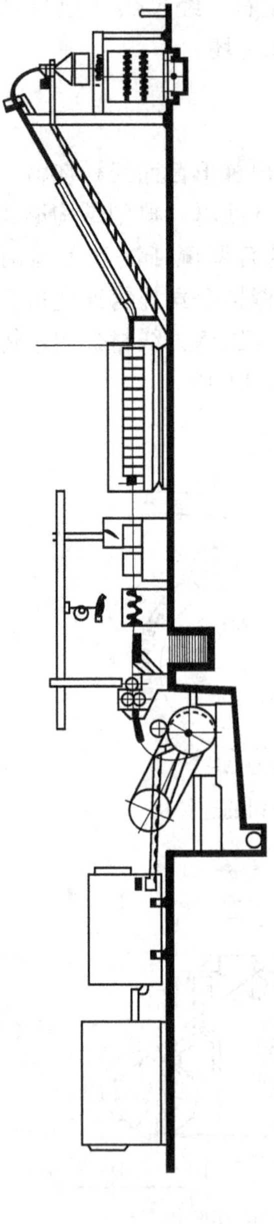

图 13-17 意大利普罗佩斯公司生产的连铸连轧机组

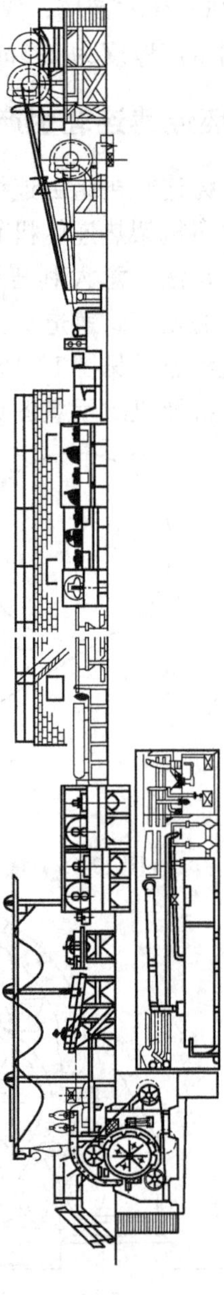

图 13-18 美国南方线材公司生产的连铸连轧机组

13.7.1　普罗佩斯法连铸连轧机

普罗佩斯法连铸连轧机最初是由意大利的 S. P. A. Continuns 公司设计和制造的，以 I. Properzi 命名的连铸机配以连轧机组成。帕氏最初提出用于生产铅线，后来用在轧机的型辊上制造过弹丸。1949 年普罗佩斯连续铸棒法在工业生产中正式投产，很快发展到铝线的生产。目前国内外广泛采用该方法生产铝线材，特别是电气用铝盘卷毛料的生产。用普罗佩斯法连铸连轧生产输电线材时，与 DC 铸造法的线锭相比，普罗佩斯法可使溶质元素大量固溶，能够抑制溶质的析出，再经过热轧，析出物就可呈现细小弥散分布状态，因此可获得耐热性能优良的线材。

这种线坯生产方法同横列活套式生产方法相比，有较明显的优势，如表 13-7 所示。

表 13-7　不同线坯生产方法的比较

项　目	连铸连轧	老工艺	项　目	连铸连轧	老工艺
生产能力/$t \cdot h^{-1}$	3.2	3.0	轧机主电机/kW	250	940
占地面积/m^2	810	2262	单卷质量/$kg \cdot 卷^{-1}$	1000	33
定员/$人 \cdot 班^{-1}$	11	59	成品率/%	99	80
轧机质量/t	35	150			

13.7.2　普罗佩斯法连铸连轧机组成

普罗佩斯连铸连轧机列主要包括连铸机、串联轧机和卷取设备，此外还有轧机润滑系统、电控系统、冷却系统和液压剪等附加设备，如图 13-19 所示。

普罗佩斯法连铸连轧代表性的生产过程如下：

（1）熔化炉。通常采用竖式炉，带有连续加料机构，完成铝的熔化，燃油或燃气。

（2）静置保温炉。熔化后的铝液转入静置炉，采用电阻带或硅碳棒加热、保温，进一步调整铝熔液温度。

（3）净化及供流系统。完成铝熔体净化（除气、过滤）及输送，

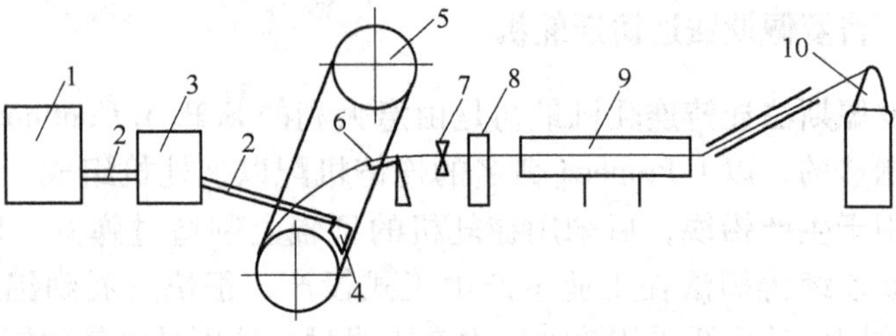

图 13-19　普罗佩斯法连铸连轧生产线示意图
1—熔化炉；2—流槽；3—静置保温炉；4—浇铸装置；5—连铸机；
6—传输装置；7—剪切机；8—修整装置；9—连轧机组；10—绕线机

控制铝液流量及分布。

（4）连铸机。实现连续铸坯。

（5）液压剪切机。剪去铸坯冷头，以便顺利喂入连轧机或用于其他情况下的快速切断。

（6）连轧机。一般为 8 ~ 17 机架，二辊悬臂式孔型轧机或三辊 Y 形轧机。

（7）飞剪。用于切断线坯，控制卷重。

（8）绕线机。将连轧机轧出的线坯绕成卷。

影响连铸连轧工艺过程及产品质量的主要铸造工艺参数为铸造速度、浇铸温度、冷却强度等。它们互相制约，相互影响。从工艺角度讲，低温、快速、强冷既对铸坯质量有益，可得到较细小、均匀的组织，枝晶间距小、致密，又可提高生产效率。但为了保证合适的进轧温度及与连轧机轧制速度相匹配，实现稳定的连铸连轧过程，必须选择适宜的工艺参数。如果铸造速度太大，若冷却强度不够，会使进轧温度太高，轧制过程容易出现脆裂、黏铝等，同时也会导致较高的轧制速度、较大的热效应，影响生产过程的稳定性；如果铸造速度太小，则需要的冷却强度较小，既影响到铸坯组织与性能和生产效率，也会对钢带、结晶轮使用寿命等产生不利影响。实际生产过程中，典型的工艺控制范围如下：

出炉温度：	700 ~ 730℃
浇铸温度：	690 ~ 720℃

冷却强度:	水压 0.35 ~ 0.5MPa 水量 80 ~ 100t/h
冷却水温:	低于 35℃
铸造速度:	6 ~ 15m/min
出坯温度:	470 ~ 540℃
进轧温度:	450 ~ 520℃

13.7.3 普罗佩斯连铸机

同轮带式带坯连铸机一样，线坯连铸机也主要是由旋转的结晶轮、包络钢带、张紧轮、冷却系统、压紧轮等构成，并且同样由于钢带与结晶轮不同的包络方式，形成了各种形式。

典型连铸机如图 13-20 所示。它由一根钢带和两个大直径转轮组成，上轮为导轮，下轮为铸造用轮，铸造轮与钢带包络部分组成结晶腔。金属液进入结晶腔内，随轮和钢带同步运行，在钢带和铸轮分离处，金属凝结成坯并以与铸轮周边相同的线速度铸坯。上方的导轮，起导向和张紧作用，调整上轮可得到所需要的钢带张紧力。铸机后配上连轧机组，可使面积较大的铸坯不经再次加热直接轧制成直径为

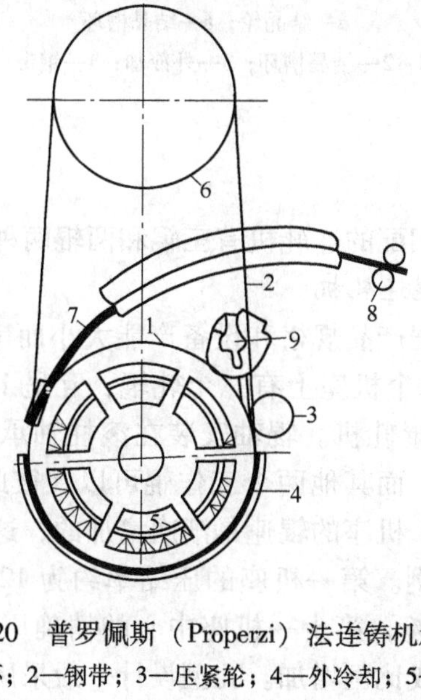

图 13-20 普罗佩斯（Properzi）法连铸机示意图
1—结晶环；2—钢带；3—压紧轮；4—外冷却；5—内冷却；
6—张紧轮；7—锭坯；8—牵引机；9—浇铸装置

8～12mm 的线坯。

其结晶槽环形状不同，典型结晶轮为一紫铜环。铜环的外端做成 U 形槽，环状钢带盖紧在槽口（如图 13-21 所示），组成线坯铸模。

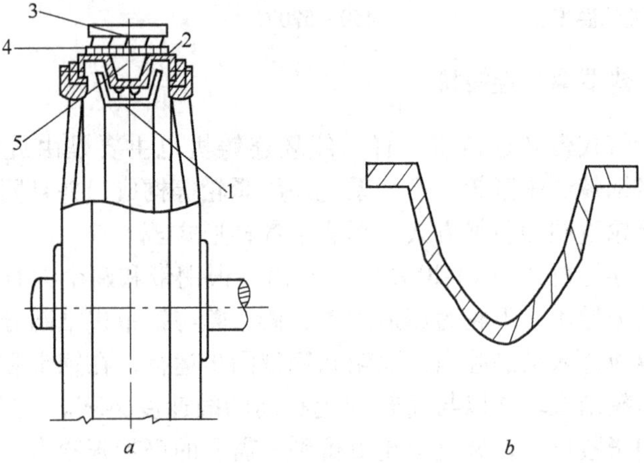

图 13-21 线坯结晶轮及结晶槽环断面示意图
a—结晶轮；*b*—结晶槽环
1—内冷却；2—结晶槽环；3—外冷却；4—钢带；5—线坯

13.7.4 连轧机

与普罗佩斯法相配的连轧机有三辊和两辊两种形式。

13.7.4.1 三辊连轧机

三辊连轧机根据产品规格和设备产能大小而串联 7、9、11、13、15 或 17 个机座。每个机座上有三个轧辊，互呈 120°，形状似 Y 形，所以又称为 Y 形三辊轧机。辊轴安装在滚柱轴承上。每个机座有一个工作辊是垂直的，而其他两个工作辊可以在彼此垂直方向上调整。从第一辊到最后一个机座的辊速是渐次增加的，这种增加与杆材的有效面积压缩率成比例。第一机座的压缩率约为 12%，第二机座的压缩率约为 20%～27%，第十一机座中心的精确压缩率取决于杆材的几何形状，而不能成比例增加。孔型设计一般采用三角形—圆形孔型系统，其主要特点是：轧件在孔型中的宽展余量较小；道次延伸较小；轧制时的稳定性好；可以从中间奇数机座取得产品。三辊连轧机的最大优点是结构紧凑，设备占地面积小。

13.7.4.2 二辊连轧机

二辊悬臂无扭曲连轧机，每一个机座有两个轧辊。轧辊有平立布置和45°交叉布置。某厂设备如下：轧辊为平立交错布置，八个机座的连轧机，上传动轴传动单号水平辊机座，下传动轴传动双号立式辊机座。孔型设计采用箱形和椭圆-假圆系统。椭圆-假圆系统的特点是：椭圆轧件进入假圆孔型轧制时，其宽展较椭圆轧件进入方孔或圆孔型轧制时都要小，在假圆孔型的刻槽椭圆孔型中轧制，与方轧件进入椭圆孔型轧制的宽展基本相同，这是因为方形轧件的绝对压下量大于假圆的绝对压下量而轧件总宽不变；椭圆-假圆系统都以长轴互相平等轧制，重心低，咬入非常稳定；假圆孔型的刻槽深度比按对角线计算刻槽深度的方孔型浅5%；椭圆-假圆孔型系统中，金属虽只受两个方向的压缩，但变形均匀，特别是假圆轧件头部非常平直，对自动进入下一道轧制有利。两辊连轧机由于其道次伸长率较大，因而机座数量较少。目前国内两辊连轧机多为八个机座。

线坯连铸连轧技术广泛应用于电工用铝杆的生产，极大提高了生产效率和质量。与带坯连铸连轧一样，其生产工艺及配置的关键在于难以保证稳定的连轧条件，因为在实际生产过程中，由于轧件（铸坯）、成分、尺寸、温度、组织、孔型配合与磨损等因素的变化或者波动，理论上的稳定条件很难实现，但随着连铸连轧技术的不断发展、完善，自动化控制与检测水平的提高，稳定的连轧条件得到了较充分的保证。

参 考 文 献

[1] Haga T, Suzuki S. Journal of Materials Processing Technology, 2001, (113): 291 ~ 295.
[2] 孙斌煜，等．板带铸轧理论与技术[M]．北京：冶金工业出版社，2002,(18):72 ~ 73.
[3] 杜万明．铸轧铝板带铸轧区内液穴深度变化规律的探讨[J]．轻合金加工技术，1999，(10)：127.
[4] G. H. 盖格，D. R. 波伊里尔．冶金中的传热传质现象[M]．俞景禄，魏季如译．北京：冶金工业出版社，1981.
[5] 洪伟．有色金属连铸设备[M]．北京：冶金工业出版社，1987.
[6] 徐圣亮．一种计算铸轧区的方法[J]．轻合金加工技术，1985，(6)：1 ~ 2.
[7] 肖立隆，蔡首军．铸轧工艺对产品质量的影响[J]．铝加工技术，1998,(2)：1 ~ 16.
[8] [苏] 采利柯夫．轧钢机的力能参数计算理论[M]．戴周渊译．北京：中国工业出版社，1965.
[9] 杨守山．有色金属塑性加工学[M]．北京：冶金工业出版社，1982.
[10] [苏] 切尔年科．铝带无锭轧制 [J]．轻合金加工技术，1979，(2)：40 ~ 42.
[11] Чижикв. ВВ. Цвет. Метлды，1976，(3)．
[12] 贺永东．蓄热燃烧器在现代熔铝炉上的应用[J]．轻合金加工技术，1999，29(9)：12 ~ 15.
[13] 张先棹，尹丹模．自身预热燃烧器与燃料工业炉创新[J]．工业加热，1997，(2)：20.
[14] 李永春，黄金法．铸轧机供料系统改进对箔坯质量影响[C]．2006 年中国铝箔论坛文集，64 ~ 70.
[15] 张立志．闭式循环冷却水系统在铝铸轧机上的运用[J]．轻合金加工技术，2003，31(6)：16 ~ 18.
[16] 马连清．铸轧辊套新钢种的设计原则 [J]．铝加工技术，1996，(4)．
[17] 杜明炬．铝带铸轧机轧辊的制造和使用[C]．全国第十二届轻合金加工学术交流会论文集，2003：68 ~ 70.
[18] 李铁．防止铸轧辊套早期失效的措施[J]．铝加工技术，1996，(2)：35.
[19] 张立华，黄明辉，肖文华．提高铸轧辊使用寿命的研究[J]．中国机械工程师，2002，(17)：614 ~ 618.
[20] 李向宇．提高铸轧辊使用寿命的有效途径[J]．铝加工，2004，154(1)：33 ~ 35.
[21] 刘晓波，朱家俊，毛大恒．铝铸轧用铸嘴技术发展状况[J]．轻合金加工技术，2003，31(5)：16 ~ 19.
[22] 彭成章，黄明辉．润滑介质对铸轧工艺及铝带坯性能的影响[J]．轻合金加工技术，2002，30(3)：9 ~ 11.
[23] 张学平．电解铝液生产铝箔坯料的工艺研究[C]．2004 年全国铝合金熔铸技术交流会

文集，2004.
[24] 宋禹田．原铝液直接铸轧生产技术[C]. 2005年中国铝板带论坛文集，2005.
[25] 谢水生，刘静安，黄国杰．铝加工生产技术500问[M]. 北京：化学工业出版社，2006：97~99.
[26] 曲哲，等．泡沫陶瓷过滤板过滤机制和过滤板选择[J]. 轻合金加工技术，2002，30(10).
[27] 郭士安，肖立隆．铸轧坯料生产铝板箔工艺的几个问题[J]. 甘肃有色金属，1998，(4)：13.
[28] Rooy E L. Hydrogen. The One-Third Solution AFS Transactions，1993：961~964.
[29] 傅高升，康积行，陈文哲．提高铝熔体净化效果的理论基础及途径[J]. 轻合金加工技术，2002，30(6)：17~23.
[30] 高荫恒．铝及铝合金熔体处理技术（2）[J]. 轻合金加工技术，1989，(1)：1~5.
[31] 向凌霄．原铝及其合金的熔炼与铸造[M]. 北京：冶金工业出版社，2005，149~150.
[32] A. Cibula：J. Inst，Met，1951~1952，80，1.
[33] Pearson J，Birch M E J，Had Dlet. The Metals Society，Held at the Univesity of Warwick，Coventry，15~17，September，1980.
[34] 及川孝，高桥靖弘. Al-ぁゐ. 1973，5，21.
[35] Ranerji A，Ref W. Metallographic investigation of Tic nucleants in the newly developed Al-TiC grain refiner. Master Sci，1994，29：1958.
[36] [德] W. Reif. 铝及铝合金晶粒细化的历史和现状[J]. 张育钦节译．铝加工技术，1998，(3).
[37] 朱云，等．稀土在铝细化剂中的应用[J]. 铝加工，2000，(4)：13~15.
[38] 孙伟成，等．稀土在铝合金中的行为[M]. 北京：兵器工业出版社，1992，47~50.
[39] 周学博．对铸轧板及Al-5Ti-1B丝的研究[J]. 铝加工技术，1998，(3)：18.
[40] Molland F R et al.. AFS Transactions. 1978：(89)：479~486.
[41] 美国专利3961995，英国专利1452165，日本专利 昭54—42338.
[42] 高泽生．Al-Ti-B中间合金的化合物颗粒与细化机理[J]. 轻金属，1986，(7、8).
[43] M. M. Gwzowski 等．硼在用钛细化铝晶粒时的作用[J]. 张君尧译．轻合金加工技术，1988，(1、2).
[44] 高泽生．新一代Al-Ti-C晶粒细化剂的研究与开发[J]. 轻合金加工技术，1999，(3)：8~9.
[45] 张柏清，马洪涛，李建国，方鸿生．变形对中间合金细化剂组织及细化性能的影响[J]. 金属热处理，1999，(6).
[46] 马锡良．铝带坯连续铸轧生产[M]. 长沙：中南工业大学出版社，1992.
[47] 赵啸林，毛大恒，李晓谦，等．铝电磁铸轧中熔体的频率响应[J]. 中国有色金属学报，2001，(1)：22~26.

[48] 李晓谦，周伟华．铝电磁铸轧发展现状[J]．轻合金加工技术，2002，30(12).
[49] 毛大恒．铝合金电磁铸轧技术与应用[C]．2005 中国铝板带论坛文集，2005.
[50] 毛大恒，肖立隆．电磁场对铸轧带坯质量的影响[J]．轻合金加工技术，1998，26(3)：11~15.
[51] 高增伟．辊式连铸轧铝板带厚差及板凸度的控制与调整[J]．轻合金加工技术，1998，26(8)：17~19.
[52] 肖立隆，蔡首军．铸轧工艺对产品质量的影响[J]．轻合金加工技术，1999，27(7).
[53] 王文明，熊永刚，胡仕成．铸轧辊温度块及热变形测定[J]．轻合金加工技术，2002，30(4)：17~24.
[54] 胡艳英．浅谈铝带坯铸轧机的辊缝调节系统[J]．轻合金加工技术，2002，30(7).
[55] 张四顺．铸轧板板型分析[J]．铝加工技术，1998，(1)：18.
[56] 李永春，黄金法，侯波．降温提速提高铸轧带材质量的工艺研究[J]．轻合金加工技术，2009，(8)：19.
[57] 侯显智，张宇树，张旭，耿造华．铸轧铝板带坯横向厚差的控制[J]．轻合金加工技术，2007,35(2).
[58] 王希维．铸轧铝板的组织及其缺陷[J]．轻合金加工技术，1994，(2).
[59] T. W. Clyne，Metals Technology. 1984，Vol. 11，No. 8，350~370.
[60] 潘军朋．铸轧铝板坯晶粒度的控制[J]．轻合金加工技术，2003，31(7)：7~10.
[61] Emley E F. International Metals Reviews，No. 6，1976，75~100.
[62] Zhou S，Funke P. Clausthal Zellerfeld. Properties of Hot Rolled and Continuously Cast Aluminium Strips during Cold Rolling Aluminium，1998，74(10)：758~764.
[63] 卢德强．铸轧法和热轧法生产空调铝箔的工艺和产品对比[J]．轻合金加工技术，2003，31(7)：17~20.
[64] 赵林桦．对工业纯铝铸轧深冲性能的研究[J]．轻合金加工技术，1989，(7)：1.
[65] Niels Hansen and Dorte Juul Jensen，Metallurgical Transactions，1986，Vol. 17A，253.
[66] Bryukh-anoov A A，Son. Non-Ferrous Met. Res，1985，13(6)：487~491.
[67] 赵林桦．铸轧加工率对工业纯铝板织构和深冲性能的影响[J]．轻合金加工技术，1989，(3)：99~118.
[68] 尹德艳，梁惠冬．铝连续铸轧板冲压性能的改善[J]．轻合金加工技术，1998，26(9)：32~35.
[69] 李永春，夏天东．高质量高性能 A1145 合金双零箔工艺研究[J]．轻合金加工技术，2009，(7).
[70] 陈树金．提高双零级铝箔成品率及质量的探讨与实践[J]．铝加工技术，1995，(3).
[71] 郑璇．关于铝箔化学成分的探讨[J]．轻合金加工技术，1993，21(1)：18.
[72] 黄金法，张学平．铝箔毛料质量的重要性和技术标准要求[J]．轻合金加工技术，2003，31(9)：17~19.
[73] 樊玉庆，程杰．铝箔的力学性能及其改善[J]．轻合金加工技术，1990，(9)：

11 ~ 15.

[74] Uchiyama. Aluminium, 1984, No. 10, 752 ~ 755.

[75] 卢德强. 铸轧法和热轧法生产空调铝箔的工艺和产品对比[J]. 轻合金加工技术, 2003, 31(7):17 ~ 20.

[76] 黎寅基. 用连铸连轧坯料生产 0.007mm 厚铝箔的实践[J]. 轻合金加工技术, 1989, (1).

[77] 刘楚明, 蒋树农, 樊玉庆. 影响双零铝箔针孔发生率的因素[C]. 2006 年中国铝箔论坛文集, 2006.

[78] 高亢之. 电解电容器用铝箔概述[J]. 轻合金加工技术, 2001, 28(11): 9 ~ 15.

[79] 靳丽, 张新明, 肖亚庆, 等. 高温退火对阴极箔腐蚀性能的影响[J]. 中国有色金属学报, 2002, (11).

[80] 葛诗泉. 用电解铝液直接生产铝加工材坯料的生产工艺与经济效益[J]. 有色金属加工, 2002, 31(4).

[81] 毛大恒, 严宏志. 电磁搅拌对铝及其合金凝固和铸态组织的影响[J]. 轻合金加工技术, 1991, 19(4): 10 ~ 16.

[82] lockyer S A, MingYun, Hunt J D and Edmonds D V. Microstructural Defects in Thin Sheet Twin Roll Cast Aluminum Alloy. Materials Science Forum, 1996, 217 ~ 222, 367 ~ 372.

[83] Beals R , Duvvuri R, Hamer S, et al.. Recent Innovations in Advanced Casting Technology. Light Metals International, 1998, 30(10): 1107 ~ 1113.

[84] 林暾熹. 双辊快带连续铸轧超薄带坯技术进展[J]. 轻合金加工技术, 2001, 29(10): 14 ~ 16.

[85] 肖亚庆, 等. 铝加工技术实用手册[M]. 北京: 冶金工业出版社, 2005.

[86] 马道章. 推荐一项生产优质铝箔毛料的优秀工艺[C]. 2006 年中国铝箔论坛文集, 2006: 91 ~ 93.

[87] 彼德·里根, 沃依泰克, 希皮奥尔斯基. 哈兹莱特工艺及其在中国的前景[C]. 2005 年中国铝板带论坛文集, 2005.

[88] [美] Reed D von Gl. 双带式铝铸造——一种成熟的技术[J]. 郭华译, 洪永先校. 轻合金加工技术, 1990, (6).